广西高等职业教育示范特色专业系列教材
（作物生产技术专业群）

设施农业技术

邓征宇　主编

中国农业大学出版社
·北京·

内容简介

本教材主要针对华南地区设施农业类型，以培养华南地区从事设施农业职业岗位要求的高等职业技术技能型人才为目标，以华南地区现代设施农业发展要求为指导，以设施农业基本理论和生产实践技能为重点，突出生产实践技能教学。教材力求反映设施农业的地域性、科学性、先进性和实用性。全书共十章，包括绪论、华南地区农业设施的类型与结构、华南地区农业设施环境及调控技术、农业设施的规划与建造、设施育苗技术、华南地区主要蔬菜设施栽培技术、华南地区主要花卉设施栽培技术、华南地区主要果树设施栽培技术、华南地区主要农作物设施栽培技术、设施农业新技术。

图书在版编目(CIP)数据

设施农业技术 / 邓征宇主编. —北京：中国农业大学出版社，2019.6(2021.1重印)

ISBN 978-7-5655-2214-7

Ⅰ.①设… Ⅱ.①邓… Ⅲ.①设施农业-高等职业教育-教材 Ⅳ.①S62

中国版本图书馆 CIP 数据核字(2019)第 096621 号

书　　名 设施农业技术

作　　者 邓征宇 主编

策划编辑 郭建鑫 司建新　　**责任编辑** 郑万萍

封面设计 郑 川

出版发行 中国农业大学出版社

社　　址 北京市海淀区学清路甲 38 号　　**邮政编码** 100083

电　　话 发行部 010-62818525,8625　　读者服务部 010-62732336

编辑部 010-62732617,2618　　出 版 部 010-62733440

网　　址 http://www.caupress.cn　　**E-mail** cbsszs @ cau.edu.cn

经　　销 新华书店

印　　刷 涿州市星河印刷有限公司

版　　次 2019 年 6 月第 1 版　2021 年 1 月第 2 次印刷

规　　格 787×1 092　16 开本　17.5 印张　320 千字

定　　价 54.50 元

编写人员

主　编　邓征宇（广西农业职业技术学院）

参　编　卢　明（广西农业职业技术学院）

吴玉华（广西农业职业技术学院）

黄海生（广西八桂农业科技有限公司）

吴小丽（广西农业职业技术学院）

何元强（广西农业职业技术学院）

赖碧丹（广西农业职业技术学院）

齐秀玲（广西农业职业技术学院）

前　　言

经过40年的发展，我国设施农业面积迅速扩大，已成为全球设施农业生产大国，面积和产量都居世界第一。随着我国设施农业面积的不断增加，设施农业技术水平不断提高，设施栽培作物的总产和单产大幅度上升。以设施栽培为主要内容的设施农业高新技术不断得到突破，无土栽培技术、生物防治技术和自动控制技术在全国得到普遍应用，设施农业装备技术，如温室节能技术、温室环保技术、温室智能化技术等不断改善，为我国设施农业发展提供了技术保障。设施农业在我国已被广泛应用于大田作物、蔬菜、林果、花卉等农业诸多领域。

设施农业课程是作物生产类专业的主要专业支撑课程。以往所选用的教材多为北方院校编写，其内容也主要适用于北方农业设施类型及配套技术，教材与生产实际有较大的差异，影响了教学效果。本书主要针对华南地区设施农业类型及配套技术，旨在以华南地区现代设施农业发展要求为指导，以设施农业基本理论和生产实践技能为重点，突出生产实践技能教学，达到培养适应华南地区设施农业职业岗位要求的高等职业技术技能型人才的教学目标。

本书共十章，第一、二、三、四章和第十章第一节由邓征宇编写，第五章第一节、第六章第二、三节由卢明编写，第五章第二节、第七章由吴玉华编写，第五章第三节、第八章由黄海生编写，第六章第一节由吴小丽编写，第九章由何元强编写，第十章第二节由赖碧丹编写，第十章第三节由齐秀玲编写。另外，在编写的过程中，参考了不少同行的研究成果，在此一并表示真诚的感谢！

由于编者水平有限，编写时间极为仓促，不足之处在所难免，恳请老师同学们批评指正，以便今后加以修改完善。

编　者

2019年3月

目　　录

第一章

绪 论

第一节 设施农业及其在农业中的地位和作用

一、设施农业的定义和地位

一般在传统的农业定义当中，狭义的农业定义主要是指种植业，而在广义的农业定义中，农业除了种植业之外，还包括养殖业（畜牧养殖和水产养殖）。本书主要是针对种植业进行论述，因此，所谓设施农业是指在不适宜农作物生长发育的季节，采用保温、降温或防雨等设施设备，对农作物的生长发育环境进行调控，人为地创造出适宜农作物生长发育的小气候环境，从而达到农作物高效生产的现代农业方式。生产中所采用的保温、降温或防雨等设施设备统称之为农业设施。由于设施农业生产的季节往往是在露地自然环境下难以生产的季节，我国长期以来也把设施农业称为“保护地农业或保护地栽培”。设施农业在国际上的称谓，欧洲、日本等通常使用“保护农业（protected agriculture）”这一概念，美国等通常使用“可控环境农业（controlled environmental agriculture）”一词。

农作物栽培包括露地栽培和设施栽培两种栽培方式。与设施农业相对应的是“露地农业”或“传统农业”，设施农业是农业中最现代化的部分，是当今世界最具活力的产业之一，是农业发展的趋势，已成为现代农业的重要标志之一。设施农业包括了设施园艺作物栽培、设施经济作物栽培……，以设施园艺为最主要的内容，占整个设施农业的 99%以上，其他农作物占比在 1%以下，因此，设施农业主要是设施园艺。而设施园艺又可分为设施蔬菜栽培、设施花卉栽培（设施观赏植物）、设施果树栽培。设施蔬菜占总面积的 90%以上，设施花卉约占总面积的 8%，设施果树约占总面积的2%。由于各个地区发展的不平衡,气候及产业结构的不同,利用设施栽培各种作物的面积和比例也不相同,如山东、河北等省设施蔬菜面积最大,云南、广东、山东等省的设施花卉面积比较大,我国设施果树主要集中在山东、北京、河北、山西、河南等省(直辖市),利用设施进行果树早春早熟栽培。

二、设施农业的作用

(一)设施农业在国民经济中的作用

设施农业是现代农业中最重要的组成部分,在保障国家粮食安全,保障农产品有效供给中起着举足轻重和不可或缺的关键作用。同时,设施农业也具有农业休闲旅游、城市农业等重要功能。设施农业的发展是建立在农业设施的基础之上的,设施农业能够使土地生产效率大大提高,且能够将土地产出率有效提高,将资源的利用率以及劳动生产率予以提高,从而增加了农业的效益、素质以及竞争力。这是新时代对于新型农村经济的要求,是农村发展的必然趋势,是立足市场,应对激烈竞争的选择,以保障农产品供给以及农业的发展,同时设施农业是农民创收的重要手段,是增强农业综合生产力的有效途径。

1. 农业发展以及建设的转变需要建立在设施农业的发展基础之上

设施农业不同于传统农业的生产模式,是农业现代化发展的必然趋势和重要标志,主要优势集中在其生产具有较高的集约化。其技术含量较高,且产品质量高、种植效益明显优于传统种植效益,具有高产高效以及节能节水的特点,在劳动生产率的提高以及资源利用率的充分性和土地出产率的保证上起着推动作用,另外,能够有效提高农业综合生产力。

2. 设施农业是农业结构调整以及农民增收的有效途径

城镇化的发展、工业化进程的推进,使得越来越多的农业用地被占用,耕地越来越少,如何才能在有限的耕地资源中创造最大的农业效益是目前农业发展的主要方向。农民关注的问题便是如何在自己的土地上创造更多的收益,设施农业是农业发展的必然趋势。在城市郊区的设施农业不但要担负起农业生产的作用,同时也要为城市绿化做贡献,不但成为市民的“菜篮子”,同时也成为农业观光旅游点,为城乡一体化转变奠定基础,为农民增收。因此设施农业发展就奠定了优质高效、高产高质的农业基础,易于实现农业产业结构的调整。同时,设施农业能够有效提高农业的风险抵御能力,且提高农业市场竞争力,是保证种植业效益的途径,能够有效提高农民的实际收入。

3. 设施农业有效保证产品供给以及食物安全

设施农业的发展还能够影响农业病虫害的发生发展，有效降低农业病虫害威胁以及不利影响，从而减少使用农药的次数，建立无公害农业。农业的设施化建设过程其实就是农业的标准化建设过程，在现代化农业生产的各个环节中能够使用多种先进手段，在育苗、施肥以及耕作上采用集约化、程式化、标准化生产经营模式，精准用肥、减少污染。设施农业能够对环境进行有效的调控，有效增加农产品质量以及产量，有效保证其供应的连续性以及产品的鲜活性。设施农业不但对于农业发展的效率有所促进，同时能够不断地改善食物的安全性，是对民生的改善，是对社会和谐发展的促进。

4. 设施农业有助于推动特色农业的发展

观光型农业的发展是目前新型农业发展的重要方向之一，是目前发展中具有独特风格的发展方向，诸如农家乐、渔家乐等旅游形式活动的开展都会吸引游客，使得旅游观光型农业成为新的交叉产业亮点。另外依托自然资源优势，一些地区可以在农业示范园上加大旅游投入，在此基础上，宣传优质、特殊、闻名、新鲜的蔬菜、食用菌以及花卉和水产等。

（二）设施农业在园艺作物生产中的作用

1. 提高作物产量和品质

设施农业生产是在人工控制的环境条件下从事作物的生产，比一般露地栽培产量有很大的提高。例如露地栽培的番茄、茄子、辣椒等，一般每 667 m^2 产量为 3 000～4 000 kg，而在设施内栽培产量可达每 667 m^2 10 000～20 000 kg，较露地增产 3～5 倍。另外，由于设施内的环境可人工控制，对作物生长发育所需的光照、温度、水分及土壤养分可进行调节，作物的生长发育环境较露地有明显的改善，作物的品质也有较大的提高。

2. 减少自然灾害影响，减少种植风险

设施农业所使用的设施由于骨架牢固和高强度，具有耐候性强的覆盖材料，提高了抵抗大风、低温霜冻、大雨、冰雹的能力，也降低了高温、强日照的不利影响，增强抗灾和减灾能力，减少种植风险。在夏季高温酷热多雨的华南地区，采用防雨棚、遮阳网、防虫网等设施，可达到避雨、降湿、降温、防强光、防病虫效果，使常规栽培条件下难以生产的夏秋菜栽培及育苗易获得成功。

3. 打破地域限制，扩大种植范围

城镇化的发展、工业化进程的推进，使得越来越多的农业用地被占用，耕地越来越少。在一些不太适合农作物种植的地方进行农作物的生产，是提高农业产出的途径之一。同时，有些作物由于受到气候环境的制约，只能在某些地方生产，远不能满足市场的需求。由于设施农业可以有效地人为改善农作物生长的环境条件，在不适合农作物生产的地域也可以进行农作物种植，从而设施农业可打破农作物的地域限制，扩大种植范围。

4. 有利于集约化，大规模生产

设施农业涉及多门学科，依托现代生物技术、现代工程技术、现代信息技术和现代管理技术，可以在很大程度上把握植物生长规律，为植物生长创造最佳环境条件，克服自然因素的制约。同时，设施农业可人工调配资源，实现资源的合理配置，发挥农业资源的最大效益，结合现代化农业设备和计算机技术，吸收高科技人才、现代化设备和管理经验，最终实现设施农业现代化、标准化、大规模生产。

5. 调整园艺产品供应期，实现周年生产

设施农业使南方地区在炎热的季节生产出露地无法生产的园艺产品，也使北方地区在冬春寒冷季节生产出新鲜的水果、蔬菜和花卉，从而使我国园艺产品的供应实现了周年生产和供应，极大丰富了人民的菜篮子，并有利于环境的改善。

第二节　设施农业的历史、现状和未来发展

一、设施农业的发展历史

1. 国外设施农业的发展历史

早在公元前 42 年，罗马帝国就在冬季使用木箱装土，在木箱上覆盖云母薄片，白天利用太阳光加热，夜间移入室内保温来进行黄瓜生产。这是国外设施农业最早的栽培尝试。法国在 1600 年利用木箱种植豌豆。德国在 1619 年首次建成玻璃温室。英国于 1700 年建成玻璃温室。美国的温室是 1700 年后随着欧洲移民引入，在 1800 年建造了第一栋商用玻璃温室，之后美国建立了温室建造产业。1868 年英国人在日本建造了玻璃温室，这是日本最早的玻璃温室。1930 年，美国开始

生产乙烯树脂，之后陆续生产聚乙烯和聚氯乙烯并制成农用塑料薄膜，极大地推动了全世界农业设施的发展和普及。

在第二次世界大战后，玻璃温室和塑料大棚在世界各国迅速发展起来，以荷兰、法国为代表。20 世纪 70 年代以后，大型钢架结构的温室相继出现，自动控制室内环境条件逐步实现。荷兰研究开发的芬洛型(Venlo type)玻璃温室，流行于全世界的设施生产。法国瑞奇温室公司研究开发的里歇尔型(Riechel type)连栋塑料薄膜温室，也被世界各国大量采用。

除了温室外，以色列为代表的滴灌技术也迅速普及到农业生产中。

2. 我国设施农业的发展历史

我国的设施农业历史悠久。有文字记载，在公元前 206 年—公元 23 年的西汉，我国已开始利用保护设施栽培蔬菜了。《汉书·循吏传》第五十九记载“太官园种冬生葱韭菜茹，覆以屋庑，昼夜燃蕴火，待温气乃生”。在元朝，王祯《农书》记载“至冬移根藏以地屋荫中，培以马粪，暖而即长”“就旧畦内，冬月以马粪覆之，于向阳处，随畦用蜀黍篱障之，遮北风，立春后，至春，疏其芽早出”“十月将稻草灰盖三寸，又以薄土覆之，灰不被风吹，立春后，芽生灰内，即可取食”。说明 600 年前我国已有利用阳畦、风障进行韭菜栽培的技术。明朝王世懋《学圃杂疏》记载“王瓜，出燕京者最佳，其地人种之火室中，逼生花叶，二月初，即结小实，中官取以上供”，说明 400 年前我国已有利用温室进行黄瓜早春促成栽培的技术。

20 世纪 40 年代，我国仅少量应用风障、阳畦、简易覆盖、土温室等设施。

20 世纪 50 年代，我国从苏联引进的保护地栽培技术，可谓简易的设施农业，然而受制于当时设施条件和技术手段，设施农业发展十分缓慢，难成规模。

20 世纪 60 年代末，我国北方大、中城市郊区才初步形成了由简单覆盖、风障、温室等构成的一整套保护地生产技术体系。

20 世纪 70 年代，地膜覆盖技术由日本引入中国，很快得到推广，对保温、保肥等起到了很大的作用。1978 年，我国塑料大棚面积已达 5 300 hm^2。

20 世纪 80 年代，以日光温室、塑料大棚、遮阳网覆盖栽培为代表的设施农业取得长足进步，形成了以塑料棚为主的与风障、地膜覆盖、阳畦、温室等相配套的保护地蔬菜生产体系。1982 年我国塑料大棚面积达到 2.1 万 hm^2。

20 世纪 90 年代以来，我国较大规模地引进国外大型连栋温室及配套栽培技术，设施农业也以超时令、反季节的设施园艺作物生产为主，发展迅猛。中国设施农业逐步走向规模化、集约化方向，技术水平有了大幅度提高。

2000 年，我国以蔬菜栽培为主体的设施园艺面积已达 210 万 hm^2，按绝对面积计算为世界第一。

至 2008 年，我国设施农业面积达 349.99 万 hm^2。我国人均占有设施面积已达 25.56 m^2，每年人均消费蔬菜量的 40%由设施园艺提供，设施园艺产值占种植业产值的 30%以上。我国设施栽培面积最大的省份是山东、河北、河南、辽宁、江苏和新疆，高效节能日光温室面积最大的为河北、山东、辽宁等省，大棚主要分布在长江中下游、华北、东北和西北地区；中小棚分布较广，结构形式多样，是园艺设施中发展最快、面积最大的简易设施。北方蔬菜区，在大力发展简易中小拱棚及塑料大棚之后，日光温室发展变化很快。

2010 年设施蔬菜总产量超过 1.7 亿 t，占蔬菜总产量的 25%。

2017 年我国设施蔬菜播种面积达到 393.33 万 hm^2。

2018 年我国设施蔬菜播种面积达到 400 万 hm^2。

二、设施农业的发展现状

1. 国外设施农业的发展现状

目前，以荷兰、以色列、日本、美国等设施农业先进国家为代表，温室大都以大型连栋温室为主，以现代工业装备农业，现代科技武装农业，现代管理经营农业，实现生产管理自动化、生产操作机械化、生产方式集约化，已形成了具有高投入、高产出、高收益、可持续发展为特征的成套生产技术、设备及规范化生产体系，实现了农产品周年生产及四季均衡上市，已发展到了很高的水平。

荷兰是欧美国家中先进的设施农业的代表，该国设施农业的生产均实现了智能化控制。荷兰国土面积狭小，主要依靠发展现代设施农业成为世界第三大农业出口国。设施园艺是荷兰经济的重要支持和特色，其设施园艺主要是价值较高的鲜花和蔬菜。荷兰的设施园艺在世界上最发达，也是拥有玻璃温室最多、最先进的国家，其温室类型基本为玻璃温室。2004 年底，荷兰温室总面积占全世界玻璃温室的 1/4，约 1.3 万 hm^2，多为连栋玻璃温室，其中蔬菜和花卉各占一半，生产过程均为机械化，广泛应用集成化的工业技术，运用智能控制系统，全部由计算机对设施内的环境因子进行全面有效的自动监测与调控。温室蔬菜产品大多销往世界各地，其温室产品占世界温室市场的 80%。荷兰是世界第一大花卉出品国、世界花卉贸易中心。除了温室公司外，荷兰还有为生产服务配套齐全的泥炭、种子、种苗、农药、肥料和农机等公司。

以色列国土面积约 2.57 万 km^2，其中沙漠占 2/3，年平均降水量不足 300 mm。农业生产必须采用人工灌溉，因此，以色列在水资源紧缺等不利的条件下，在农业发展中主要以工厂化栽培发展现代设施农业，特别是以滴灌为主的水肥一体化设施农业，水肥一体化滴灌技术处于世界领先地位。通过计算机对作物的生长进行自动监测和调控，实现了灌溉施肥系统的遥控指挥，达到温室作物全天候、周年性的高效生产，有效地减少了田间灌溉引起的渗透、蒸发损失，使用水减少 30%～45%，节省肥料 30%以上，而农田单位面积产量成倍增长。同时还可以把室内土壤的盐渍化控制在很低的水平之内。以色列的温室面积超过 3 000 hm^2，均为现代化大型塑料薄膜连栋温室，主要生产花卉和高档蔬菜，温室蔬菜产品大量出口欧洲各国，花卉出口额世界第三位。

日本是亚洲设施农业的代表，是设施农业的大国，设施园艺水平居世界前列。设施蔬菜栽培、设施花卉栽培、设施果树栽培等设施农业技术创造了多项世界之最。日本国土面积约为 37.8 万 km^2，耕地面积仅占国土面积的 13%。自 20 世纪 60 年代开始，日本设施农业快速发展，20 世纪 70 年代已进入世界先进行列。2005 年，日本园艺温室面积已达 5.53 万 hm^2，其中 95%是连栋塑料温室，5%为连栋玻璃温室。其先进的温室配套设施和综合环境调控技术位居世界前列。通过计算机控制系统可以全面地对栽培植物的不同生长需求进行多因素监测、控制及产品采后处理，同时实现了产品生产的高度自动化。

美国温室面积约有 1.9 万 hm^2，以大型连栋塑料温室居多，主要分布在加利福尼亚州、亚利桑那州和佛罗里达州。境内温室主要用于种植花卉等，种植面积占温室总面积的 2/3 左右，其他主要为蔬菜。在设施农业技术方面，美国重点开发了设施栽培综合环境控制技术，开发项目主要包括高压雾化降温、加湿系统以及湿帘降温系统等，这些技术都处于世界领先水平。美国的温室建立了现代化设施农业的管理，设备生产水平世界领先，在设施农业的建造方面高度社会化、专业化、国际化，运作体系非常成熟。

除以上国家外，法国、西班牙、英国、韩国等设施农业也都达到了较高的水平。

2. 我国设施农业的发展现状

(1)我国设施农业规模不断扩大

经过 40 年的发展，我国设施农业面积迅速扩大，已成为全球设施农业生产大国，面积和产量都居世界第一。2010 年我国设施园艺面积 5 440 万亩，其中日光温室面积超过 570 万亩，设施蔬菜 5 020 万亩。2012 年我国设施园艺面积已经达到

5 796 万亩，比 2007 年增加了 2 040 多万亩，2007—2012 年我国设施园艺面积年均增长 9.1%；设施园艺产业净产值达 5 800 多亿元，其中设施蔬菜瓜类产量 2.67 亿 t，约占蔬菜瓜类总产量的 34%。2013 年中央一号文件提出要加大发展现代农业和蔬菜标准园的建设，把设施园艺产业的发展作为重要的发展内容。

(2)我国设施农业技术水平显著提高

①设施农业技术总体水平提高。随着我国设施农业面积的不断增加，促进设施农业技术水平的不断提高，设施栽培作物的总产和单产大幅度上升。以设施栽培为主要内容的设施农业高新技术不断得到突破，无土栽培技术、生物防治技术和自动控制技术在全国得到普遍应用，设施农业装备技术，如温室节能技术、温室环保技术、温室智能化技术等不断改善，为我国设施农业发展提供了技术保障。设施农业在我国已被广泛应用于大田作物、蔬菜、林果、花卉等农业诸多领域，栽培作物的品种不断扩大和丰富，不但提高了经济效益，也促进了农民增收。

②设施农业装备不断地发展。经过 40 年的发展，我国已经初步形成了较为完备的设施农业装备体系。随着现代化温室的引进、消化和吸收，大批由我国自行设计、制造，具有中国特色的现代温室设施相继建成，温室制造及配件生产的企业数量快速增长，形成了我国自己的温室制造业。设施产业生产规模不断扩大，形成了多种类型、性能各异、用途广泛的配套设施体系，如加温与保温设施、降温设施、遮阳设施及灌溉设施等，新型设施农业材料，如多功能大棚塑料薄膜、遮阳网、防虫网、育苗穴盘、育苗基质等研制和生产应用，为设施农业发展提供了高质量、高性能的物质装备，全面提高了我国设施设备的总体水平。

(3)我国设施农业研发创新能力提高

随着我国农业技术的不断进步，设施农业迅速发展，市场对农产品的供应要求进一步提高，市场化需求为我国设施农业研发提供动力，推动相关技术创新不断加快。不仅试验研究出比较适合我国气候条件与国情的农业设施，而且在保护地栽培、节水灌溉、机械化育苗以及蔬菜、花卉、无土栽培等方面也取得了很多研究成果，有些研究成果已逐步在生产中得到应用与推广。如温室主体结构建造相关产品质量不断提高，并且产品类型增多、性能更加完善、应用范围扩大，加温与保温设施、降温设施、遮阳设施及灌溉设施等都有所突破，为设施农业发展提供了技术支持和配套装备基础。

(4)我国设施农业综合效益大幅提升，增加了农民的收入

设施农业是高投入、高产出的产业。近年来，随着农业技术改善和管理水平提

高，设施农业范围扩大，相关技术得到普及，设施农业投入结构优化，取得了显著的经济效益和社会效益。设施农业通过综合运用生物、工程与环境等技术，有效提高农业资源综合利用水平，减少水、肥料等要素的投入量，大大提高耕地资源利用率，使得农业产出水平提高，农产品质量和供应得到有效保证。设施农业与相同作物露地栽培相比，设施栽培是露天种植产量的3～5倍，投入产出比达到1∶5。设施农业是缓解我国人均耕地面积紧张问题和实现可持续发展的最有效工程。设施农业已经成为农民增收致富的重要渠道，已经成为多数地区的富民产业，在推动农村经济发展、解决农民就业、实现农民增收方面发挥了重要作用。设施园艺中设施蔬菜占95%左右，设施果树、设施花卉各占2%左右。截至2013年初，我国整个蔬菜产业的产值已经超过1.2万亿元，相当于粮食总产值，而设施蔬菜几乎达到蔬菜总产值的一半。在山东省寿光市233户调查农户中，大棚蔬菜经济效益良好的比例达到100%。

(5)设施农业的类型、结构和布局更加合理

我国设施农业总体布局趋于合理，多数地区在发展中体现了以节能为中心、低投入和高产出的特色，设施设备的总体水平有了明显提高，设施类型向大型化、自动化和智能化发展，作物品种不断扩大和丰富，产量不断提高，不仅成为吸纳农民就业的重要载体和农民增收致富的重要途径，而且有效地促进了农业综合生产能力的增强和农业产业结构的调整。例如，河北、山东、河南重点发展高效节能日光温室与塑料大棚等先进设施，发展小品种、精细化农业，生产反季节蔬菜和无季节生长的蔬菜、瓜果和花卉，提高农产品附加值；以北京、上海、天津等大型城市为代表，都市设施农业成为大中型城市及其郊区农业的发展趋势；沿海各省在充足的资金、丰富的人力资源和雄厚的科技支撑下，具有高附加值的设施园艺和渔业成为该区域的特色；甘肃和新疆，以日光温室为代表的西部地区设施农业规模很大，尤其新疆地区与中亚、俄罗斯等发展外向型经济，取得了很好的成绩；广西和海南的设施农业发展起步较晚，特点是设施农业与热带高效农业相结合，发展迅速。

(6)我国设施农业发展中存在的问题

①设施水平较低，抗自然灾害能力较差。虽然我国设施栽培面积居世界第一，但90%以上的设施仍是简易型，仅具有简单的防雨保温功能，抗御自然灾害能力较差，缺乏对设施内温、光、水、肥、气等环境因子的综合配套调控设备，对温室环境及作物生产的管理停留在粗放经验式管理水平上，随着设施农业面积不断增加，农户的生产经验无法跟上，一旦受到恶劣气候条件的影响，产量和品质没有保障，市

场供应易出现波动。

②机械化程度低，劳动强度大。我国设施栽培的作业机具和配套设备尚不完善，生产仍以人力为主，劳动强度大，劳动生产率低，温室每亩年均用时 3 600 h 以上，按人均管理面积计算仅相当于日本的 1/5，西欧的 1/50 和美国的 1/300。

③设施栽培技术不配套，科技含量低。关键技术和基础研究不足，设施栽培技术不配套、不规范、缺乏量化指标和成套技术，栽培管理主要靠经验，致使产品的产量和品质始终在一个低水平上徘徊，大面积平均单产与发达国家相比差距很大。在生产中，由于农户的经验不足，基层农技人员缺乏，无法得到及时有效的指导，造成设施生产的质量和产量不稳定。

④经营规模小，产业化水平低，缺乏市场竞争力。我国设施农业生产经营主要靠个体农户，经营规模小，只相当于发达国家的 10%，甚至 1%。小农经济的生产经营模式，使得农户在设施农业生产过程中，种植的产品无法和市场接轨，市场信息不畅，有的年份农产品价格高企，有的年份农产品滞销，农户无法科学地选择种植的品种，损失惨重，极大地挫伤了种植户的积极性。

三、设施农业的未来发展

从 20 世纪 70 年代开始，荷兰、日本、美国、以色列等一些国家的现代设施农业得到了迅速发展。这些国家在设施环境、土壤、肥水、品种选育等各环节都有全面的研究，一系列环节紧密衔接，构成了完整的栽培技术体系，已形成了自动化、智能化、网络化，形成了摆脱自然的全新技术体系，代表着世界设施农业的发展方向。

①规模化。由小规模培养转为大面积种植，有利于统一管理，提高效率。目前设施农业发达的国家，连栋温室推广普及，每栋温室面积在 0.5 hm^2(7.5 亩)以上，便于机械化作业和立体栽培，降低成本，提高生产效益。

②智能化。温室管理向电子化、机械化、专业化方向发展，基本实现自动化管理。智能机械和物联网自动监管设备，科学调整设施农业中的影响因子(如温度、湿度、光照、根际水分、养分、CO_2 浓度等)，由以前的单一控制转变为现在的多目标终端调控，使作物能够在最佳的小气候中生长，产量和质量大幅提高。同时大量采用机械化设备，可以大量减少劳动力，提高生产效率，达到效益的最大化。

③无土化。在设施农业发达的国家中，无土栽培占温室面积的比例越来越大，荷兰超过 70%，加拿大超过 50%，比利时超过 50%，美国、日本、法国、英国等无土栽培面积占比均不断提高。荷兰的无土栽培主要采用岩棉栽培，温室的环境及水

培营养液均采用电脑自动控制，番茄产量达到 40～50 kg/m²（26 680～33 350 kg/亩），黄瓜产量达到 60 kg/m²（40 000 kg/亩），商品率高达 90%以上。

④植物工厂。植物工厂是设施农业发展的最高层次，是一种高科技、高技术装备的设施农业技术，其整个植物生产过程全部实现机械化和自动化，在不受外界环境影响的封闭设施内，实现周年均衡、优质、高效的农业生产。日本、荷兰、美国等设施农业发达的国家已开始在现有的温室设施环境自动化控制和机械化作业的基础上，进一步实现自动控制、综合控制，对温室环境进行全自动调控，同时提升在整个生产过程中的机械自动化水平，特别是农业机器人的使用，使作物的栽培生产实现了自动化、机械化、无人化。

第三节　设施农业的主要内容与特点

一、设施农业的主要内容

设施农业是一门多学科交叉的科学，包括植物学、植物生理学、植物生物化学、作物栽培学、植物保护学、土壤学、土壤肥料学、农业气象学、农业工程学等，是这些学科的交叉和有机结合。其中，作物栽培学主要针对设施农业当中价值最高、种植面积占比最大的蔬菜、花卉和果树。

设施农业与传统露地农业最大的不同就是设施环境，包括光照、温度、湿度、气体、土壤等方面。应了解每一个环境因子对作物生长发育的影响及生理机理，要掌握设施环境内各环境因子的变化规律及特点，特别是与露地栽培的区别，最终就是要根据所栽培作物的生物学特性，对栽培环境进行相应的调节控制，使作物在最佳的环境下进行生长发育，以达到高产、优质、高效的目的。

农业工程学主要是科学合理的总体规划设计、设施的选型和结构优化设计、环境调控设计（包括保温、降温、加温、遮光、通风换气、灌溉与施肥、二氧化碳施肥等）、建筑材料的选择和计算、建造施工技术等，还包括各种调控手段和调控设备的运用、现代化的自动控制技术、计算机管理技术等。

二、设施农业的特点

设施农业与露地农业相比，栽培的作物种类多，价值较高，周年栽培，栽培强度大，使用的设备类型多，因此华南地区设施农业有以下特点：

1. 选择适合的设施类型

华南地区的气候环境有别于北方地区，最冷月平均气温≥10℃，极端最低气温≥−4℃，日平均气温≥10℃的天数在300天以上。1月平均气温10～12℃。一般冬季不到1个月；夏长在4个月以上，一般由5月中下旬开始至10月上旬，7月平均温一般为25℃左右；春、秋季节可达3个月。多数地方降水量为1 400～2 000 mm，是一个高温多雨、四季常绿的亚热带区域，其特征是常年湿润，四季分明。因此，在华南地区的农业栽培设施主要有：大型设施（单栋塑料大棚、连栋塑料大棚、玻璃温室）、中小型设施（塑料中棚、塑料小拱棚）、简易设施（风障、电热温床、地膜覆盖）、夏季保护设施（遮阳网覆盖、防虫网覆盖、防雨棚）。应根据当地的自然环境、栽培季节、栽培目的、市场需求、投资成本及技术能力来选择适合的设施类型。冬季和早春设施以保温防寒为主，夏秋季设施应以遮阳降温、防雨防虫为主。

2. 生产管理技术要求较高

设施农业生产是在设施内进行的，有别于露地环境，对生产管理技术要求较高且复杂。生产中，必须了解不同的作物在不同的生长发育阶段对环境条件的要求，掌握农业设施的性能及其变化规律，创造一个适宜作物生长发育的环境条件。

3. 着重发挥农业设施的效益

设施农业生产除了要求投入建设大量的设施设备以外，对生产的直接投入也比露地大很多，其特点就是高投入、高产出、高效益，因此，必须极大地提高单位面积的产量和品质。在进行周年生产、均衡供应的同时，要充分发挥设施可以调控气候环境的特点，尽可能地进行反季节栽培、提早促成栽培或延后栽培，减少与露地栽培的采收重叠，特别是在露地无法进行栽培的时段进行采收，以达到经济效益的最大化。

思考题

1. 简述设施农业的概念。
2. 简述设施农业在国民经济中的作用。
3. 简述设施农业在园艺作物生产中的作用。
4. 我国设施农业发展中存在哪些问题？
5. 简述设施农业的未来发展趋势。

6.简述设施农业的主要内容与特点。

实训项目

实训项目 1-1　设施农业认知

目的要求　通过实地考察和查阅资料，了解和掌握当地主要农业设施的类型及应用情况。

材料用具　校内外实训基地、设施农业生产园区、图书馆。

实训内容　考察实训基地或设施农业生产园区，调查当地主要农业设施的类型及应用情况，并通过查阅资料，总结当地设施农业生产概况。

实训考核　1.填写“×××园区设施类型及应用情况调查表”。

2.查阅资料，撰写当地设施农业生产概况调查报告。

×××园区设施类型及应用情况调查表

设施名称	结构	面积和数量	应用季节	种植作物

第二章

华南地区农业设施的类型、结构与性能

第一节　简易保护设施类型、结构与性能

华南地区简易保护设施分为近地面覆盖和地面简易覆盖两类。近地面覆盖主要包括风障和风障畦、电热温床等形式。地面简易覆盖包括地膜覆盖、浮动覆盖等类型。这些农业设施虽然多是比较原始的保护栽培设施类型，但由于具有取材容易、价格低廉、覆盖简单、栽培效果良好、相对效益较为显著等优点，目前许多地方仍在大面积使用。

一、风障和风障畦

风障是冬春季设置在栽培畦的一侧、与季风方向垂直的一种挡风屏障。设立风障的栽培畦称为风障畦。风障和风障畦见图 2-1。

图 2-1　风障和风障畦

1. 类型

根据风障的高低和防风范围，可分为大风障和小风障。

2. 结构

大风障一般障高 1.5～3 m。由篱笆、横腰、披风和土埂组成(图 2-2)。多用竹竿架设篱笆，用稻草、玉米秆、甘蔗叶等作披风。有些地方用废旧大棚膜、遮阳网等做风障，防风效果也比较好。大风障所保护的有效范围相当于风障高度的 8～10 倍。

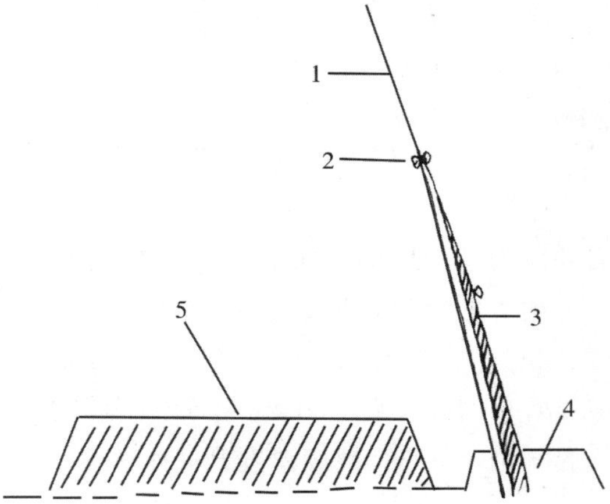

图 2-2　风障结构示意图

1. 风障篱笆　2. 横腰　3. 披风　4. 土埂　5. 风障畦

小风障多用竹竿夹稻草做成，或直接在埋设的木桩上拉遮阳网而成。高 1～1.5 m，其防风效果较弱，在冬春季每排风障所保护的有效范围只相当于风障高度的 2～3 倍。

为了增加风障的防风效果，可以每隔 5～6 m 架设一道风障，形成多层的风障群，同时还可在风障群的东、西、南面再架设围障，防止东、西、南风。

3. 性能

风障能够降低风速，使风障畦向阳的畦面气流稳定，利用太阳光热能提高风障畦的气温和地温，并保持一定的湿度，改善光照条件，使越冬栽培的蔬菜安全越冬或春播蔬菜提早发芽，提早采收。

(1)防风

风障降低风速、稳定气流的作用最为明显，一般能降低风速 10%～50%。风速越大，防风的效果越好。多排风障的风障群的防风效果优于单风障，排数越多，风速越小。距离风障越远,风速越大。各排风障障前不同位置风速变化见表 2-1。

多排风障一般每排距离 5~8 m。大小风障可以配合使用。

表 2-1 各排风障障前不同位置风速变化 m/s

风障号	距离					
	1 m	2 m	3 m	4 m	5 m	障外
第一排风障	0.61	0.91	1.18	1.3	1.67	3.83
第二排风障	0.30	0.64	1.00	0.84	0.40	
第三排风障	0.00	0.13	0.43	0.38	0.20	
第四排风障	0.00	0.00	0.07	0.23	0.00	

(2)增温

风障对风障后面的风障畦的地温和气温有明显的增温效果。在有风的晴天最显著,无风的晴天次之,阴天的效果不明显。在有风的晴天及无风的晴天,风障后面距离风障越近温度越高,增温的有效范围一般为 4~8 m。在风障内,距地面高度为 50 cm 以内的增温效果明显,高于 50 cm 处的温度与露地无明显差异。一般冬季使用风障可使气温升高 2~5℃,地表温度升高 8~14℃。

4. 应用

风障畦主要是用于秋冬季耐寒蔬菜的越冬栽培,如韭菜、菠菜、蒜苗、葱等。在早春,可用于叶菜类提前播种,提前收获,或瓜类、茄果类的提前育苗、提前定植等。

二、电热温床

电热温床是指育苗时在小拱棚或大棚内的栽培畦上,铺设电热线,对床土进行加温的育苗设施。用于土壤加温的电阻较大的导线称为电加温线或地热线。由于具有结构简单、成本低,增温效果好,温度可以精确控制,管理方便等优点,在生产上广泛应用。

1. 结构

电热温床由小拱棚、隔热层、电热线、床土及控温仪组成。见图 2-3、图 2-4。

电热线用发热可达 50~65℃的合金电阻钢丝外包耐高温塑料绝缘层制成。电热线的主要参数有:型号、电压(V)、电流(I)、功率(P)、长度(L)、使用温度(单位为℃)等。

注意:①电压为电热线使用的额定电压;

②电流是允许通过的最大电流；

③长度通常为 60 m、80 m、100 m；

④使用温度表示电加温线应在该温度下使用，以防电热线的塑料外层老化或熔化，造成短路；

⑤每根电热线两头都配有一段普通电线，用于连接电源。

总功率＝单位面积功率×总加温面积

电热线根数＝总功率÷单根电热线功率

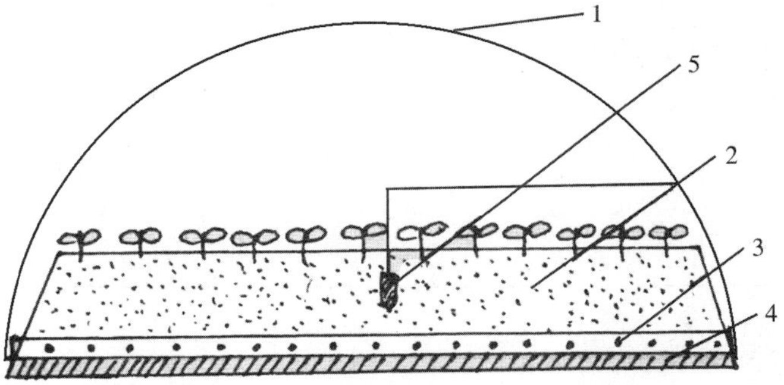

图 2-3　电热温床结构断面图

1. 小拱棚　2. 床土　3. 电热线　4. 隔热层　5. 温度探头

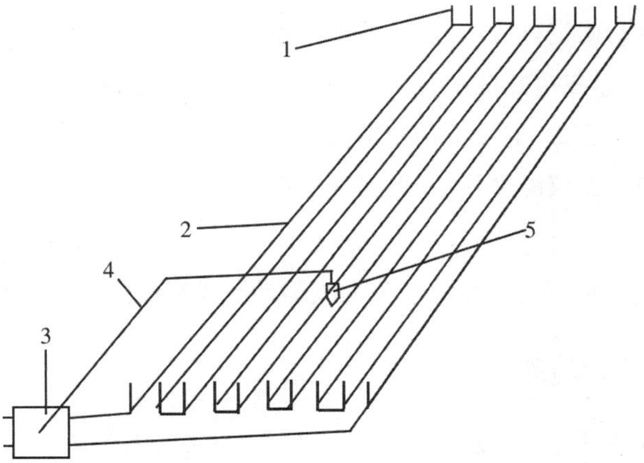

图 2-4　电热温床布线示意图

1. 短木棍　2. 电热线　3. 控温仪　4. 控温仪导线　5. 温度探头

在布线前，要确定每平方米面积上所需的功率，华南地区一般为番茄、辣椒育苗：

70～90 W/m²；茄子育苗：90～100 W/m²；喜温蔬菜（瓜类、蕹菜等）：100～120 W/m²。

如育番茄苗，选用 80 W/m²，苗床面积 10 m²，则电热线选 800 W。

可根据不同规格的电热线，参照表 2-2 确定布线间距。

表 2-2　不同电热线规格和设定功率的平均布线间距　　cm

设定功率/（W/m²）	电热线规格			
	每条长 60 m 400 W	每条长 80 m 600 W	每条长 100 m 800 W	每条长 120 m 1 000 W
70	9.5	10.7	11.4	11.9
80	8.3	9.4	10.0	10.4
90	7.4	8.3	8.9	9.3
100	6.7	7.5	8.0	8.3
110	6.1	6.8	6.7	6.9
120	5.6	6.3	6.2	6.4

2. 电热线的铺设

①将床体内的畦面整平。

②为提高增温效果，可先在床体内铺一层 3～5 cm 厚的干稻草、干玉米秆、干甘蔗渣，再在上面铺一层 3～5 cm 厚的粗碎土，然后再加一层细土，整平踏实。

③排线、接线：确定好线的间距，插小木棒，排线。

④排线完成后，在电热线上覆盖一层 3 cm 厚的细土，然后撒上一层石灰作为标记，然后填入培养土 12～15 cm，即可播种育苗。

⑤电热线与控温仪配套使用，可以进行床温自动控制。

3. 应用

电热温床主要是用于冬春季果菜类蔬菜育苗或其他园艺作物的育苗、扦插繁殖。

三、地面简易覆盖

地面简易覆盖是在栽培畦上，用各种防护材料进行简单的覆盖，是设施栽培中最简易的覆盖形式。传统的地面简易覆盖是在栽培畦面覆盖干稻草、干甘蔗叶、干树叶等，如冬季马铃薯免耕栽培、夏季生姜栽培和大蒜栽培等。现代地面简易覆盖主要是指地膜覆盖和遮阳网浮面覆盖。

（一）地膜覆盖

地膜覆盖即是塑料薄膜地面覆盖的简称，是用很薄的塑料薄膜（0.008～0.014 mm）紧贴地面进行的覆盖栽培形式。主要用来提高地温，保持土壤湿度，防除杂草，改善栽培环境，促进蔬菜生长，提高产量。它是世界现代设施农业生产中最简单、有效的增产措施，因此在全世界被广泛采用。日本在20世纪50年代开始大面积应用，法国、意大利、美国、苏联等国家在20世纪60年代也大面积推广。我国是在1978年正式从日本引入这项技术，并普遍推广应用，增产幅度达20%～60%，特别是在蔬菜、甘蔗、玉米的生产上应用最广泛。

1. 地膜覆盖的方式

地膜覆盖栽培在蔬菜生产上应用于两个方面，即保护地地膜覆盖栽培（包括温室、塑料大棚、塑料中棚和小拱棚）和露地地膜覆盖栽培。

华南地区地膜覆盖最常见的方式为：

①高畦覆盖：在菜田整地施入基肥后，做成畦宽1.2～1.5 m（连沟）、沟宽40 cm、畦面宽0.8～1.1 m、高25～30 cm的高畦，然后在畦面上覆盖地膜，见图2-5。

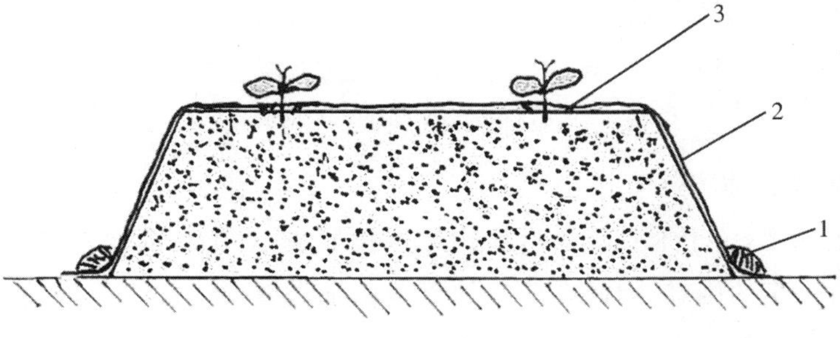

图2-5　高畦地膜覆盖

1、2. 地膜　3. 定植开口

②高垄覆盖：在菜田整地施基肥后，做成垄宽0.8～1.0 m（连沟），沟宽40 cm，垄面宽40～60 cm、高25～30 cm高垄，然后在垄面上覆盖地膜，见图2-6。

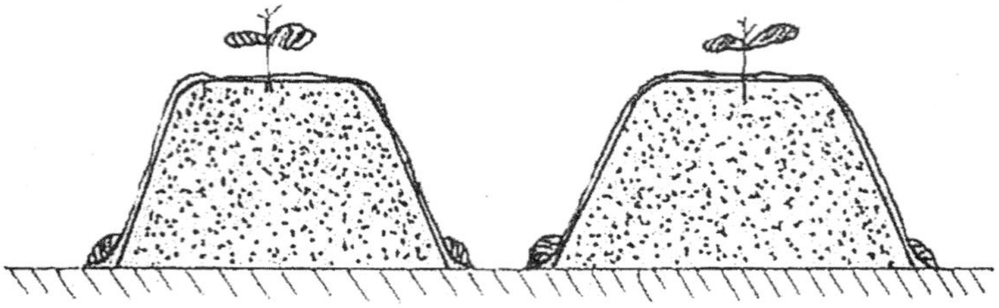

图 2-6　高垄地膜覆盖

③地膜＋小拱棚双膜覆盖：在高畦地膜覆盖的基础上，在高畦上增加一个小拱棚，见图 2-7。

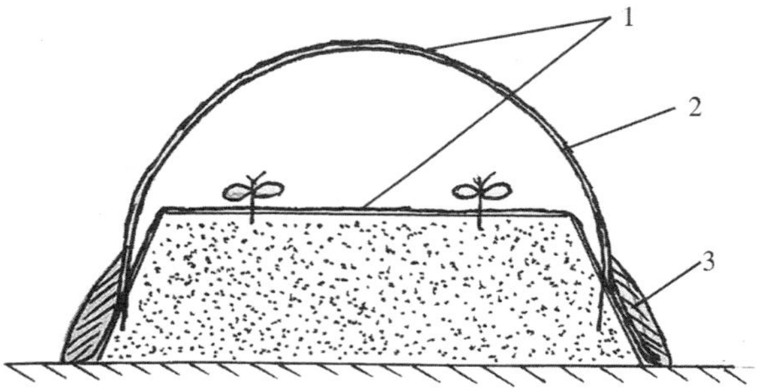

图 2-7　地膜＋小拱棚双膜覆盖

1. 压膜土　2. 竹片　3. 地膜

2. 地膜覆盖的方法

①施足基肥：由于地膜覆盖后作物的生长加快，对肥料的要求增加，且覆盖地膜对追肥有一定的困难，因此在覆盖地膜前整地做畦时应施入足够的有机肥和化肥。一般每亩应施有机肥 2 000～4 000 kg。

②整地做畦：深耕细耙，畦面要疏松平整，无大块土块、杂草及残枝落叶，使地膜能紧贴畦面，四周压土要充分牢固，不能漏气。

③定植后要及时用细土封好地膜定植开口，以防漏气。

④地膜覆盖应结合滴灌技术的应用，在铺设地膜前应布置好滴灌管道。

⑤定植前覆盖和定植后覆盖。两种方法各有优劣。

3. 地膜覆盖效应

(1)地膜覆盖正效应

①提高地温：由于白天太阳光透过地膜使地膜下地温升高，而在空气流动及土

壤向外热辐射时，由于地膜的气密性减少了热量的损失，也减少了土壤水分蒸发的热量损失，因此地膜覆盖后的增温效果明显。春季低温期覆盖地膜，在 0～10 cm 的土层，地温可增加 2～6℃；夏季，在作物植株遮阳时，地温只比露地高 1～5℃，而在土壤湿润时，地膜覆盖的地温甚至低于露地 0.5～1℃。

②提高土壤的保水能力：覆盖地膜后，由于地膜阻碍了土壤水分的向外蒸发，土壤蒸发的水分在地膜下凝结成水滴，又落入土壤内，使土壤较长时间保持湿润，减少了灌溉次数。

③降低田间空气相对湿度：覆盖地膜后，减少土壤水分蒸发，而雨水不能直接渗入栽培畦，只能从畦沟中横向渗透或及时排出，降低田间空气相对湿度，也就降低了作物病害的发生率。

④改善土壤的物理性状：覆盖地膜后，避免了雨水冲刷，减少中耕、除草、追肥等，防止土壤板结，保持土壤疏松，有利于作物根系生长。

⑤提高土壤养分含量：地膜覆盖有利于土壤微生物对有机质分解，释放养分，还可以防止肥料因雨水淋溶流失。

⑥防除杂草：地膜下的密闭、高温及弱光环境，抑制了杂草的生长，特别是黑色、绿色地膜防除杂草的效果明显。

⑦增加近地面光照：由于地膜有反光作用，提高了植株下部叶片及叶背的光照强度，有利于提高作物的光合作用，同时，叶背的光照强度增加，减少了蚜虫及其他害虫的数量。

⑧减轻土壤盐碱化：覆盖地膜后，减少了土壤水分蒸发量，从而抑制了由于蒸发而随水分带到土壤表面的盐分，降低了土壤表层的盐分积累，减轻土壤盐碱化。

(2)地膜覆盖的负效应

①高温期造成地温过高：夏季覆盖地膜，在作物植株定植后尚未封行，又无其他遮阳，且土壤水分不足时，地膜下的温度可能高达 50℃，超过作物根系的生长发育适温，造成植株早衰。

②覆膜不严，膜下易生杂草：地膜覆盖使地膜下具有良好的养分、水分和温度条件，如果采用的地膜是无色透明地膜，而且覆膜不严，漏气，则膜下易生杂草，将地膜顶起。

③污染土壤环境：由于地膜很薄，又是一次性使用，完成当次种植后很难清理干净，造成大量地膜碎片残留在土壤中，不易降解，破坏了土壤的通透性和完整性。由亍地膜碎片的存在，使土壤水分被阻断，植物根系生长受到严重影响。

4.地膜的种类

地膜是用聚乙烯经吹塑加工制成的，种类很多，性能也各不相同。一般常见的地膜有：

(1)无色透明地膜

这种地膜是最普通、使用最广泛的一类地膜。透光效果好，覆盖后在不遮阳的条件下，一般可使土壤温度提高2～4℃。

①普通地膜(高压低密度聚乙烯地膜)：厚度0.014 mm，无色透明，增温、保墒性能良好，可用作多种形式的覆盖，多用于早春早熟栽培覆盖，使用期一般在4个月左右。宽度70～250 cm，每亩用量6～10 kg。

②超薄地膜(线型低密度聚乙烯地膜和低压高密度聚乙烯地膜)：厚度为0.008～0.01 mm，幅宽80～120 cm，每亩用量4～5 kg，用量比普通地膜少一半。无色透明，增温、保墒性能良好，该膜的拉伸强度、耐冲击强度、耐撕裂强度均比普通地膜有较大的提高，耐老化，残膜易清除。

(2)有色地膜

在聚乙烯树脂中加入各种颜料而制成的具有不同颜色的地膜。由于具有不同的颜色，因此具有不同的光学特性，对太阳辐射光谱的透射、反射和吸收性能不同，对杂草、病虫害、土温变化、近地面的光照等均有不同的影响，进而对作物生长发育也有不同的影响。

①黑色地膜：厚度为0.01～0.03 mm，比普通地膜略厚，每亩用量7～12 kg。因黑色地膜透光率很低，地膜下的杂草无法正常进行光合作用而死亡，除草效果好。黑色地膜在太阳辐射下，虽然本身吸热增温快，但由于透光率低，温室效应弱，对土壤的增温效果差，一般仅使土壤表面温度提高2℃，增温效果低于无色透明地膜，因此在华南地区夏季地膜覆盖防除杂草、降低土壤温度效果较好。

②黑白双色地膜：上乳白色、下黑色两种地膜各一层复合而成。厚度为0.02 mm，每亩用量10 kg。使用时，乳白色面朝上，黑色面朝下。乳白色面朝上，能够提高对阳光的反射量，增加作物植株中下层的光照强度，对蚜虫有较好的驱避作用，减少病毒病的发生；黑色面朝下，防草、降温效果好。

③绿色地膜：厚度为0.015 mm，每亩用量6～10 kg。绿色地膜能够吸收植物光合作用必需的400～720 nm波长的红光和蓝光，使膜下杂草因光合作用不足而死亡，防草效果好。绿色地膜能透过绿光，提高地温作用不如透明地膜，但优于黑色地膜。绿色地膜价格较高，使用寿命较短，一般主要用于蔬菜、草莓等经济价值

较高的作物。

④银灰色地膜：厚度为 0.015～0.02 mm，每亩用量 7～10 kg。银灰色地膜表面是银灰色的，反射光线能力强，特别是对紫外线的反射率较高，具有较好的驱避蚜虫、黄条跳岬、黄守瓜、象岬的作用，减轻病毒发生。银灰色地膜透光率低，透光率约为 25%，对土壤的增温效果不明显，但对杂草有抑制作用且能较好地增加植物中下层的光照，与其他有色地膜相同，适合用于夏秋季果菜类的防病抗热生产。

(3)有孔地膜

在生产加工时，在普通地膜上，根据播种或定植要求，按照一定的间隔，在地膜上打出播种孔或定植孔。播种孔 Φ3.5～4.5 cm，定植孔 Φ8～10 cm。根据栽培作物的种类不同，在地膜上按不同的距离进行单行或多行打孔。有孔地膜适合用于各种穴播或按穴定植的作物，节省了播种或定植时打孔用工，确保株行距及孔径整齐一致，有利于实现机械化播种或机械化定植，极大地减少了农业人工投入。

(4)切口地膜

切口地膜是专门用于直播栽培的一种专业地膜。地膜在播种带的地方，将膜事先开成一定宽度的梯状切口，幼苗可从任何一个切口长出膜外，可省去人工逐株切口取苗。

(5)杀草地膜

在地膜吹塑前，在聚乙烯树脂中加入一定量的除草剂，再进行吹塑成膜。杀草地膜覆盖土壤后，除草剂从膜中溶解于膜下水滴中，在畦面上杀草。杀草地膜不仅降低了除草的成本，且因有地膜的保护作用，使除草剂难以挥发出去，药效持续的时间长，大大提高了除草的效果。应该注意的是，不同的除草剂适用于不同的杂草，故使用杀草地膜时要注意各种杀草地膜的适用范围，不能随意乱用。

(6)可降解地膜

可降解地膜是一种新型的环保的可降解的地膜，是今后我国地膜产业的发展趋势，也是发展可持续性农业的必要前提。

塑料地膜在自然界中很难降解。由于地膜都是一次性使用的，每年都会有大量的残膜留在土壤里。这些地膜碎片可在土壤中形成阻隔层，使土壤中的水、气、肥等流动受阻，造成土壤结构板结，严重危害生态环境，造成白色污染。因此，解决残膜污染土壤已成为地膜覆盖栽培技术的重大难题，为了解决这一难题，国内外相关企业和研究机构研究生产了可降解地膜。可降解地膜能在短期内自然破裂，使地膜塑料从高分子树脂结构分解为小碎片，然后分解为粉末，最后消失。目前，可降解地膜有三种类型：

①光降解地膜：在地膜吹塑前，将光敏剂加入聚乙烯树脂中。在自然光的辐射下，加速降解，最后老化分解为粉末。但这种地膜只有在光照条件下才能降解，在土壤中的地膜埋土部分不降解；降解速度缓慢，或降解后的碎片不易粉末化或难被土壤同化，污染土壤问题仍未得到根本解决。另外成本较普通地膜高，使推广应用受到限制。

②生物降解地膜：在地膜吹塑前，聚乙烯树脂中加入高分子有机物，如变性淀粉、纤维素、甲壳素或乳酸脂等，利用土壤中的微生物（细菌、真菌、放线菌）分解塑料薄膜中的有机物而将地膜彻底分解形成粉末。尽管这种地膜能够降解，但存在加工困难，抗拉伸强度低，耐水性能差，寿命短，保温、保水、防草效果较弱等问题，根本无法加以推广和应用。

③光-生物双降解地膜：在地膜吹塑前，聚乙烯树脂中既加入光敏剂，又添加高分子有机物，使地膜具备了光降解和生物降解的双重功能。光-生物降解地膜具有完全降解性，不仅能保证光照部分发生光降解，而且埋土部分也可以通过生物降解和热降解的综合作用降解到不影响下季耕作的程度，并在接下来的下个年度降解为无污染物质。光-生物降解地膜与普通地膜和光降解地膜相比，在减轻地膜覆盖中的残膜危害方面有了很大进步。当然，地膜埋土部分虽然大部分分解碎化，但仍有少量有一定强度和韧性，所以目前的可降解地膜还难以达到当季无害化的程度，在完成种植后，地膜还应尽可能地回收清理。

（二）浮面覆盖

浮面覆盖是在栽培作物的地面或作物表面，不用任何支架材料，直接将覆盖物覆盖在栽培作物的地面或作物表面的一种简易覆盖方式。覆盖材料主要有干稻草、遮阳网、无纺布等。

在华南地区不少地方夏季种植蔬菜时，在蔬菜植株下覆盖干稻草，可使土壤温度下降，保持土壤湿润，减少杂草或防止土壤板结。在冬季进行马铃薯免耕栽培时，可覆盖干稻草进行保湿（图 2-8）。

在夏季育苗时，也可用遮阳网直接覆盖在苗床上进行遮阳保湿降温，或冬季在小拱棚、中棚或单栋大棚直接覆盖遮阳网或无纺布保温等。

图 2-8　华南冬季马铃薯免耕栽培稻草浮面覆盖

第二节　塑料薄膜拱棚类型、结构与性能

塑料棚是塑料薄膜覆盖拱形棚的简称。它是一类利用塑料薄膜覆盖的不加温的简易拱形塑料温室，它与玻璃温室相比，具有结构简单、建造和拆装方便、一次性投资较少的优点，因此在生产上普遍应用，面积越来越大。

在我国华南地区，塑料棚依据棚的大小和对管理人员在棚内操作的影响程度，分为塑料小拱棚、塑料中棚和塑料大棚三种。

①塑料小拱棚：凡是高度在 0.5～1.5 m，宽度在 1～2 m，人不能进入棚内操作的塑料拱棚，称之为塑料小拱棚。

②塑料中棚：凡是高度在 1.5～2 m，宽度在 2～5 m，人能进入，但要弯腰作业的塑料拱棚，称之为塑料中棚。

③塑料大棚或塑料薄膜温室：凡是高度在 2 m 以上，单栋宽度在 6～8 m，人和机械能进入操作的塑料拱棚，称之为塑料大棚或塑料薄膜温室。

一、塑料小拱棚

1. 塑料小拱棚的类型与结构

塑料小拱棚是塑料薄膜覆盖应用于蔬菜栽培的结构最简单的棚型，主要是用毛竹片、细竹竿、细木条或 Φ6～8 mm 的钢筋等能够弯弓的材料为支架做骨架，上面覆盖塑料薄膜，成为一种拱圆形的覆盖棚，高度 0.5～1.5 m 宽度 1～2 m，见图 2-9。

图 2-9　早春西瓜小拱＋地膜双膜覆盖栽培

2. 塑料小拱棚的性能

①光照：小拱棚的跨度小，棚内光照分布较均匀。但是小拱棚所使用的塑料薄膜一般都是普通薄膜，透光率略低，棚内的光照强度略低于露地。

②温度：塑料小拱棚日间有明显的增温效果，特别是晴天的白天，阴雨天不明显。夜间增温不太明显。棚内的气温日变化的趋势与棚外气温日变化基本相同，即是当外界气温升高时，棚内的气温也随之升高，当外界气温下降时，棚内的气温也随之降低。

早春季节小拱棚内气温一般平均可增加 3～6℃；晴天的中午，小拱棚内的气温最大可增加 15～20℃，最高气温可达到 40℃以上，易发生"烤苗"。但如果遇到寒流，夜间棚内温度极可能低于 0℃而发生冻害。

小拱棚的温度变化是较为剧烈的，这与小拱棚的热容量有密切的关系，主要是由于小拱棚内空间小，热容量小，温度变化剧烈。

棚内的地温随棚温的变化而变化，同时也随季节、天气和日变化而变化，但地温的变化远不及棚内气温变化那样突出，比较平稳。

③湿度：小拱棚的容积较小，在密闭的情况下，棚与外界环境相隔绝，地面水分蒸发和植株蒸腾的水汽不能与外界自由交换，水汽全部滞留在棚内，因此棚内的相

对湿度（相对湿度是指空气中实际含水量与同温度下饱和含水量的百分比）和绝对湿度（绝对湿度是指每立方米空气所含水汽的质量）全天都保持在一个很高的水平上，一般棚内日平均相对湿度在70%～100%。而由于容积较小，棚内湿度极易达到饱和或过饱和状态。

3. 应用

①育苗：在华南地区，小拱棚普遍用于冬季或早春蔬菜、花卉育苗。

②越冬蔬菜栽培：可用于耐寒性叶菜类的越冬栽培，在小拱棚的保护下，第二年春季可提早采收。

③早春提早栽培：在华南地区，小拱棚＋地膜双膜覆盖，广泛用于西瓜、甜瓜、辣椒等早春提早栽培。

二、塑料中棚

1. 塑料中棚的类型与结构

塑料中棚高度为1.5～2 m，宽度为2～5 m，比小拱棚略大，人可进入，但要弯腰作业。

中棚结构分类为：①竹木结构中棚；②钢筋、竹木混合结构中棚；③钢管结构中棚。

中棚结构由立柱、拱杆、拉杆、压膜线等组成。一般以竹木或钢筋为拱架时，需设立柱，用钢管为拱架时，不需设立柱。见图2-10。

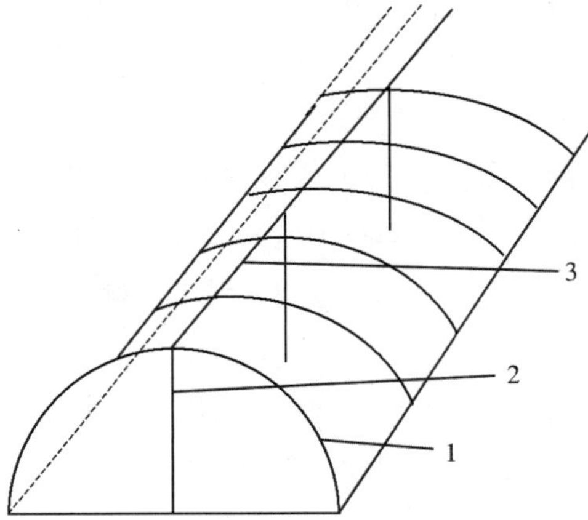

图2-10　单排中柱中棚

1. 拱杆　2. 立柱　3. 拉杆

拱杆用料：竹片，宽度3～5 cm，长3～5 m；立柱用料：竹竿或木棍：粗 Φ 5 cm，长1.8～2.5 m。

注意：中棚一般只设一条拉杆（顶梁或称龙骨拉杆），少有调棚拉杆。

2. 塑料中棚的性能

塑料中棚比小拱棚大，但比塑料大棚小，其容量介于塑料大棚和小拱棚之间，因此其光照和温度、湿度变化也介于两者之间。

在冬季，当作物长到一定高度时，不同部位的受光量有一定的差异，如东西延长的棚，南排的受光量最高，中排次之，北排最少。而在南北延长的棚，东西面无差异，南北面也差异较小。

中棚内气温变化比小拱棚缓和，而又比大棚略为剧烈。因为热容量比大棚小，保温性能就不如大棚，晴天白天棚内气温上升比大棚快，晚上棚内气温下降也比大棚快。

中棚的空间比小拱棚大，通风条件比小拱棚好，故中棚的空气湿度也比小拱棚小许多。

3. 塑料中棚的应用

塑料中棚由于其保温性能比小拱棚好，高度也相对较高，且骨架和薄膜拆运方便，投资成本低，既可用于茄果类、瓜类及豆类蔬菜的春季提前和秋延后栽培，也可用于耐寒叶类菜、花卉植物的越冬栽培。

三、塑料大棚（塑料薄膜温室）

塑料大棚（塑料薄膜温室）是指高度在 2 m 以上，宽度在 6～8 m，人和机械能进入操作的塑料棚。

1. 塑料大棚（塑料薄膜温室）的分类

根据华南地区的实际应用情况，塑料大棚（塑料薄膜温室）可分为这几类。

从总体结构来分：①单栋大棚（单栋温室）；②连栋大棚（连栋温室）。

从材料来分：①竹木结构大棚；②钢筋竹木结构大棚；③装配式钢管结构大棚。

2. 塑料大棚的构造

单栋塑料大棚的结构包括：①立柱；②拱杆（拱架）；③拉杆（纵梁）；④压杆（压膜线或压膜槽）；⑤裙膜；⑥棚膜；⑦门窗。最主要的部分为立柱、拱杆、拉杆、压杆，所谓“三杆一柱”。见图 2-11。

（1）立柱

立柱是大棚（温室）的主要支柱，承受棚架、薄膜、雨、风的作用，由于棚顶较轻，立柱不必太粗，一般竹、木 Φ 5～8 cm 即可。

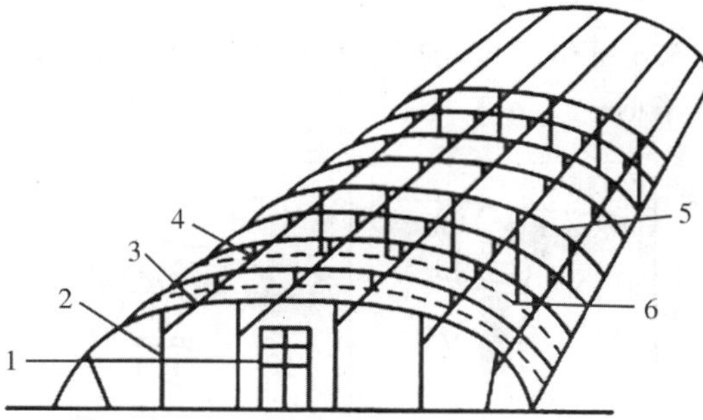

图 2-11　单栋塑料大棚(温室)结构

1. 门　2. 立柱　3. 拉杆　4. 吊柱　5. 拱杆　6. 压杆(压膜线)

(2)拱杆(拱架)

拱杆是直接支撑薄膜的部分，一般拱架间距为 1～1.2 m。可用竹片、钢筋(Φ 14～16 mm)、钢管(Φ 25 mm、管壁厚 1.2～1.5 mm)制成。

(3)拉杆(纵梁)

拉杆的作用是连接立柱和拱杆，以保证棚架的纵向稳定性并向它们传递荷载。

(4)压膜线

棚架上覆盖塑料薄膜后，于两根拱杆之间加一根压膜线，压在棚膜上，将棚膜压紧，以利于抗风排水。

(5)棚膜

覆盖在棚架上的塑料薄膜。

(6)裙膜

裙膜设置于大棚侧面，高度 0.5～0.6 m，主要作用是防雨水飞溅和扫地风。

(7)门窗

门开在棚的两头，用于人员进出、运输和通风。不同结构的大棚，门有不同的安装方式，如中央式、旁边式等。

装配式钢管结构大棚是目前我国生产上广泛采用的一种棚型，具有结构合理、外形美观、用料省、耐锈蚀、建造成本较低、安装方便的优点。装配式钢管结构大棚是我国在参照国外资料基础上，经过试验设计后更加适合我国国情的新型结构塑料大棚(温室)，采用薄壁镀锌钢管弯曲进行装配而成，其结构规范标准，可大批量工厂化、专业化生产和安装。一般跨度 6～8 m，高度 2.5～3 m，长 20～60 m，拱架用两根直径 25 mm、管壁厚度 1.2～1.5 mm 薄壁镀锌钢管弯曲对接装配。薄膜固定采用卡膜槽和钢丝弹簧，所有部件采用卡具和套管固定连接。目前我国生产的有 8 m、7.5 m、6 m、5.4 m 等不同跨度的塑料大棚（温室）。装配式钢管结构大棚结构见图 2-12。

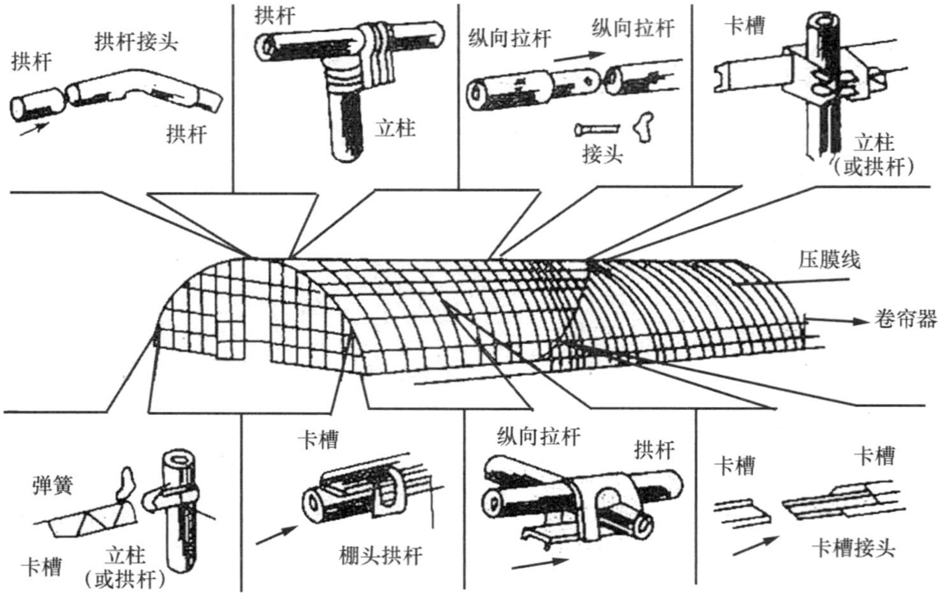

图 2-12　装配式钢管结构大棚结构图

3. 塑料大棚薄膜

目前我国生产的塑料大棚薄膜按照生产薄膜的树脂原料来分，可分为三大类，即聚乙烯薄膜（PE）、聚氯乙烯薄膜（PVC）、乙烯-醋酸乙烯薄膜（EVA）。

（1）聚乙烯薄膜（PE）

聚乙烯薄膜是用聚乙烯树脂吹塑而成的薄膜，是我国目前主要使用的大棚薄膜。

聚乙烯薄膜密度小（0.95 g/cm^3）、质地轻、透光性能强，不易吸尘，耐低温性能好，无增塑剂渗出，无毒；但耐高温的性能差，比重轻，但夜间保温性能不及聚氯乙烯薄膜（PVC），常出现夜间棚温逆转现象。抗张力、伸长力不及聚氯乙烯薄膜（PVC）。幅宽可达 10～12 m，单栋塑料大棚可整膜覆盖。

①聚乙烯普通膜：这种薄膜在聚乙烯树脂中不加任何添加剂，厚度 0.06～0.12 mm，寿命短，只有 4～6 个月，目前正逐步淘汰。

②聚乙烯长寿膜：这种薄膜在聚乙烯树脂中加入抗老化剂（抗氧化剂和红外线吸收剂），克服了聚乙烯普通膜不耐高温日晒、不耐老化的缺点，寿命 24 个月以上。

厚度为 0.1～0.12 mm。延长了使用时间，覆盖栽培成本降低，是目前设施栽培中使用较多的大棚薄膜。

③聚乙烯长寿无滴膜：这种薄膜在聚乙烯树脂中加入抗老化剂和表面活性剂，使膜表面具有与水相似的表面张力，因而吸附在膜表面的小水珠能聚成大水珠而沿膜流下，仅在膜表面留下极薄的水膜，提高了棚膜的透光率，透光率比聚乙烯普通膜提高 10%～20%。厚度 0.12 mm，防雾滴有效期 2～4 个月，寿命 24 个月以上。

④聚乙烯保温膜：这种薄膜在聚乙烯树脂中加入远红外阻隔剂（保温剂），能够阻止设施内的远红外线（地面辐射）向外界进行辐射，使设施内吸收的热量被阻挡在设施内，减少了设施热量的损失，可提高保温的效果 1～2℃。

⑤聚乙烯多功能膜：这种薄膜在聚乙烯树脂中加入抗老化剂、表面活性剂、保温剂等，具有长寿、保温、无滴等特点，寿命 12～18 个月，厚度为 0.05～0.1 mm。

(2)聚氯乙烯薄膜（PVC）

聚氯乙烯薄膜（PVC）是在聚氯乙烯树脂中加入增塑剂吹塑而成的。

新膜具有良好的透光性能，夜间保温性能比聚乙烯膜强，且耐高温日晒，抗张力、伸长力强，较耐用，撕裂后易粘补；但耐低温性能不如聚乙烯膜，吸尘性强，易受污染，膜上易附着水滴，透光率下降快。密度大（1.4 g/cm^3），使用成本高于聚乙烯薄膜，相同质量的聚氯乙烯薄膜覆盖面积只有聚乙烯薄膜的 2/3。

①聚氯乙烯普通膜：在聚氯乙烯不加任何助剂。厚度 0.08～0.12 mm，有效使用期 4～6 个月。

②聚氯乙烯长寿膜：在聚氯乙烯树脂中加入抗氧化剂，使用寿命为 10～18 个月。

③聚氯乙烯无滴膜：在聚氯乙烯树脂中加入一定比例的表面活性剂，使用寿命为 8～10 个月。

④聚氯乙烯防尘无滴膜：在聚氯乙烯无滴膜的外表附一层不易吸尘的薄膜，使用寿命为 8～10 个月。

⑤聚氯乙烯长寿无滴膜：在聚氯乙烯树脂中加入抗氧化剂和表面活性剂，使用寿命为 10～18 个月。

(3)乙烯-醋酸乙烯薄膜（EVA）

乙烯-醋酸乙烯薄膜是以乙烯-醋酸乙烯共聚物（EVA）树脂为主体的三层复合功能性薄膜。具有耐低温、耐老化、透光率好、保温性好、防雾性好、机械强度高的优点，被誉为我国第三代农膜。使用寿命 15～50 个月。厚度为 0.1～0.12 mm，密度为 0.94 g/cm^3。

①乙烯-醋酸乙烯(EVA)多功能膜:醋酸乙烯共聚物(EVA)树脂为主体的三层复合功能性薄膜,具有防尘、抗老化、无滴的特点,使用寿命为15～50个月。

②乙烯-醋酸乙烯(EVA)无滴长寿膜:在乙烯-醋酸乙烯共聚物(EVA)树脂中加入抗氧化剂和表面活性剂,使用寿命为60个月。

(4)其他棚膜

①PE漫反射膜:这种薄膜在聚乙烯树脂中加入对太阳透射率低、反射率高的漫反射晶体,能使直射阳光入射减少,降低中午棚温,增加午前、午后光线透射率,同时夜间保温性能良好,是热带、亚热带高温季节适宜的棚膜。使用寿命为12～18个月。

②近红外吸收膜:这种薄膜在聚乙烯、聚氯乙烯树脂中加入近红外线吸收剂,当太阳照射到大棚薄膜时,棚膜可吸收掉一部分近红外线,减少了透射通过棚膜进入到棚内的近红外线,降低了设施内的温度。该膜适宜在华南地区夏秋高温季节使用。

设施温室的塑料薄膜覆盖,应根据不同设施温室的类型,选择适宜的塑料薄膜。中小棚因栽培期较短,也易于更换棚膜,应选用聚乙烯普通膜;大棚因栽培期长,较难于更换棚膜,应选用聚乙烯或聚氯乙烯塑料薄膜,而连栋大棚一般进行周年生产,使用年限长,很难进行棚膜的更换,应选用乙烯-醋酸乙烯(EVA)无滴长寿膜。

由于聚乙烯薄膜、聚氯乙烯薄膜、乙烯-醋酸乙烯(EVA)薄膜各具不同的特性,在透光性、保温性、防尘性等方面均有一定的差异,可根据表2-3选用不同的塑料薄膜。

表2-3 PE、PVC和EVA三种薄膜特性比较

比较项目	聚乙烯薄膜(PE)	聚氯乙烯薄膜(PVC)	乙烯-醋酸乙烯薄膜(EVA)	备注
对红外线的阻隔性	差	优	中	PVC>EVA>PE
初始透光性	良	优	优	EVA>PVC>PE
后期透光性	中	差	良	EVA>PE>PVC
保温性	中	优	良	PVC>EVA>PE
耐候性	良	差	优	EVA>PE>PVC
防尘性	良	差	良	EVA>PE>PVC
黏接性	中	优	优	EVA>PVC>PE
防流滴性	中	良	良	EVA>PVC>PE
耐低温性	优	差	优	EVA>PE>PVC
耐穿刺性	良	优	优	EVA>PVC>PE

目前我国棚膜的防老化水平较低，使用寿命偏短。普通棚膜的防老化寿命一般只能达到连续覆盖4～6个月。聚氯乙烯防老化长寿膜由于易析出增塑剂，故不宜做越夏连续覆盖，多进行秋扣棚连续覆盖到初夏，使用寿命为8～10个月。聚乙烯防老化长寿膜可越夏连续覆盖使用，但寿命只能连续使用12～18个月。而国外棚膜防老化寿命可连续覆盖3～5年，日本的最长可达8年，以色列的最长可达10年。

当代先进国家的防雾滴棚膜性能优良，流滴持效期可达1～8年，基本上与防老化寿命同步，既防滴又防雾。国产的无滴膜只有2～4个月的防雾滴能力。PE多功能膜流滴持效期为4～6个月，最好的乙烯-醋酸乙烯膜流滴持效期也只不过8个月。

由于我国防雾滴膜的流滴持效期短，且常有雾气产生，致使覆盖防雾滴膜的棚内也易发生雾气和蔓延病害。

4. 塑料大棚（塑料薄膜温室）的性能

（1）光照

大棚（温室）内的光照受棚外光照状况、大棚的方位和结构，以及薄膜的质量等因素的影响而表现较大的差异。

①大棚（温室）不同部位的光照强度，从垂直方向看是高处较强，向下逐渐递减，近地面处最弱。

②大棚（温室）不同部位水平照度，如南北延长的大棚，东侧为29.1%，中部为28%，西部为29%，仅差1%；两棚头也相差无几。可以说大棚（温室）不同位置水平照度比较均匀，但就一天的照度来说，上午东侧较强，下午西侧较强。如东西延长的大棚（温室），南侧为50%，中、北部为30%，东西两头相差不大。

③不同棚型结构对棚（温室）内照度的影响，见表2-4。

表2-4　不同棚型结构的透光量

大棚类型	透光量/万lx	透光率/%
露地（对照组）	10.64	100
单栋钢管结构	7.67	72
单栋竹木结构	6.65	62.5
连栋钢管结构	5.99	56.3

由表2-4可见，以单栋钢管大棚及硬塑料结构的大棚受光较好，仅比露地透光率减少28%，单栋竹木结构比露地减少37.5%，连栋钢管结构比单栋钢管结构的透光率低15.7%。由于建设材料不同，其棚架遮阳面的大小差异很大，一般说来

竹木结构的透光率比钢管结构的少10%左右。棚架材料越宽大，棚顶结构越复杂，遮阳面越大。大棚的跨度越大，棚架越高，棚内光照越弱。

④设施内光照强度的时间变化与外界的变化规律相一致，即与日出日落相一致。日出后，随太阳的升高而增加，中午设施内的光照强度最高，随太阳的落山而降低。见图2-13。

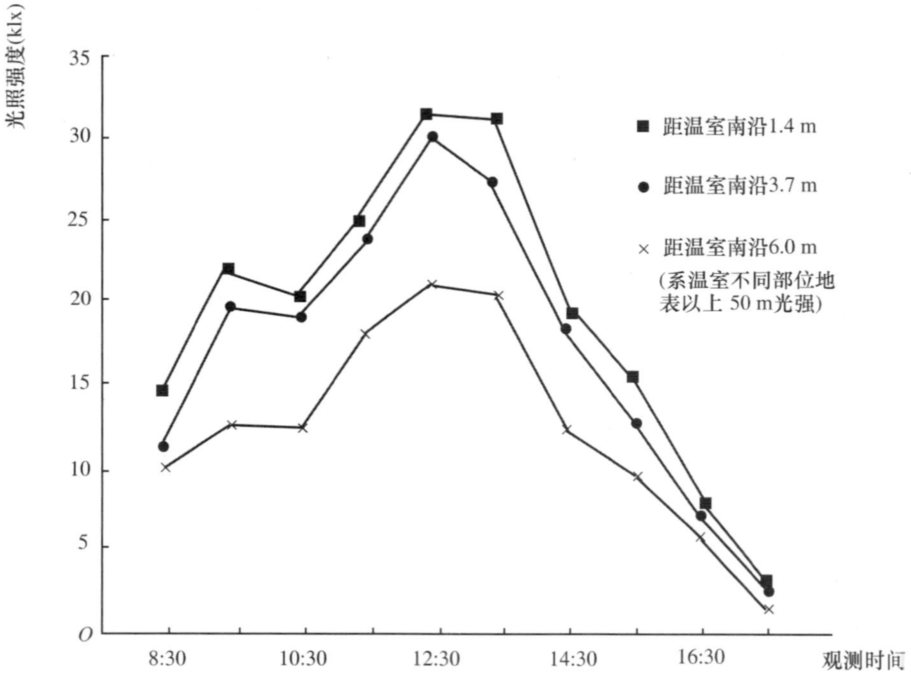

图 2-13　设施内光照强度的日变化

(2)温度

大棚内的温度受薄膜特性和棚外气温的影响，也存在着明显的日温差和季节温差，但比中、小拱棚缓和许多。

①气温。大棚内温度日变化：大棚的气温最低点出现在日出前，在日出时即开始升高，在不通风的情况下，以日出开始到出现日最高气温时，平均每小时升温7～8℃，约于下午1—2时出现日最高温度，以后以每小时下降5℃左右；自日落至第二天日出前，温度下降较缓慢，平均每小时约下降1℃，最低温度出现在日出之前。见图2-14。

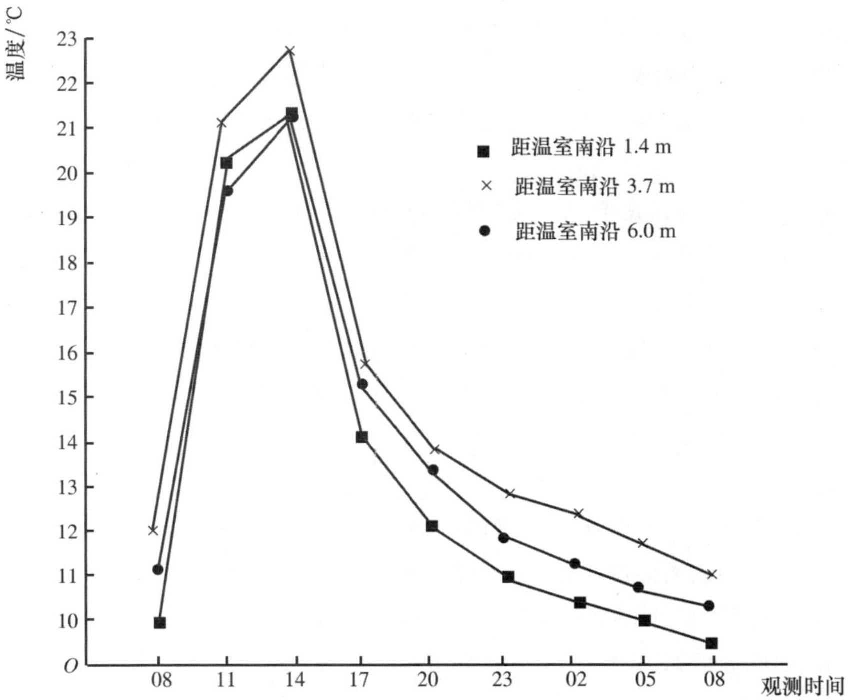

图 2-14　大棚(温室)温度日变化

大棚内的温度分布：白天棚顶附近温度最高，夜间是近地面温度最高，大棚(温室)两侧的温度比中间低。寒潮来临，密闭大棚的迎风头比背风头温度高，而寒潮直入的大棚是迎风头温度比背风头低。

塑料大棚内的温度明显高于露地，当露地为 0.9℃时，棚内可达 6℃；露地为 9.5℃时，棚内可达 20℃；在有日照时，棚内温度可达 30℃以上；若露地气温 15℃时，有日照时，棚内温度可达 40℃，若棚外温度继续升高，棚内温度可达 50℃以上。

大棚由于容积比中、小拱棚大，热容量大，气温变化比中、小拱棚变化的幅度小，不像中、小拱棚变化剧烈，白天升温快，晚上降温也快。

棚温逆转现象：大棚内的气温比外界周围的气温低的现象。

棚温逆转现象通常是在晴朗的夜晚发生。发生棚温逆转现象可以用“史蒂芬辐射定律”来解释。史蒂芬辐射定律：处于绝对零度(−273℃)以上的物体，都在不停地向外发射热辐射，发射的辐射通量密度是它的绝对温度的 4 次方的函数。

夜晚，大棚(温室)就是一个向外界天空不停发射热辐射的物体，大棚向晴朗天空辐射放热，而晴朗无云的夜晚放热更加剧烈，棚温不断降低。在微风的作用下，棚外空气可以从其他地方获得暖气的补充，而棚内因有薄膜阻挡，所损失的热量却得不到补充，所以棚内温度比棚外还低。这就是"棚温逆转"现象。这种情况在8℃以下、有微风的晴朗的夜晚最易出现，有时棚内温度甚至会低于0℃，使棚内作物可能受冻害。

②地温。大棚内地温变化较为缓慢，变化幅度也较小。棚内最高地温出现在下午4—5时，比最高气温出现时间迟3 h；最低地温出现在日出后1～2 h内，也比最低气温出现时间迟1～2 h。

大棚如果夜间不加覆盖物（遮阳网等），棚内地温并不比棚外高多少，仅1～2℃。

大棚的地温因南北两端受到棚外土温影响较大，所以南北端的地温较中部低，横向各点的土温相差不大。

(3)湿度

在密闭的情况下，空气相对湿度的一般规律：当大棚内的温度升高，棚内的相对湿度降低；大棚内的温度降低，则大棚内的相对湿度升高；在晴天和有风的天气，大棚内的相对湿度降低；在阴天和雨天，大棚内的相对湿度升高。一般在5～10℃的条件下，大棚温度每升高1℃，棚内的相对湿度降低3%～4%，夜间大棚内的相对湿度随温度下降而升高，甚至可能达到饱和或过饱和。

大棚内的绝对湿度随大棚温度的升高而迅速上升，由于大棚内土壤水分的蒸发和植株的蒸腾，一般在上午8—9时开始上升，中午棚内的绝对湿度达到最高，到下午5—6时，大棚内的绝对湿度开始下降。

由于容积比中、小棚大许多，大棚的湿度变化也没有中、小拱棚剧烈。而中、小拱棚在较低的温度下湿度最易达到饱和或过饱和。

第三节　温室类型、结构与性能

温室也称暖房（warm house），是结构较为完善且复杂的农业栽培设施，具有良好的采光、保温、增温、降温性能，可以通过人为地调节、控制环境条件来适应作物生长发育的需要。利用温室可以在寒冷或炎热的季节进行蔬菜、花卉、水果等作物的生产，对于解决这些农产品的淡季供应和周年生产具有重要意义。

一、温室类型

改革开放以来，随着农业产业结构的调整，我国的农作物温室生产迅猛发展。我国温室类型与结构也随着科学技术及材料工业的发展，由低级到高级，由小型、中型到大型，由单栋温室到连栋温室，由普通温室到现代化温室。

华南地区的气候特点是炎热的季节时间长，寒冷的季节时间短。全年无霜期很长，冬季少有冰雪，夏季则高温高湿，特别在华南的中南部地区，全年基本上无严寒，因此，华南地区的温室类型和结构与北方地区相比有较大的差异，没有日光温室类型。

1. 按温室透明覆盖材料分类

①玻璃温室。

②塑料薄膜温室：塑料中棚、单栋塑料大棚和连栋塑料大棚。

2. 按照主体结构所用材料分类

①非金属材料温室：竹木材料温室、混凝土材料温室。

②金属材料温室：钢材料温室、铝合金材料温室。

③混合材料温室：如钢筋＋竹木材料温室。

3. 按照温室的栋数分类

①单栋温室。

②连栋温室。

4. 按照有无加温设备分类

①不加温温室：华南地区一般绝大多数的温室没有设加温设备。

②加温温室。

二、连栋塑料温室

连栋塑料温室是现代化温室的主要类型，我国引进的连栋塑料温室以法国瑞奇温室公司研发的里歇尔(Richel)型连栋塑料温室最多，最具代表性，也是华南地区连栋塑料温室最主要的温室类型。见图 2-15。

1. 基本结构

单栋跨度为 6.4 m、8 m，檐高 3.0～4.0 m，开间距 3～4.0 m。

2. 里歇尔(Richel)型连栋塑料温室的特点

屋脊部可开天窗，实现半边屋面开启进行通风换气，但也可以开设侧窗，屋脊

图 2-15　里歇尔(Richel)型连栋塑料温室

窗与侧窗同时通风，自然通风的效果较好，节能 30%～40%。屋脊窗与侧窗的通风面分别为 20%和 35%，由于屋脊窗的开启度只有 30%，实际通风比为 20%左右。里歇尔(Richel)型连栋塑料温室所采用的构件比玻璃温室少，外部用塑料薄膜，整个温室承重小，且塑料薄膜的可塑性极强，故这种类型的温室对地基的要求不高，适应范围大，空间大，遮阳面小。

三、玻璃温室

现代化温室的主要类型中，玻璃温室主要都是指连栋玻璃温室，生产上，单栋温室很少见。目前流行于全世界包括我国的连栋玻璃温室是荷兰研发的芬洛型(Venlo type)连栋玻璃温室。见图 2-16。

图 2-16　芬洛型连栋玻璃温室

1. 基本结构

玻璃温室结构类似房屋建筑结构，但主要是用钢管、角钢或铝材为骨架建成。

一般单栋的跨度为 6.4 m、8 m、9.6 m、12.8 m，檐高 3.5～5 m，每个跨度由 2～4 个双屋面构成。每个双屋面跨度为 3～4 m，双屋面高度为 0.8 m。整个玻璃温室由立柱、屋架、檀、椽、天窗、侧窗、天沟等组成。覆盖材料主要是平板玻璃：厚 3～4 mm；钢化玻璃：厚 5 mm；丙烯酸树脂玻璃纤维增强板材（聚酯阳光板），比玻璃轻，可弯曲。一般玻璃温室的四周可用玻璃，目前华南地区玻璃温室的屋面主要是采用丙烯酸树脂玻璃纤维增强板材（聚酯阳光板），重量轻而且比较抗冰雹等灾害天气。

2. 芬洛型连栋玻璃温室的特点

主体结构采用了钢架和铝材，结构重量比采用全钢结构轻；屋面采用丙烯酸树脂玻璃纤维增强板材（聚酯阳光板）比屋面采用玻璃的温室更轻，且抗冰雹，屋面青苔生长更少，透光率比玻璃大，容易维修更换。

四、现代化温室的配套系统

1. 自然通风系统

自然通风是温室内通风换气、调节温室内气温的主要方式。一般有顶部天窗、侧窗或天窗＋侧窗等三种形式。天窗、侧窗的开启或关闭一般由计算机自动控制或机械电动人工控制开闭，可在一定范围内调节温室的温度和湿度。开启天窗、侧窗后空气流动情况，见图 2-17。

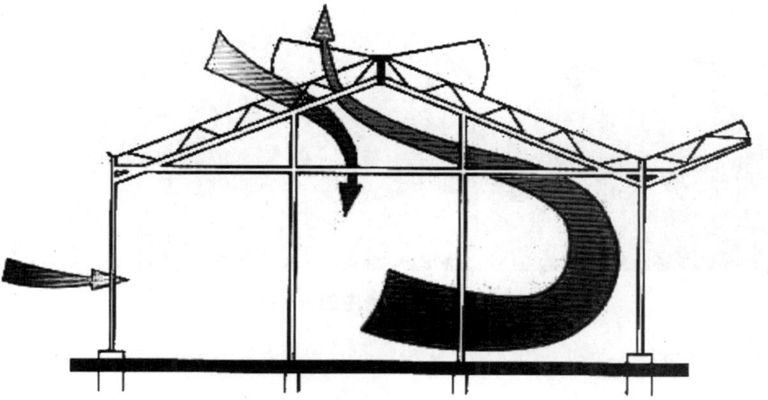

图 2-17　温室自然通风空气流动

2. 帘幕系统

由内遮阳、外遮阳两部分组成,可将温室全面覆盖,冬季可保温,夏季可遮阳降温。帘幕系统开启或关闭,一般采用人工电力机械控制或计算机自动控制。有钢丝绳牵引式驱动及齿轮-齿条式驱动两种方式。有钢丝绳牵引式驱动速度快、成本低;齿轮-齿条式驱动平稳、可靠、成本略高。

(1)内遮阳系统

内遮阳帘幕是用铝箔条或镀铝膜与聚酯线条相间进行编织而成的缀铝膜。根据保温和遮阳的不同要求,编织时使用的铝箔条的数量比例不同,具有冬季保温、夏季降温、减少土壤水分蒸发、防水滴等作用。

夜间因内遮阳帘幕隔断红外长光波,阻止热量散失,可节能耗 20%～40%,在不加温的温室中,采用内遮阳系统比不采用的冬季晚上平均可增温 3～4℃;在夏季,由于白天内遮阳系统的铝箔可反射 95%以上的直射光线,具有良好的降温效果。见图 2-18。

图 2-18　温室内遮阳系统

(2)外遮阳系统

在距离温室屋顶上方 30～50 cm 处,设置遮光率为 50%或 70%的黑色遮阳网幕。外遮阳系统夏季降温效果远好于内遮阳系统,一般比不设置外遮阳系统的温室，可降低室内温度 5～8℃，最多时甚至可降低 10℃。可防夏季烈日下的作物日灼病，提高产量和品质。见图 2-19、图 2-20。

图 2-19　连栋塑料温室外遮阳系统

图 2-20　连栋玻璃温室外遮阳系统

3. 降温系统

华南地区四时皆夏，夏季高温炎热，在温室内温度往往超过 40℃，甚至更高，远远超过作物正常生长所需的温度，因此，华南地区的栽培设施，特别是连栋温室必须设置降温系统。

(1)湿帘降温系统

湿帘降温系统包括两部分:由纸质多孔湿帘-水循环系统和负压风机系统组成。见图 2-21、图 2-22。湿帘降温系统是利用水的蒸发降温原理来进行降温的。湿帘-水循环系统一般安装在温室的北墙,负压风机系统安装在温室的南墙。这两大系统必须同时配合使用才能达到降温的效果。需要降温的时候,开动水循环系统和负压风机,水循环系统将水池中的温度较低的水均匀地喷淋在纸质多孔湿帘上,负压风机强制将温室内的热空气抽出温室外,温室内形成负压,外界的空气由于负压则通过温度较低的多孔湿帘进入温室内,在空气从湿帘的缝隙通过的过程中,空气因与水进行热交换及水分蒸发而降温,由于热空气不断地被抽出,经过降温的冷气不断进入,从而达到了温室降温的目的。注意:当湿帘降温系统开启时,温室的天窗、侧窗及大门等应及时关闭,以免影响降温的效果。

采用湿帘降温系统,配合帘幕遮阳系统使用,一般可使温室在夏季高温期温度不超过 30℃。

图 2-21　湿帘-水循环系统

图 2-22　负压风机

(2)微雾降温系统

微雾降温系统(图 2-23)是一种最新的温室降温技术。该系统主要由加压泵、过滤器、雾式喷嘴、管路及电控部分等组成。当水经过两级微米级的过滤器后,进入加压泵加压,通过管路输送到雾式喷嘴进行喷雾,形成微米级的水雾,温室中水雾中的微水粒迅速吸收大量热量而蒸发,然后启动风机将潮湿的空气抽出温室外,

图 2-23　微雾降温系统

使温室内温度迅速下降。这种降温方式，降温效果好，成本低，降温能力可达3～10℃。适合于长度超过40 m的连栋温室使用。该系统还可以用于喷洒农药、叶面追肥及苗期灌溉等。

4. 加热系统

华南地区在南北方向上基本以北回归线为界分为南部与北部，是南亚热带与中亚热带的分界线。这条界线以南的华南地区，最冷月平均气温≥10℃，极端最低气温≥－4℃，日平均气温≥10℃的天数在300 d以上，是一个高温多雨的热带－亚热南带区域。因此，华南地区生产栽培的温室，基本上不考虑安装加热系统。

但是在一些花卉温室或育苗温室，为了确保冬季育苗或供应春节的名贵花卉，也加装加热系统。由于只有冬季使用较短时间，一般多采用电热暖风机。

电热暖风机(图2-24)是通过电能加热空气，形成动态循环传导方式供热，采用水暖和风暖相结合。需升温时，水暖与风暖同时为温室供暖；需降温时，则把风暖停下来，直接用水暖长期保温，不会出现温度骤降的情况，使温室内的温度均匀。同时，电热暖风机可模拟自然送风，由传统的静止散热方式转变为流动散热方式，

图2-24　电热暖风机

通过均匀的送风系统，可有效形成温室内空气微循环，明显提高了温室的供暖效果，大大降低了温室中的湿度，减少叶面结露，降低病害发生，减少农药用量，为作物生长创造了良好的条件。而且，电热暖风机热效率≥80%，比一般采暖器要高出30%以上，换热能量大，出风口温度适宜，既充分满足温室升温、降温的能量要求，又解决了出风口温度过高引起的烧苗现象，更利于温室内生物的生长。另外，电热暖风机具有安装维修方便，占地面积小，一次性投资小等优点。

5. 补光系统

补光系统是针对冬春两季或阴雨天日照时间短、光照强度满足不了作物生长、产量低而采用的技术设备。一般都采用植物灯补光，它是根据植物利用太阳光进行光合作用的原理，使用灯光代替太阳光来提供植物生长发育所需光源，光照强度的要求必须达到植物的光合作用补偿点以上，一般要达到1万lx以上才有较明显的作用。植物灯发出的光谱接近太阳光谱，目前设施农业栽培进行人工补光的多采用高压钠灯（图2-25），但是高压钠灯的耗电量大，光能转化率较低，发热量较大，成本高，在生产上难以推广应用。

图2-25　高压钠灯植物补光

近年来，发光二极管（LED）技术迅速发展，LED灯是冷光源，与高压钠灯相比，LED灯热效率极低，光电转化效率高，比高压钠灯省电40%，用电成本大为降低，在现代化温室中应用LED植物灯补光将是一个发展的趋势，特别是最近新兴的植物工厂更多地使用LED植物灯作为植物生长的人工光源。LED植物灯所产生的光谱主要是植物光合作用最敏感的红光和蓝光，红光波长620～630 nm和640～660 nm，蓝光波长450～460 nm和460～470 nm。LED植物灯补光见图2-26。

图2-26 LED植物灯补光

6.灌溉施肥系统

灌溉施肥系统包括水源、储水池及小型泵站、水过滤设施、灌溉和施肥设施、田间管道系统、灌水器(如滴头、喷头)等。在整个灌溉施肥系统中，灌溉设施首部配置是保证系统功能完善程度和运行可靠性的一个重要部分。见图2-27、图2-28。

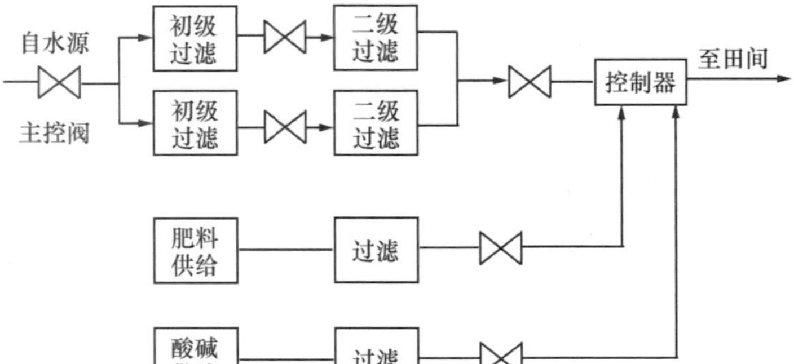

图2-27 灌溉设施首部配置典型布置图

图 2-28 灌溉和施肥设施

在灌溉和施肥系统中，要十分注意肥料与水均匀混合，目前主要采用混合罐方式，也就是在灌溉的水和肥料输送到田间之前，应按照施肥系统设定的 EC 值和 pH 范围，先在混合罐中将水和肥料均匀混合，同时进行定时检测。如果电导率(EC)值、pH 未达到设定标准值时，至田间网络的阀门关闭，水肥重新回到罐中进行混合，同时为防止不同化学成分混合时发生沉淀，设 A、B 罐与酸碱液罐。在混合前有两次过滤，以防堵塞。

首部的肥料泵是整个灌溉和施肥系统中最重要的部分，按其工作原理可分为文丘里式注肥器、水力驱动式肥料泵和电驱动肥料泵等不同类型。

混合均匀的肥水最后通过配套的滴灌系统，可将水、营养液送到植株的根际。

7. 补气系统

补气系统包括 CO_2 施肥系统和环流风机两个部分。

(1)CO_2 施肥系统

温室是一个相对封闭的环境，当日出之后，随着光照强度的增加，温室内的作物进行光合作用，不断消耗空气中的 CO_2，而温室是一个相对封闭的环境，外界的 CO_2 向温室内补充遇到障碍，使温室内 CO_2 浓度急剧下降，降低了作物的光合作用效率，影响作物产量。CO_2 施肥可较好地解决这个问题。CO_2 源可直接使用液化

CO_2钢购买工业用CO_2，也可用CO_2发生器，或充分燃烧液化煤气、木炭、炼油等释放CO_2。我国目前主要采用CO_2发生器，即用稀硫酸与碳酸钙通过化学反应产生CO_2，这种方法简单，成本较低。

（2）环流风机

在封闭的温室内，由于空气流动性差，CO_2的分布是不均匀的，使用环流风机可加强温室内的空气流动性，使CO_2均匀分布。另外，使用环流风机在加强温室内的空气流动性的同时，也使温室内的温度、空气相对湿度分布均匀，确保温室内作物生长环境的一致性，并能将温室内的湿热空气通过通风窗排出，达到降温降湿的效果。见图 2-29。

图 2-29　环流风机

8. 计算机自动控制系统

在现代化温室的环境控制中，计算机自动控制系统是最核心的技术。它不但可以自动测量温室的气候和土壤即时数据，而且可以对温室内所配置的设备实现优化运行，实现自动控制：如开窗通风、降温、遮阳、补光和二氧化碳施肥、灌溉施肥及环流通气等。计算机自动控制系统目前的发展极为迅速，已经不是简单的数字控制，已发展成一个完整的专家智能自动控制的物联网系统，包括小型气象监测站、温湿度传感器、光照强度传感器、CO_2浓度传感器、土壤水分及养分传感器、主控制器、控制软件等。控制设备根据其复杂程度、价格高低、使用规模大小等不同要求，有不同产品。目前，较普及的计算机自动控制系统是微处理机型的控制器，以电子集成电路为主体，利用中央控制器的计算能力与记忆体储存资料的能力，对温室内的一些主要的设备进行自动控制。

9. 温室内常用的作业机具

现代化温室配套系统除了以上8大系统外，在作业的过程中，还经常使用到以下的作业机具：

①各种小型的农业耕作机具、小型的运输机具等。

②喷雾机具。

③植株悬挂系统、人工操作升降系统。

④穴盘育苗精量播种生产线。

⑤土壤及基质消毒机等。

五、现代化连栋温室的性能

现代化连栋温室其实就是一种超级大温室，是在原有的独立单栋温室的基础上，用合理的设计、优质的材料，将独立单栋温室连接起来，并配备了9大配套系统设施设备，使得温室内的环境条件大为改善，并且可以进行人为的调节和控制，光照、温度、湿度、土壤水分及养分均大大优于单栋温室，作物可做到不依赖季节的周年工厂化生产。

1. 光照性能

现代化连栋温室的高度一般均高于单栋温室，面积大，而且全部采用塑料薄膜、玻璃或塑料板材(PC板)等透明覆盖物构成，全面进光，采光性远高于单栋温室，透光率高，光照时间长，光照分布比较均匀。如果在温室内配有人工补光设备，可在光照不足时进行人工光源补光。

2. 温度性能

现代化连栋温室的面积大，容积大，热容量大，保温性好，温室内温度虽然也随着外界的温度变化而变化，但已经非常平缓，不像单栋温室的温度变化那么剧烈。在夏季炎热的季节，现代化连栋温室可充分利用配套的降温、通风系统，将温室内的温度保持在30℃以下，为夏季作物的正常生长提供了良好的环境条件。在华南地区，即使是没有加温设备的连栋温室，也能够进行作物的周年生产。如果配备了加温设备，则冬季可在连栋温室内进行果菜类的反季节生产。

3. 湿度性能

现代化连栋温室空间高大，光照良好，温度适宜，作物生长势强，代谢旺盛，作物叶面积指数高，蒸腾作用释放出大量水汽进入温室空间，在密闭情况下，空气相对湿度很高，甚至达到饱和。但现代化温室有完善的通风系统，可有效降低空气相对湿度，比单栋温室因高湿环境给作物生长发育带来的负面影响更小。

4. 气体性能

现代化连栋温室内的作物生长旺盛，造成温室内的二氧化碳浓度明显低于露地，不能满足作物生长发育的需求，白天光照强时光合作用强，常发生二氧化碳亏缺。据测定，现代化连栋温室中，在10:00—16:00，温室内的二氧化碳浓度仅有240 mL/m^3。现代化连栋温室配有二氧化碳施肥系统，可进行二氧化碳施肥，能显著地提高作物产量，改善产品品质。

5. 土壤性能

国内外现代化连栋温室为解决温室土壤的连作障碍、土壤酸化、土传病害等一系列问题，越来越多地采用无土栽培技术。果菜类蔬菜和鲜切花生产多采用基质栽培，叶菜类生产主要采用水培。通过计算机进行自动控制，可以为不同作物，在不同生育阶段、不同天气状况下，准确地提供作物所需的大量营养元素及微量元素，为根系创造良好的土壤营养及水分环境。

第四节　夏季保护设施

华南地区夏秋高温季节时间很长，设施农业生产离不开夏季保护设施。夏季保护设施主要是在夏秋高温季用来遮阳、降温、避雨、防虫的生产保护设施，包括遮阳网、防虫网和防雨棚等。

一、遮阳网

遮阳网又称遮阴网、遮光网，是用低压聚乙烯、聚丙烯树脂为原料，并加入抗氧化剂、紫外线稳定剂和各种颜料，熔化后经拉丝编织成的一种网状农用覆盖材料。具有重量轻、强度大、耐老化、柔软、易折叠铺卷的特点。

1. 遮阳网的种类及特点

遮阳网的型号和规格是按一个密区（纬经25 mm）编丝根数为依据，分五种：8根网、10根网、12根网、14根网和16根网，产品型号为：SZW-8、SZW-10、SZW-12、SZW-14、SZW-16。

遮阳网的性能，即遮光率和纬向拉伸强度与编丝根数成正比，编丝根数越多，遮光率越大，纬向拉伸强度也越强，但经向拉伸强度差别不大。

目前生产中使用的遮阳网有黑、银灰、白、墨绿、黄、黑与银灰相交等颜色，遮光率在30%～90%。生产上应用较多的是SZW-12和SZW-14的35%～65%的黑网和40%～55%的银灰网。遮阳网的幅宽有90 cm、150 cm、160 cm、200 cm、220 cm和250 cm等规格。一般使用寿命在3～5年。遮阳网的主要型号及性能指标见表2-5。

表2-5　遮阳网的主要型号及性能指标

型号	遮光率/%		机械强度(50 mm宽的拉伸强度)/N	
	黑色网	银灰色网	经向(含一个密区)	纬向
SZW-8	20～30	20～25	≥250	≥250
SZW-10	25～45	25～45	≥250	≥300
SZW-12	35～55	35～45	≥250	≥350
SZW-14	45～65	40～55	≥250	≥450
SZW-16	55～75	55～70	≥250	≥500

2. 遮阳网覆盖的效果

(1)降低光照强度

华南地区夏季晴天中午光照强度至少可达10万lx以上，一般蔬菜光合作用饱和点为3万～4万lx，光照过强会使作物呼吸作用加剧，易造成作物生理失调，影响生长发育，因此即使遮光50%～70%，也能满足作物光合作用的需求，有利于园艺作物生长。

(2)降低温度

遮阳网覆盖显著地降低了地下、地上各20 cm范围的土温和气温，使作物的根际环境得到改善，有利于作物正常生长。不同颜色的遮阳网降温效果不同，以黑色遮阳网的降温效果最为显著。

(3)增湿保墒

覆盖遮阳网后，土壤水分的蒸发量减少一半以上，保持土壤水分的稳定，降低了覆盖区的湿度，显著提高了空气的相对湿度。

(4)防暴雨、冰雹的危害

遮阳网覆盖可避免暴雨冲刷，防止土壤板结；防冰雹对作物的直接冲击损害，可减轻或避免冰雹对作物的损伤。

(5)避虫防病

银灰色遮阳网还能驱避蚜虫,减轻蚜虫的直接危害,也可以减轻由于蚜虫传播而引起的病毒病的发生,同时还可以防止日灼的发生。盛夏采用遮阳网覆盖,可使蔬菜的纹枯病、青枯病等病害显著减少。

(6)保温防霜

冬季晴天的晚上,在大、中、小棚上覆盖遮阳网,或连栋温室开启内外遮阳,可减少棚内的长波辐射造成的热量损失,有利于保持室内温度,避免"逆温"的发生,降低霜冻危害。

3. 遮阳网覆盖方式

(1)浮面覆盖

夏秋季叶菜类、根菜类蔬菜等直播蔬菜播种后,或果菜类蔬菜在育苗时,可将遮阳网直接覆盖在畦面、苗床或穴盘上,有利于土壤保湿和蔬菜的正常出苗。果菜类蔬菜在定植后,可将遮阳网直接覆盖在植株上,有利于提高幼苗移栽的成活率。

(2)平棚覆盖

用钢管、角铁、木头、竹子、铁丝和绳子等材料搭建水平棚架,铺设覆盖遮阳网。见图 2-30。

图 2-30　遮阳网平棚覆盖

(3)小拱棚覆盖

用竹片做成小拱棚的棚架,在棚架上直接覆盖遮阳网,可全封闭覆盖或半封闭覆盖。

(4)棚顶覆盖

保留大、中棚的棚膜，拆除底部裙膜，在棚膜上再覆盖遮阳网，实际上就是在防雨棚上覆盖一层遮阳网。

二、防虫网

防虫网是在聚乙烯原料中添加抗氧化剂、抗紫外线剂，经拉丝制造而成的网状织物。具有拉力强度大、抗热、耐水、耐腐蚀、耐老化、无毒无味、废弃物易处理等优点。采用防虫网覆盖栽培，可将害虫阻挡在网外，达到防虫的目的。可大幅度地减少化学农药的使用，是生产无公害农产品的新技术，具有显著的经济、社会和生态效益。

1. 防虫网的种类

目前我国生产的防虫网规格常用的有 20 目、24 目、30 目、40 目等，幅宽为 1 m、1.2 m、1.5 m、1.8 m 等。在泰勒标准筛中，用网目表示标准筛筛孔尺寸的大小，网目指在 2.54 cm(1 in)长度中的筛孔数目，并简称为目。在设施生产中，防虫网的目数一般为 20～30 目。寿命可达 3～5 年。防虫网颜色有白色、黑色和银灰色。

2. 防虫网的覆盖方式

(1)全覆盖

采用大棚、中棚、小棚、平棚的棚架，不用覆盖棚膜，用防虫网全封闭覆盖的方式，见图 2-31。

图 2-31　防虫网全覆盖

(2)局部覆盖

在大棚的四周、裙边或只在通风窗、门口等局部设置防虫网的方式称为局部覆盖。见图2-32。

图 2-32 防虫网局部覆盖

3. 防虫网覆盖的效果

(1)防虫防病

防虫网覆盖可以有效防止各种害虫(蚜虫、菜青虫、斜纹夜蛾等)进入棚内,防止虫害的发生和蔓延,有效地控制了病毒病、软腐病等的发生,极大地减少了农药的使用量。

(2)防暴雨、防冰雹

防虫网覆盖可以有效防止暴雨和冰雹的危害,减少暴雨对土壤的冲刷,防止土壤板结。

(3)降低光照强度

防虫网有一定的遮光效果,一般栽培采用的20~30目白色的防虫网遮光率在15%~25%,银灰色的防虫网遮光率为35%,灰色防虫网的遮光率为45%。

注意:防虫网覆盖也存在一定的负效应。

①由于防虫网是网状织物,栽培采用的20~30目防虫网,虽然网眼不算很密,但对空气的正常流动会产生一定的影响,使防虫网棚内的空气相对湿度增加,特别

在华南地区高温高湿的环境下，有利于病害的发生。应及时采取防病措施。

②在高温季节，防虫网棚内空气的流动不畅，棚温极易偏高，影响作物正常生长发育。可在防虫网棚外加盖遮阳网进行降温。

三、防雨棚

防雨棚是在多雨的夏、秋季节，利用塑料薄膜等覆盖材料，扣在大棚或小棚的顶部，四周不扣棚或扣防虫网，任其四周通风，使作物免受雨水的直接淋洗的夏季栽培保护设施。目前华南地区多采用防雨棚在夏秋季进行蔬菜生产或果树避雨栽培。

1. 防雨棚类型

(1)大棚型

华南地区到夏季，塑料大棚不拆除棚顶的大棚薄膜，只拆除四周围裙，以便于通风透气，大棚四周也可加挂防虫网。多用于各种蔬菜、花卉和果树的越夏栽培。

(2)小拱棚型

小拱棚型只在小拱棚顶部覆盖棚膜，四周全通风。华南地区普遍采用此种棚型进行果树避雨栽培，特别是葡萄避雨栽培，使一些不耐湿的北方品种在南方得以生产，效果显著。葡萄小拱棚型避雨栽培见图 2-33。

图 2-33　葡萄小拱棚型避雨栽培

(3)温室型

华南地区每年经常受到台风、暴雨的袭击，大棚型或小拱棚型的防雨棚抗风能力较弱，可采用玻璃温室型防雨棚，即顶部为玻璃屋面，四周玻璃可开启通风。

2. 防雨棚的效果

高温多雨季节是病虫多发季节，园艺作物正常生长受到严重影响，防雨棚栽培能够有效地防止土壤水分过多，降低空气相对湿度，减少作物病害的发生，减少土壤养分流失，防止土壤板结，促进根系发育，有利于授粉、受精，提高坐果率，改善产品品质。

思考题

1. 设置风障应注意哪些问题？
2. 风障有什么作用？
3. 电热温床的电热线如何铺设？
4. 简述地膜覆盖的方法。
5. 地膜覆盖有哪些正效应？
6. 华南地区有哪些塑料薄膜拱棚的类型？
7. 简述塑料小拱棚的性能。
8. 简述塑料中棚的性能。
9. 单栋塑料大棚的结构包括哪几部分？
10. 详细说明塑料大棚（塑料薄膜温室）的性能。
11. 华南地区温室如何分类？
12. 里歇尔（Richel）型连栋塑料温室有什么特点？
13. 芬洛型连栋玻璃温室有什么特点？
14. 现代化温室有哪些配套系统？
15. 说明现代化连栋温室的性能。
16. 华南地区有哪些夏季保护设施？
17. 遮阳网有哪些覆盖方式？
18. 遮阳网覆盖有什么效果？
19. 防虫网有哪些覆盖方式？
20. 防雨棚有哪些类型？

实训项目

实训项目 2-1　地膜覆盖技术

目的要求　掌握地膜覆盖技术及定植方法。

材料用具　锄头、铲、地膜、蔬菜秧苗等。

方法步骤

①学生以小组为单位进行操作，每小组 3～4 人。

②蔬菜畦的整制宽度为 1.3～1.5 m 连沟，沟宽 40～50 cm。地膜覆盖，封边，定植，封口，淋定根水等。

实训考核　考核各个操作步骤。

地膜覆盖技术操作考核评分表

<table>
<tr><td rowspan="2">项目</td><td colspan="6">内容和标准</td></tr>
<tr><td colspan="2">实验态度</td><td colspan="2">操作时间</td><td colspan="2">操作过程</td></tr>
<tr><td rowspan="2">地膜覆盖定植</td><td>好，10 分</td><td rowspan="2"></td><td>40 min 内，10 分</td><td rowspan="2"></td><td>好，80 分</td><td rowspan="2"></td></tr>
<tr><td>一般，5 分</td><td>40 min 以上，5 分</td><td>每档降 10 分</td></tr>
<tr><td>总分</td><td colspan="6"></td></tr>
</table>

实训项目 2-2　塑料大棚结构调查

目的要求　了解当地塑料大棚的主要类型，掌握其结构特点，完成对塑料大棚主要结构参数的测量，为独立设计建造大棚打下良好基础。

材料用具　当地各类型塑料大棚、皮尺、钢卷尺、游标卡尺、计算器、绘图用纸等。

方法步骤

①学生以小组为单位进行操作，每小组 2 人。

②考察不同类型的塑料大棚，了解其性能和生产应用情况。

③选定生产中应用最广泛的一种棚型，测量以下主要结构参数：棚长、跨度、棚

高、棚面积、拱杆间距、立柱高度与间距、拱杆数量、拉杆数量、裙膜高度、防虫网高度等。

实训报告

①完成调查大棚主要技术参数列表。

②根据调查的参数,绘制塑料大棚的立体结构图。

实训项目 2-3 现代化连栋温室结构及性能调查

目的要求 了解当地现代化连栋温室的主要类型,了解其性能和结构特点,完成对现代化温室主要结构参数的测量,掌握现代化连栋温室主要的配套系统。

材料用具 当地各类型现代化连栋温室、皮尺、钢卷尺、游标卡尺、测量绳、坡度仪、直尺、绘图纸、记录本。

方法步骤

①学生以小组为单位进行操作,每个小组 2～4 人。

②调查了解当地现代化连栋温室类型、性能和特点。

③测量以下主要结构参数:长、宽、肩高、顶高、双屋面高度、单栋跨度、立柱开间距离、每排立柱数量、总面积等。

实训报告

①主要结构参数列表,说明所调查的现代化连栋温室类型和特点。

②绘制现代化连栋温室平面图、横切面图和纵切面图。

第三章

华南地区农业设施环境及调控技术

设施内作物的生长发育，是作物与周围环境条件相互作用的结果，作物生长发育的正常与否，产量的高低，质量的好坏，关键在于设施内环境条件对作物生长发育的适宜程度。设施农业栽培，是在人为的设施环境里进行的生产活动，设施农业栽培技术的重点，在于如何完善、调节和控制设施内的环境条件，使它能最适宜栽培作物的生长和发育要求，这就是设施农业栽培管理技术的特点，也是设施农业栽培与露地农业栽培管理技术的不同之处。

作物在生长和发育过程中，需要较强的光照、适宜的温度、适当的水分和养分及空气等因子，这些因子不是单独与作物的生长发育发生关系，而是各因子综合地对作物发生相互影响。同时，还要考虑作物的种类、生长发育阶段、栽培方式等方面的因素。但是，在我国设施农业栽培发展的历史上，最初往往较多地考虑对温度的调节，因为冬季严寒季节生产蔬菜等作物，温度是最主要的限制因子。但随着技术进步和生产的发展，人们逐渐掌握了如何在农业设施内进行光、温、水、养分和气体的多因子调节，并获得高产，因此，只有对设施内的环境进行综合调控，才能得到最理想的结果。

第一节　光照环境及调控技术

光能是农作物光合作物的能源，通过光合作用作物才能制造出生长发育所需的有机物质，因此，光照条件的好坏直接影响到作物光合作用的强弱，决定了作物的产量。

一、作物对光照的要求

1. 作物对光照强度的要求

作物根据对光照强度的要求一般可分为三大类:喜光植物、耐阴植物和中性植物。

(1)喜光植物

这类植物喜欢强的光照,在强光环境中生长发育健壮,在荫蔽或弱光条件下生长发育不良。阳生植物的光饱和点和光补偿点很高。在一定的光照强范围内,植物的光合作用速率随光照强度的上升而增加,当光照强度上升到某一数值之后,光合速率不再继续提高,这一光照强度值即为植物的光饱和点。在光饱和点以下,当光照强度降低时,光合作用也随之降低,当植物通过光合作用制造的有机物质与呼吸作用消耗的物质相平衡时的光照强度称为光补偿点。植物在光补偿点时,有机物的形成和呼吸消耗相等,不能累积干物质。喜光植物的光饱和点一般在 5 万~7 万 lx,光补偿点一般在 4 000~5 000 lx。一般情况下,开花结果的作物多数是喜光植物,也有少部分是中性植物。

(2)耐阴植物

这类植物在弱光条件下比强光条件下生长良好,不能忍受强烈的直射光线。如蔬菜中的多数绿叶菜类、葱蒜类、生姜等,花卉中的兰科植物、观叶植物等。耐阴植物的光饱和点一般在 2.5 万~4 万 lx,光补偿点一般在 1 000~2 000 lx。

(3)中性植物

这类植物对光照强度的要求介于喜光植物和耐阴植物之间,在光照条件好的情况下生长良好,但也能耐受适当的荫蔽,或者在生育期间需要较轻度遮阴。如蔬菜中的黄瓜、十字花科蔬菜、甜椒等,果树中的草莓、李等。中性植物的光饱和点一般在 4 万~5 万 lx,光补偿点一般在 2 000~4 000 lx。

2. 作物对光照时数的要求

光照时数对作物的影响就是光周期现象。作物根据对光周期的反应可分为三大类:长日照作物(主要是二年生植物,如十字花科)、短日照作物(一般是秋季开花的植物)和日中性作物(多数蔬菜、果树和花卉)。

3. 作物对光质的要求

太阳辐射到地面的光谱可分为紫外光(波长≤380 nm)、可见光(波长 380~760 nm)和红外光(波长≥760 nm)。作物的光合作用有效辐射的波长范围为

400～700 nm，在这个范围内的光被称为光合有效辐射，其中红光对光合作用贡献率最大，蓝光次之，绿光被植物吸收的比率很低。红光对光合器官的正常发育至关重要，蓝光则调控着叶绿素的形成。

光质对作物的品质有较大的影响。如紫外光与维生素C的形成、果实着色及抑制作物徒长有密切的关系。由于玻璃可以阻碍紫外线的透过率，故玻璃温室栽培的果菜类蔬菜（番茄、辣椒、黄瓜等）维生素C含量低于露地栽培。红外光具有热效应，作物吸收后可转化为热能，维持作物的体温。

二、温室内的光照环境

温室的光照环境包括三个方面：光照强度、光照时数和光质。

（一）温室内的光照强度

1. 光照强度

温室内的光照强度决定于室外太阳光照强度和温室的透光率。

塑料大棚温室的透光率变化较大，干洁的棚膜的透光损失为20%，水滴和尘染一般透光率损失20%，塑料表面反射损失10%，构件遮阴损失5.3%。

设外界自然光强为I_0，设施内的光照强度为I。

$$I=I_0\times(1-20\%)\times(1-20\%)\times(1-10\%)\times(1-5.3\%)=I_0\times54.5\%\approx I_0\times50\%$$

一般连栋塑料大棚温室透光率参考值多采用50%，单栋塑料大棚多采用70%，玻璃温室透光率参考值多采用70%，即$I=I_0\times70\%$。

2. 光照强度的时间变化

设施内光照强度的时间变化与外界的变化规律相一致，即与日出日落相一致。日出后，随太阳的升高而增加，中午设施内的光照强度最高，随太阳的落山而降低。

3. 光照强度的空间变化

参考第二章第二节（塑料大棚的光照性能）。

（二）温室的光照时数

温室内的光照时数主要是受纬度、季节、天气状况及温室覆盖物等因素的影响。在华南地区，由于纬度低，温室均为全透明覆盖，因此温室内光照时数与露地一致，无法对光照时数长短进行调节。

（三）温室的光质

温室的光质主要是受到覆盖材料种类的影响。塑料薄膜的紫外光透过率一般为50%，可见光透过率为80%～85%，红外光为45%。玻璃的紫外光透过率为0，可见光透过率约为85%，红外光为12%。有色薄膜也能改变透过可见光的成分，如浅蓝色薄膜可透过70%的蓝绿光和35%的红橙光。另外，薄膜表面的粉尘可降低红外光的透过率，老化的薄膜主要降低紫外光的透过率。

三、光照环境调控

设施内的光照环境调控主要还是依靠增强自然光照，在自然光照不足的情况下才考虑人工光源补光。

1. 合理的规划布局

选择四周无荫蔽、光照良好的场地建设温室设施，安排好温室前后排及间距，避免相互遮阴挡光。

2. 减少温室材料遮光

在保证温室结构强度的前提下，尽量使用直径较小的材料，减少骨架遮阴。减少拱杆、立柱、横杆等。

3. 保持覆盖材料的良好透光性

①选用透光率高的新膜。一般新膜的透光率都在90%以上，使用1年以上的旧膜透光率一般下降到50%～60%。

②定期清除棚膜表面的灰尘，提高透光率。

③盖膜时，膜表面一定拉紧，保持棚膜表面夹紧，减少反射。

4. 改进栽培技术

要放弃传统农业的合理密植的思想，强调合理稀植，适当扩大株行距，改善植株行间的透光条件；及时进行植株调整，及时吊蔓，适当摘除部分老叶等。

5. 人工补光

采用人工补充光照主要是为了满足作物在自然光照不足的条件下，对光质、光量及光周期的生物学要求，其作用有两方面：①用补助光照的方法，抑制或促进花芽分化，调节花期。此时光照强度20 lx即可。②作为光合作用的能量来源，补充太阳光照不足，补光强度大，要求在 1 万 lx 以上。

(1)各种光源的选择

任何用于栽培植物的辐射源，首先必须具有该种作物所需要的光谱成分，此外，还应经济、耐用和使用简便。根据目前现有的光源来看，只要它的光谱中不含灭生性辐射(即 300 nm 以下的紫外线)，而且有足够的光照强度，均可用于栽培植物。

以往主要植物光源有：白炽灯、荧光灯、气体发光灯、弧光灯、高压水银灯、金属卤化灯、低压钠灯、高压钠灯等。

但上述光源不经济，光电转化率不高，大部分电能都转化成了热量，生理辐射一般只有输入功率的 5%～20%，而叶绿素只吸收其中的 50%～90%，即植物只能利用光源所消耗能量的 2.5%～18%来进行光合作用制造有机物。

发光二极管(LED)技术是近年来最新的人工照明技术，LED 灯的光电转化效率高达 90%以上，比高压钠灯省电 40%以上，用电成本低。LED 植物灯作为植物生长的人工光源已在发达国家的现代化温室栽培中广泛采用，我国也正开始在现代化温室中应用。LED 植物灯所产生的光谱主要是植物光合作用最敏感的红光和蓝光，红光波长为 620～630 nm 和 640～660 nm，蓝光波长为 450～460 nm 和 460～470 nm。所发光基本全部被作物光合作用利用。

(2)辐射源的配置

①从叶型植物的叶片排列在同一平面上，光源放在一定高度即可均匀照射。

②多层枝叶的植物，如瓜类、茄果类，光源应在植物行间呈垂直面(三维空间)配置。

6. 光照长度的调控

(1)短日照处理

可采用遮光率 100%的遮光幕覆盖，如菊花遮光处理。

(2)长日照处理

可采用普通光源在日落后补充光照几小时即可。

第二节　温度环境及调控技术

在温室的环境各因子中，温度对作物生长发育影响最为显著。温室特别是气温的调节，往往关系到栽培的成败。设施内的温度条件，要求经常保持适温和温度分布的均匀。作物的生育适温，既随着作物种类、品种、生育阶段的不同和生理活动的昼夜变化而变化，也随着光照条件的变化而变化，因此，必须用保温、加温、通风和降温等调控技术，不断满足作物对温度的需要。近年来，设施内的温度管理日趋科学化，已从保温向加温，从高温到降温，从恒温向变温再向环境条件的综合调控发展。

一、作物对温度环境的要求

1.温度的三基点

不同的作物在生长发育过程中对温度的要求都有“三基点”：最低温度、最适温度和最高温度。作物生育最低温度到最高温度为适应温度，低于或高于适应温度，作物均不能生长，甚至死亡。一般作物的适应温度一般是在0～45℃的范围，0℃以下长时间可能会死亡，0～5℃基本上停止生长，5～10℃缓慢生长，10～35℃生长旺盛，35～40℃生长缓慢、代谢紊乱，40～45℃生长停止，超过45℃长时间可能会死亡。

2.作物生长发育对温度的要求

根据作物对温度的不同要求，可以把作物分为四类：

(1)耐寒性作物

这类作物的最适宜温度为10～20℃，以15℃为最佳。如韭菜、菠菜、蜀葵、三色堇、葡萄、桃、李等。

(2)半耐寒性作物

这类作物的最适宜温度一般为10～20℃，以20℃为最佳。如十字花科蔬菜、菊科蔬菜、伞形科蔬菜、豌豆、蚕豆等。

(3)喜温性作物

这类作物的最适宜温度一般为20～30℃，以25℃为最佳。如番茄、茄子、辣椒、黄瓜、菜豆等。

(4)耐热性作物

这类作物的最适宜温度一般为20～30℃，以30℃为最佳。如西瓜、甜瓜、南瓜、冬瓜、豇豆、刀豆等。

要根据不同的作物对温度的不同要求，尽可能地使温度环境处在它们的最适温度范围内，才能使作物生长发育良好，产量高，品质优。露地栽培直接受大自然影响，只能按农时进行栽培，而设施农业的环境可按照作物的生育需求来进行人工调控，周年生产。

二、设施内的温度环境

参考第二章第二节（塑料大棚的温度性能）及第三节（现代化连栋温室的温度性能）。

三、温度环境调控

1. 降温

①自然通风：这是最简易而有效的降温办法。一般是当温室内温度达到30℃左右时，要开始进行通风；当棚内温度达到35℃时，进行全面通风。

②遮阳网降温：当温室内温度达到30℃左右时，配合自然通风，应开启内外遮阳网进行降温。

③湿帘降温降温：当遮阳网降温效果不明显，室内温度继续上升时，就应开动湿帘降温系统。

④微雾降温：若室内温度继续升高，启动微雾降温系统。

2. 增温

①密闭大棚：这是大棚增温的关键。

②设置风障：风障的设置对增温极为有利。

③保温覆盖：不加温的温室、大棚，当外界的温度为－3℃时，双层薄膜比单层薄膜提高3～5℃（注意：双层薄膜包括在棚架上盖两层棚膜，或在棚内加盖小拱棚），三层薄膜比单层薄膜提高5～7℃（注意：三层薄膜包括两层棚膜加棚内小拱棚及大棚内加盖两层小拱棚）。

注意：在晴天夜间，有可能出现棚温逆转时，特别是温度低于8℃，可能对植株产生冻害时，棚上加盖遮阳网，对克服棚温逆转，减轻冻害，具有明显的效果。

④在没有加温设备的单栋温室，可以加装地热线、空气加温线或设置炉火，能有效地进行棚内增温。

⑤在有条件的现代化连栋温室，可加装电热暖风机等加热系统。

3. 温差管理

(1)变温管理原则

温特(Went)在1944年提出，作物生育要求一定的昼夜温差；土歧等于1970年发现夜间变温管理比恒温管理可以提高果菜类的产量和品质。于是提出温室大棚的变温管理原则：将昼夜分为白天增进光合作用时间带，傍晚至上半夜为促进光合产物运转时间带，下半夜为抑制呼吸时间带，分别确定不同时间带的适温，实行分段变温管理。

①白天：作物活动的中心是光合作用。光合作用强度受光照、温度、湿度和CO_2浓度的影响，光照强时要求的适温高，光照弱时要求的适温则低。

②傍晚至上半夜：随着白天叶片中光合产物的增加，同化产物从叶片向生长点、根、果实的运转成为作物活动的中心。温度对光合产物的运转有显著的影响，一般要求较高的温度。但温度不可过高，温度过高则光合产物的运转虽快，但运转量的大部分甚至全部将被呼吸消耗掉，积累少而出现早衰。但温度也不可过低，温度过低则光合产物的运转慢而影响生长，同时会使部分同化产物运不出去，变成淀粉残留在叶片中，促使叶片老化，进而降低了同化作用。

③下半夜：光合产物的运转过程结束，呼吸作用成为作物活动的中心。呼吸消耗随着温度的升高而增强。

(2)设计变温管理

以白天适温上限为上午和中午时间带的温度；以白天适温下限为下午时间带的温度；傍晚到上半夜时间带的温度为夜间适温的上限；下半夜时间带的温度为夜间最低界限温度。温室果菜类四段变温管理指标见表3-1，黄瓜结果期三段变温管理示意图见图3-1。

表3-1　温室果菜类四段变温管理指标　　℃

种类	变温管理					常温管理	
	6—12时	12—17时	17—21时		21—6时	白天	夜间
			晴天	阴天			
黄瓜	30	20	16	14	白刺12 黑刺10	28	14
番茄	27	24	12	10	5	25	8
甜瓜	坐果前30 坐果后28	26	24	22	26 10	30	17

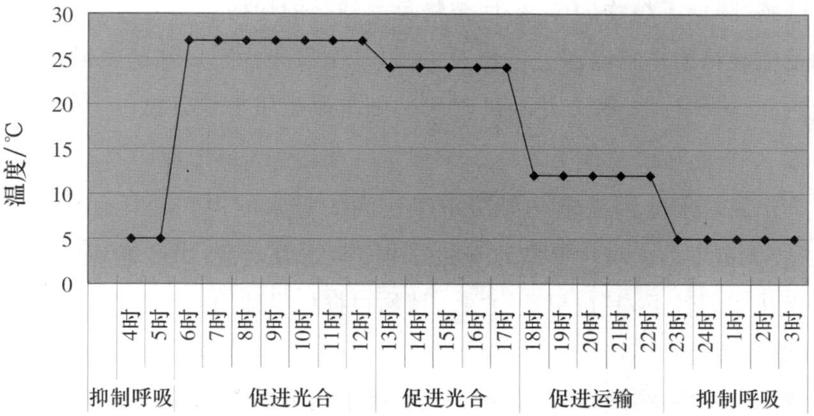

图 3-1　温室黄瓜结果期三段变温管理示意图

注意：在作物整个生育期中，作物对温度的要求随着生育阶段的不同而不同，因此在变温管理上应有所区别。

目前从变温管理发展起来的综合环境调控尚需研究，主要有三个方面：

①环境因子的最佳组合指标。

②作物各个生育阶段的最佳状态指标。

③设备，包括易操作、便宜、轻巧的装置和计算机程序等。

第三节　湿度环境及调控技术

由于温室受覆盖材料的阻隔，温室内外空气不能交换，室内的绝对湿度比室外高 3～4 倍，湿度的变化也大，以中午最高，清晨最低。相对湿度变化则相反，白天中午最低，清晨最高，往往达到 95％以上，甚至达饱和或过饱和，这给温室内的病害的发生和流行创造了一个极佳的环境条件。

一、作物对水分的要求

1. 水分在作物生长发育中的作用

①植物体内的营养物质的运转，要求在水溶液中进行，根系吸收矿物质，也要在水分条件良好的情况下才能进行。光合作用中，水是最重要的物质之一，配合

CO_2的吸收与合成各种有机物质。在夏季，光照到植物体时，水吸收大量热量，水分大量蒸腾，降低了植物的体温，使植物免受烈日的灼伤。

②设施栽培的作物以园艺作物为主，园艺作物产品大多都是柔嫩多汁的器官，含水量达 90%以上，干物质占不到 10%。细胞原生质中水分也占 80%以上。

2. 园艺作物对水分的要求

园艺作物对水分的需求主要决定于作物的吸水能力和消耗量。凡是根系强大，能从较大范围的土壤中吸收水分的，其抗旱能力就强；而叶面积大，组织柔嫩，蒸腾作用旺盛的种类，其抗旱能力弱。植物根据抗旱能力一般分为五大类：

(1)湿生性植物

长期生长在多水环境中，根系不发达，吸水能力弱，一旦土壤缺水，则萎蔫。如热带兰类、藻类、睡莲、莲藕、茭白等。

(2)湿润性植物

叶面积大，组织柔软，叶的蒸腾量大，根系不十分强大，密集在浅土层，吸收能力弱。对土壤、空气湿度要求较高，栽培上选择保水力强的土壤，需经常灌溉。如黄瓜、白菜及绿叶蔬菜、花卉中的草本花卉等。

(3)半湿润性植物

叶面积较小，组织粗硬，根系较发达，对水分消耗中等，吸水能力中等。如茄果类、豆类、根菜类。

(4)半耐旱性植物

叶多为管状或带状，叶面积小，叶表面蜡质，蒸腾作用速度缓慢，所以水分消耗少，能耐较低的空气湿度。如葱蒜类、石刁柏等。

(5)耐旱性植物

根系强大，分布深且广，能吸收土壤深层水分，耐旱能力强。如蔬菜中的西瓜、甜瓜、南瓜、西葫芦、胡萝卜；果树中的无花果、葡萄、石榴；花卉中的仙人掌、景天等。

二、设施内的湿度环境

1. 空气湿度

参考第二章第二节（塑料大棚的湿度性能）及第三节（现代化连栋温室的湿度性能）。

2. 土壤湿度

温室设施由于有覆盖材料的保护，自然降雨对设施内土壤水分影响较小。土壤水分来源主要有：①灌溉水；②通过土壤毛细管上升的地下水；③土壤水分蒸发及作物蒸腾凝结的水。一般设施内水分蒸发及作物蒸腾水量较少，人工灌溉用水较多，土壤湿度比露地大许多。

三、设施湿度环境调控

(1)通风换气

这是最有效的降湿办法，特别是夜间通风对降低湿度更为有效。一般当夜间温度在 15℃以上时，就应全部通风降湿。

注意：在温室内喷药防治病虫害时，必须注意到湿度对防治效果的影响。一般是在晴天或阴天(8℃以上的阴天)可以进行喷药，但喷药后应通风 2 h 左右，使叶面干爽，这样才能达到防治病虫害的目的。阴雨及 8℃以下的阴天最好不喷药，因为这时温度低，不便通风降湿，更为严重的是，此时喷药极大地增加了室内湿度，对病虫害的防治效果极差，反而加快了病虫害的流行。

(2)覆盖地膜

地膜覆盖可以降低地表水分的大量蒸发，有效降低室内的湿度。

(3)适当控制室内的灌溉水量

可以采用滴灌等灌溉措施，减少室内土壤表面的含水量，降低地表蒸发，降低室内湿度。

(4)加温降湿

空气的相对湿度与温度呈负相关，温度升高则相对湿度降低。在冬季，外界气温较低，温室内有可能出现低温高湿而又不能开棚通风的情况，此时可采用加温设备，提高室温，降低室内空气相对湿度。

第四节　土壤环境及调控技术

温室作为高投入的农业栽培设施，一般都进行高强度的生产，以获得相应的产品回报，因此，设施内往往连续地种植 3～5 年及以上，而且由于设施有覆盖材料，避免了土壤被雨淋和阳光暴晒，土壤的理化性状会有较大的变化，特别是土壤酸化、盐渍化、连作障碍及养分失衡等，对作物的生长发育产生较大的影响。

一、设施作物对土壤的要求

1. 土壤肥沃、疏松

设施内种植的农作物，以园艺作物为主，生长旺盛，产量高，要求土壤肥沃，各种养分均衡，肥力高。土壤疏松，透气性好，也就要求土壤有机质含量高，一般温室土壤的有机质含量都在8%～10%及以上。

2. 土层深厚，保水保肥

设施内土壤要求土层深厚，种植蔬菜和一年生花卉一般要求土层厚度应在30 cm以上；果树等木本植物要求土层应在80～120 cm及以上。且要求地下水低，至少在100 cm以下。土质以壤土或沙壤土为好，富含有机质，保水保肥能力强。

3. 土壤酸碱度适合

多数设施农作物均喜欢微酸性到中性的土壤，一般pH在5.5～7.0。

4. 无有害病原

设施内的环境高温高湿，极易造成各种植物病害的发生与流行。因此应尽量减少有害病原的存在。

二、设施内的土壤环境及调控

1. 土壤酸化及调控

(1)土壤酸化的原因

农业设施避免了雨水对土壤的冲刷，土壤中碱性离子被冲刷流失而造成土壤酸化的可能性可以排除。因此，设施内土壤酸化的主要原因就是大量地施用氮肥，使土壤中积累了较多的硝酸引起土壤的酸化，另外，大量施用酸性化肥，如硫酸铵、氯化铵、硫酸钾、氯化钾，也是造成土壤酸化的原因之一。

(2)调控技术

①合理施肥：各种化肥的施用量要根据作物的要求施用，进行测土配方施肥。

②增施有机肥：增加有机肥的施用量，减少化肥用量。

③中和土壤酸度：对已严重酸化的土壤可采用大量施用碳酸钙粉(建筑装修用

的双飞粉）。注意：双飞粉的成分是碳酸钙99%＋碳酸镁1%，泥子粉中含有黏结剂成分，不能用泥子粉。

2. 土壤板结及调控

（1）土壤板结的原因

土壤质地黏重，偏施化肥，土壤有机质含量偏低，土壤中毛细管孔隙较少，通气性差，土壤团粒结构遭到破坏等因素均可造成土壤板结。

（2）调控技术

①增加有机肥的施用量，减少化肥用量，改善土壤结构和理化性质。

②适时中耕松土，提高土壤的通风性能，使土壤团粒结构恢复。

③采用滴灌和微喷灌，防止大水漫灌。

④采用地膜覆盖，减少土壤水分蒸发，防止土壤板结。

3. 土壤盐渍化及调控

（1）土壤盐渍化的原因

土壤盐渍化也称为盐碱化，是指易溶性盐分在土壤表层积累的现象，是土壤深层水中的盐分随毛管水上升到地表，当水分蒸发后盐分大量积累在表层土壤的过程。

栽培设施是一个相对封闭的环境，室内温度和湿度都较高，既加强了土壤矿物质的分解，也加快了土壤水分的蒸发，增强了作物的蒸腾，使土壤下层中的盐分随水分上移并积累，引起土壤表层积盐。同时温室土壤得不到雨水淋洗，人工灌溉仅涉及表耕层，无法使多余盐分被淋洗掉。因此温室内高温高湿和无降雨淋洗成为设施土壤盐渍化的重要因素。

在设施种植中，为了获得高产，盲目大量施用化肥，导致大量无机盐没有被作物吸收而残留在土壤中，这是导致土壤盐渍化的直接原因。

（2）调控技术

①测土平衡配方平衡施肥：根据种植作物的需肥规律，检测土壤自身的肥力情况，进行有机肥、氮、磷、钾和微量元素肥料的合理用量配比施肥。应根据不同的作物、因地块合理计量精准施肥。

②根外追肥：根据不同的作物营养生理特点，在需要时进行根外追肥。

③深耕和地面覆盖：在整地时深耕，能很好地改善耕作层的营养结构。采用地膜覆盖可减少土壤的水分蒸发，防止表层土壤盐分积累。

④滴灌或喷灌：采用滴灌或喷灌技术，可有效减少温室栽培过程中的用水量，减少土壤的水分含量，降低室内空气相对湿度。

⑤施用新型肥料：施用缓释肥、控释肥和生物菌肥等新型肥料，使肥料逐步溶解释放。

⑥加强轮作：在耕作制度上，不同季节栽培不同类型的作物，浅根性作物与深根性作物轮作，氮肥需求量大的作物与磷钾肥需求量大的作物轮作，使土壤内的某种营养不会出现过多或缺失。

⑦生物除盐：在夏季高温休闲期，种植一些生长速度快、吸肥能力强的作物，如玉米、苏丹草等，这些作物从土壤中大量吸收过多的矿质营养元素，降低土壤溶液的盐浓度。

⑧客土：对于盐渍化严重的温室，可把室内 30 cm 厚的表土运出室外，把尚未盐渍化、无病虫害的新土换进来更换。

4. 连作障碍及调控

(1)连作障碍的原因

同一作物或同科作物连作以后，即使在正常管理的情况下，也会产生产量降低、品质变劣、生育状况变差的现象，这就是连作障碍。

连作障碍的产生主要有三个方面的原因：①作物自毒作用：作物残体的腐烂分解及根系分泌释放一些有毒物质(肉桂酸等)，对同茬或下茬同种或同科作物生长发育产生抑制作用，也称为自毒作用。连作时间越长，自毒作用就越大，连作障碍就会越严重。②连作形成了特殊的土壤环境，使放线菌、硝化细菌等有益微生物生长繁殖受到抑制，而有害微生物大量繁殖，土壤的微生物群落发生改变。③设施栽培的复种指数高，病虫害不断积累，土传病害(枯萎病和根结线虫等)及其他病害发生越来越严重。

(2)调控技术

①轮作：在一定的年限内，采用不同科的作物进行轮作，降低作物自毒作用的危害。

②水旱轮作：在同一地块轮换种植水生作物和旱地作物的种植方式。水旱轮作是解决连作障碍最经济有效的途径。在经过几年的高强度连续种植后，当连作障碍变得越来越严重时，就应该进行水旱轮作，一旦与水田轮作，连作障碍将获得

改善和消除。

③翻耕暴晒：设施内土壤采用翻耕、暴晒等措施，降解钝化土壤中的作物根系分泌物及茎叶浸出液活性物质残留。

④土壤消毒：

a. 太阳能消毒：在完成数茬的作物栽培后，特别是准备更换新棚膜前，将旧棚膜拆除，任棚架和栽培床处于日晒雨淋 2 周；盖新棚膜后，将栽培床土翻耕，淋透水，覆盖地膜，关闭大棚 1～2 周。

b. 甲醛(40％)溶液消毒：甲醛(40％)溶液是良好的消毒剂，杀菌效果良好，但对害虫效果稍差。一般是将 40％甲醛用水稀释 50 倍，用喷水壶将土壤均匀淋湿，然后覆盖塑料薄膜 28 h 以上，揭开薄膜让甲醛挥发 2 周后再使用。

c. 硫黄熏蒸消毒：用硫黄粉混合其他农药，如敌敌畏、敌百虫等，拌于锯木屑中燃烧熏蒸，或用百菌清烟剂燃烧熏蒸，可杀死温室粉虱、红蜘蛛、白粉病等。

d. 毒土消毒：每 1 kg 细土，用 50％多菌灵、苯来特、甲基托布津 50 g，与细土拌匀，撒施于床面。

e. 酒精消毒：酒精土壤消毒法是日本千叶县农业综合研究中心的研究人员开发出的一种简易土壤消毒方法，即在土壤上喷洒浓度为 2％左右的酒精水溶液，然后用塑料薄膜覆盖 1～2 周。可杀灭害虫和病原菌，消毒效果与溴甲烷消毒相当。酒精数天后会在土壤中分解，对环境不会造成影响。

第五节　气体环境及调控技术

温室是一个较为封闭的环境，通风不良造成温室内的空气与外界的气体交换不顺畅，使温室内的气体环境与露地有显著的不同。温室内的气体环境有两个方面的特点：一是有害气体的产生与对作物造成的危害；二是二氧化碳浓度变化规律也与外界不一致。

一、设施内气体环境

1. 有害气体

设施内有害气体的来源主要是有机肥分解、化肥挥发、塑料薄膜挥发等，产生的有害气体有氨气、二氧化氮、二氧化硫、乙烯、氯气等。当这些有害气体积累到一定浓度时会对作物产生危害,应及时地将它们排出室外。主要有害气体及危害症状见表 3-2。

表 3-2 主要有害气体及危害症状

有害气体	主要来源	产生危害的浓度/(mg/L)	危害症状
氨气(NH_3)	施肥	5.0	由下向上,叶片先呈水浸状,后失绿变褐色干枯。危害轻时一般仅叶缘干枯
二氧化氮(NO_2)	施肥	2	中部叶片受害最重。先是叶面气孔部分变白,后除叶脉外,整个叶面被漂白、干枯
二氧化硫(SO_2)	未经腐熟的有机肥	0.2～1	中部叶片受害最重。轻时叶片背面气孔部分失绿变白,严重时叶片正反面均变白枯干
乙烯	塑料制品	0.05～0.1	植株矮化、茎节粗短,叶片下垂、皱缩,失绿转黄脱落;落花落果,果实畸形等
氯气(Cl_2)	塑料制品	0.1	核果类树叶会出现穿洞眼的特殊症状。受害园艺作物壮叶、幼叶和嫩枝都有白斑,而且特别明显
磷酸二甲酸二乙丁酯	塑料制品	0.1	叶片边缘及叶脉间叶肉部分变黄,后漂白枯死

2. 二氧化碳

光合作用是绿色植物利用光能同化 CO_2 和水,制造有机物并释放 O_2 的过程。在作物吸收 CO_2 的最高限度内,光合强度随着空气中的 CO_2 浓度的提高而增强。由于大气中的 CO_2 浓度只有 330～350 mL/m^3,这个浓度远远不能满足光合作用的最大需要。在温室中,人为增加 CO_2 浓度,使作物的光合作用效率提高,从而较大幅度地提高作物产量,这种生产技术措施称为 CO_2 施肥。大多数作物的 CO_2 补偿点为 30～90 mL/m^3,饱和点为 1 000～1 500 mL/m^3,适宜的浓度为 800～1 200 mL/m^3。在温室中,当光照强时将 CO_2 浓度维持在 1 000～1 500 mL/m^3,一般可以提高作物产量 10%～30%。因此,温室栽培应该把施用 CO_2 作为对作物的生长发育起着与水、肥同等重要作用的技术措施。

设施内二氧化碳浓度特点:

①CO_2浓度的日变化规律：温室早晨CO_2浓度最高，一般可达到1 000～1 500 mL/m^3，随着光照强度增加，温度升高，作物光合作用增强，CO_2浓度迅速下降。如果温室不通风，在10:00—16:00，温室内的二氧化碳浓度仅有240 mL/m^3。到了夜间，作物呼吸作用释放出CO_2，土壤微生物活动也会放出CO_2，夜间CO_2浓度最高，比一般空气中的含量高3～5倍。

②室内CO_2浓度随天气的变化而变化，晴天作物光合作用强，CO_2浓度明显降低，阴雨天作物光合作用弱，CO_2浓度较高，接近大气中的CO_2浓度水平。

③CO_2浓度在温室内空间分布不均匀。在垂直方向上，作物顶部以上最高，下部次之，中部主要是光合作用的功能叶，CO_2浓度最低；在水平方向上，温室中间CO_2浓度高，四周低。

二、设施内气体环境调控

1. 有害气体预防

①加强通风：当在密闭的温室内感觉到有特殊的气味时，及时通风换气。

②正确选用与存放塑料薄膜与塑料制品：选用无毒的塑料薄膜及塑料制品，不在温室内存放塑料薄膜或制品。不在温室内存放化肥、农药等。

③合理施肥：有机肥要充分腐熟后才能施用，且要深施，不用或少用挥发性强的氮素化肥。深施基肥，不地面追肥，施肥后及时淋水。

④覆盖地膜：地膜要全畦覆盖，阻止土壤中的有害气体挥发。

2. CO_2施肥

(1)CO_2肥源

目前国内外主要采用以下几种肥源：

①通过有机物发酵：肥源丰富，成本低，但CO_2发生量不易掌握。

②燃烧燃料：燃烧煤油、天然气、液化气、焦炭、木炭、煤(无烟煤)，方法简单，但成本较高，并常有CO、SO_2为害。

③碳酸盐与稀的强酸反应生产CO_2：我国目前多用此法。

$$CaCO_3 + H_2SO_4 \rightarrow CaSO_4 + CO_2\uparrow + H_2O$$

④利用液态或固态CO_2进行施肥：方便，安全，成本较低，但肥源易受限。

(2)CO_2施肥浓度

在光照强的夏秋季节施以 1 000～1 200 mL/m^3，在光照弱的月份施以 800 mL/m^3。

(3) CO_2施用时间

①一般在日出之后可以开始施用，当温室需要开窗通风前 0.5 h 停止施用。

②以早期收获为目的的叶菜类，可在定植后 3～5 d，根系已开始活动时施用 CO_2。

③果类作物最好在坐果初期开始施用，直到收获为止。

思考题

1. 喜光植物、耐阴植物和中性植物的光饱和点和光补偿点各是多少？
2. 作物的光合作用吸收的有效辐射的波长范围是多少？
3. 如何进行设施内的光照环境调控？
4. 不同种类的作物的最适宜温度是多少？
5. 如何对栽培设施进行降温调控？
6. 如何对栽培设施进行增温调控？
7. 设施栽培变温管理原则是什么？
8. 如何进行设施内的空气湿度环境调控？
9. 土壤酸化的原因是什么？
10. 如何对土壤酸化进行调控？
11. 土壤板结的原因是什么？
12. 如何解决土壤板结？
13. 土壤盐渍化的原因是什么？
14. 如何对土壤盐渍化进行调控？
15. 连作障碍的原因是什么？
16. 如何对连作障碍进行调控？
17. 设施内易产生哪些有害气体？
18. 如何对设施内有害气体进行预防？
19. 设施内 CO_2浓度的日变化规律是什么？
20. 如何进行 CO_2施肥？

实训项目

实训项目 3-1　温室内小气候观测

目的要求　掌握园艺设施内环境小气候观测一般方法，熟悉使用观测仪器，掌握温室设施内小气候变化的一般规律，为进行环境调控打基础。

材料用具　当地塑料温室、干湿球温湿度计、地温计、照度计、便携式红外二氧化碳分析仪等。

方法步骤

①学生以小组为单位进行操作，记录结果以个人为单位。

②在温室内东、西、南、北、中设 9 个观测点，室外设 1 个观测点，观测点距地面高 1 m 处。地温观测深度为 0、－10 cm、－20 cm。每小时记录一次观测数据。

实训报告

①绘制温室内外光照日变化曲线图和温室内光照分布图。

②绘制温室内外气温、地温日变化曲线图。

③绘制温室内外相对湿度日变化曲线图。

④绘制温室内外二氧化碳浓度日变化曲线图。

第四章

农业设施的规划与建造

温室（塑料大棚、连栋塑料大棚、连栋玻璃温室）是设施农业生产的最主要形式，是作物生长发育的场所，与一般的工业和民用建筑不同，设施、作物和环境三者结合才能使作物生长良好，高产优质，达到经济效益的最大化。同时温室的建设投资比较大，使用时间比较长，生产费用也比较高，为了充分发挥温室生产潜能，提高温室效率，在规划设计和建造时，必须根据华南地区的自然条件、地理位置及温室周围的环境，选择适宜的场地，进行合理布局，才能降低建设投资，减少台风、暴雨及冰雹的危害，降低生产成本，满足作物生长发育所需要的环境条件。

第一节　农业设施的规划与设计

一、农业设施的总体规模

设施农业生产基地的建设规模一般比较大，总体规模的确定要因地制宜，要做好充分的市场调研，确定产品的定位（高档、中档、低档）和销售方向（旅游采摘、市场销售、出口），要根据自身的经济实力、技术力量和经营管理等来确定基地的建设规模。如果经济实力强，市场定位准确，产品档次和价格高，销售渠道畅通，效益好，而且自身的经济实力强，能够一次性投资建设资金，技术力量强，经营管理模式好，则考虑基地的规模较大。如果以上条件不成熟，则考虑逐步投入，但要留有后续扩大的场地空间。

二、场地的选择

作为设施农业生产基地，在场地的选择上一定要各方面的条件都适合温室的建造和生产。

1. 光照

光是植物进行光合作用的必须要素，是温室的热能主要来源。要获得最佳的光照条件，建造温室的场地应该是南面开阔、平坦的，缓坡地的坡度应在10°以下，附近没有妨碍日照的树木、高大的建筑物或高山。这些地方每天日照时间早，时间长，早春季节地温回升快。绝不能把温室建造在遮挡物的阴影下，哪怕是半日阴的地方都不行。

2. 水源

温室栽培面积一般都比较大、集中，是覆盖栽培，设施生产必须采用灌溉设施，不可能依靠天然降水，而灌溉用水量较大，因此应尽量靠近河流或地下水源充足、水质良好、无有害污染、pH 中性或微酸性的水源地。

3. 土壤

建造温室应选择土质肥沃、土层较厚，有机质含量较高，无盐渍化的壤土、沙壤土，地下水位较低，排水良好，无污染的地块。地下水位高，土壤的含水量大，温室内的空气湿度大，作物易发生病害，且作物的根系生长不良，严重影响产品和品质，这样的地块不宜建造温室。但若是采用无土栽培，也要求地势较高，地下水位不高，较为干燥的地块，而土壤的质地限制不严。作为农业设施建造用地，还要考虑地基土质坚实的地块，如果地基土质松软（沙地或建筑垃圾回填），地基易下沉，须加固基础提高造价成本，特别是玻璃温室对地基的要求高。

4. 风

华南地区建造温室的选地，主要考虑当地季风和台风的影响。温室的形体大，结构轻，抗风能力不强，因此选择迎风面有屏障的地形，但这些屏障不能影响温室的采光。而适宜的风速能促进温室的通风换气，降低室内相对湿度，因此又不能建在完全背风的地方。主要是避免在山口、狭谷、风口地区，沿海地区要回避易受台风袭击的地方。且应在温室群的四周设置防风风障。

5. 污染

农业设施所生产的作物一般都是较为高档的无公害农产品或绿色农产品，因此在有污染的工厂（水泥厂、造纸厂、糖厂、化工厂）、大型医院等单位可能有污染源的下风口或河道的下游，不宜建造温室。

6. 电力

现代化大型温室生产中需要用电，特别是温室的灌溉、给水、通风、降温、加热、加光等，因此温室群的规划中应考虑电力供应总负荷是否充足，要求线路架设简捷，进电方便，有条件的地方可以准备两路供电或自备发电机组，以免在关键时期由于停电造成损失，确保温室用电的可靠性。

7. 交通

温室是常年生产的农业设施，在生产过程中所用的物料数量及产品的收获量都很大，为了方便物料运进，产品的运出，温室应建在主要干线公路和市场附近，交通顺畅的地方。

三、温室布局和方位

1. 温室的布局

设施农业生产是最集约化的农业生产，资金集约，管理集约，技术集约，因此必须考虑到温室群的合理布局，主要是考虑通风、光照和农业运输。

①人与物之间的联系活动在建筑计划中称为动线计划，在动线计划中可以看出布局的水平高低。好的温室基地布局应该是使用频率高的支线和运送物资的动线距离最短，所以应该将与每个温室都有联系的仓库、操作场地、育苗温室、配电房、灌溉泵站等安排在中心部位，将各种栽培生产设施安排在周围。

②基地内的主干道路面宽一般为 6 m，可以使两辆车对开通行，便于产品的运输和机械通行。主干道路应采用沥青和水泥路面。主要运输路线应避免从温室、大棚栋间穿过。设施间的支路宽一般是 3 m，每个小区的道路应有效联通。同时道路的两侧应设计排水渠道。

③单栋塑料大棚前后排之间的距离一般在 5 m 左右，不能出现遮阴；棚之间的距离最少不应低于 1.5 m，一般为 2 m 左右，否则大棚群过密，影响通风。

2. 温室的方位

温室的方位是指温室的屋脊延长方向(即走向)。

温室的方位与室内的光照强度关系很大。当太阳光线照到温室时，室内的光照强度与天空散射光关系不大，主要取决于直射光的入射角。入射角小，室内光照强度高；入射角大，则室内光照强度低。

在北纬 52.5°以上的高纬度地区，冬季东西延长的温室透光率比南北延长的高 25%。在中纬度地区，在冬季东西延长的温室透光率比南北延长的高 12%。而在华南地区，由于纬度低，冬季东西延长的温室透光率仅比南北延长的高 3%左右，因此，在华南地区温室的方位不论是东西延长或南北延长透光率基本上差别不大，东西延长或南北延长均可。

在华南地区温室方位上更多的考虑的是整个温室群的通风问题。东西延长的温室在冬季固然对北风的阻挡有利，但到夏季也不利于南风的进入，造成温室的通风不良，炎热而高湿。南北延长的温室虽然在冬季有利于北风的进入，但夏季也有利于南风的进入，夏季通风良好，且华南全年高温季节时间更长。所以华南地区的单栋温室多数选择南北延长。

对于连栋温室的光照来说，南北延长和东西延长都有没有明显的差异，它的朝向主要根据所在地块的条件决定，但一般都不选择东北西南延长或西北东南延长。

四、尺寸的确定

1. 面积

在华南地区，各设施农业企业或个人大多采用单栋温室，也有部分连栋温室。目前在南方普遍认为单栋温室以 0.3～0.5 亩 1 栋为好，也就是每亩地一般建造 2～3 个单栋温室，这样既有利于生产管理，也有利于设计建造。连栋温室多数为 3 连栋、6 连栋、12 连栋，更大的连栋温室较少，太大也不好管理。连栋温室一般占地 2～10 亩。

2. 高度

华南地区高温季节时间长，冬季寒冷季节时间短。即使在冬季，只要是晴天有太阳光照，温室内的温度升高很快，一般均可达 15～20℃及以上。而夏秋季温室需要通风降温，甚至需将温室的四周塑料薄膜掀开，只留棚顶薄膜，当成防雨棚使用。因此，温室可以适当高些，既便于室内的降温，也便于生产管理和机械作业。温室的高度低了，管理不便，通风换气困难，不利于作物生长。在室内，作物生长最高点距顶部应有 50 cm 以上的间距，这样空气相对流畅，不会造成死气团，以免使作物产生高温障碍。

单栋温室的棚高一般为 2.8～3.5 m。连栋温室高一般为 3.5～5.0 m。

3. 跨度

跨度是设计建造大棚温室的关键问题。跨度太大，通风不良，棚中部容易形成热气团，作物生长受到影响，病害容易蔓延。在高度基本确定的情况下，跨度太大，则棚面宽，棚顶平缓，在拉杆较多时，极易造成棚顶大量积聚雨水，极易发生塌棚。另外，跨度太大，棚内立柱必须增加，立柱太多则影响栽培作业及其他生产管理。

根据多年的经验教训，单栋温室的高∶宽＝1∶(2.3～3)为宜，即跨度应是高度的2.3～3倍，一般为6～8 m；连栋温室的高∶宽＝1∶(2～4)为宜，单拱跨度应是高度的2～4倍，一般为7～12 m。

4. 长度

温室的长度也应合理，太长则管理不方便，局部小气候也有差异，单栋温室长度一般为30～40 m，连栋温室一般为40～60 m。

5. 肩高

温室除上述对面积、高度、跨度、长度有具体的要求外，对于单栋温室大棚还要求有一个适当的肩高。肩高一般不要小于1 m，以1.5～1.8 m为最佳。肩高太低，则边行种植株高较高的作物有困难，作业也不方便；肩高太高，则棚顶平缓，不利于棚顶的排水。

第二节　农业设施的建造与施工

1. 钢筋竹木结构大棚的建造与施工

钢筋竹木结构大棚是使用材料省，投入少，搭建方便，使用时间较长的塑料大棚，是华南地区农村普遍采用的一种棚型。一般棚宽7 m、长40 m、高3.5 m。

(1)用料

宽幅12 m、厚度0.12 mm、63 kg的大棚膜；直径12～14 mm、长12 m的钢筋35根；直径6～8 cm、长4 m的直木头10根；直径3～5 cm、长5～6 m的竹竿46根；宽1 m、30目的防虫网94 m；压膜线20 kg；8号铁丝10 kg；10 cm铁钉10颗。

(2)整地放线

建棚的场地首先应整平，按照棚宽7 m、长40 m，用绳拉出四条边线及中线。

(3)埋立柱，上龙骨拉杆

先定埋立柱的位置。在中线上按5 m距离，设一排立柱，间距5 m，加上棚头共

9 根立柱，用石灰点标记。在每个立柱点挖 50 cm 深的坑，将直径 6～8 cm、长 4 m 的直木头埋入，用土封紧夯实，每根立柱的高度为 3.5 m，整排必须整齐排列在一条直线上。在立柱上设置龙骨拉杆，并用 10 cm 铁钉固定，并在两头立柱旁设置门框。

(4)上拱杆

在两连线上，按照 1.2 m 的距离，用直径 12～14 mm 的短钢筋打深 50 cm 的拱杆插孔。然后两人在两头分别向上抬起 1 根长 12 m 的钢筋，同时相向用力使钢筋自然弯曲，并分别将钢筋插入拱杆插孔内，深度 50 cm。在拱杆和龙骨拉杆交叉处用 8 号铁丝固定。

(5)绑调棚拉杆

在两边肩高 1.5 m 的位置各设 1 条调棚拉杆，从棚顶到拱杆下部的中间位置各设 1 条调棚拉杆，共 4 条调棚拉杆。交叉处用 8 号铁丝固定。

(6)埋地锚

在大棚外侧，两根拱杆之间，离棚 50 cm 处，挖 50 cm 深的坑，埋入用 8 号铁丝捆绑的×形交叉木棒，铁丝拧成圈露于地面，埋入坑中的地锚用土夯实，外露的铁丝圈用于拴压膜线。

(7)安装裙膜

在大棚的四周 50 cm 高拉设一层塑料薄膜，即为裙膜，裙膜底部用土压实。可防雨水飞溅、扫地风及老鼠为害。

(8)安装防虫网

在裙膜顶部到 1.5 m 高调棚拉杆之间固定防虫网。

(9)扣大棚膜

将大棚膜铺开，用绳系住大棚膜的两个角，将绳的另一头抛过大棚的另一边，将大棚膜缓慢拉过棚顶，覆盖在大棚骨架上。大棚膜四周用土压实。

(10)拉压膜线

在每两根拱杆之间拉一条压膜线，并在地锚上系牢。

(11)安装门

在安装立柱时已设有门框，安装门时将门框中间的棚膜剪成“工”字形，把薄膜两边贴在门框上，上边卷在上框上，用木条钉牢，然后安装门。

2.装配式镀锌钢管大棚的建造与施工

装配式镀锌钢管大棚的棚架是由工厂按国家的型号参数定型生产的，主要有 GP 系列、PGP 系列和 P 系列。需要建造塑料大棚的用户可根据自己的要求进行选购。各系列棚架的技术参数见表 4-1。

表 4-1　GP 系列、PGP 系列、P 系列大棚主要技术参数

型号	宽/m	高/m	长/m	肩高/m	拱间距/m	拱架管径、管壁/mm
GP-C625	6.0	2.5	30.0	1.2	0.65	Φ25×1.2
GP-C7.525	7.5	2.6	44.4	1.0	0.60	Φ25×1.2
GP-C825	8.0	2.8	42.0	1.3	0.55	Φ25×1.2
PGP-C6.5-1	6.5	2.5	30～50	1.3	0.50	Φ25×1.2
PGP-C7.0-1	7.0	2.7	50.0	1.4	0.50	Φ25×1.2
PGP-C8.0-1	8.0	2.8	42.0	1.3	0.50	Φ25×1.2
P-622C	6.0	2.5	30	1.4	0.50	Φ25×1.2

目前全国各地农业设施设备公司很多，主要承接各种温室大棚的建造业务，用户购置装配式镀锌钢管大棚后，公司一般都会为用户进行安装。安装程序一般是：

①安装时先在现场按图放线。

②首先安装南北棚头，立第一道拱杆和埋拱杆与立柱顶部用圆形卡连接，使两者在一条直线上。

③安装大门，并在拱杆上标出纵梁位置。

④每隔 6 m 立起一条拱架，安好全部纵梁。

⑤再按每根 0.5 m 的间距安装全部拱杆。拱杆安好后，要进行调棚，使全棚高低一致，弧度一致。

⑥棚体安装完毕后，再安装棚体纵向卡膜槽及横向卡膜槽，最后覆盖棚膜，并用弹簧将棚膜固定在卡膜槽上。

第三节　农业设施基地建设的投资估算及效益分析

设施农业生产基地需要建造大量的温室大棚及其他配套设施，购置农业机械设备等，因此一次性投资比较大，在项目建设启动前，必须进行投资估算和经济效益分析。投资估算包括固定资产投资、固定资产投资的不可预见费、勘察设计费用及银行流动资金贷款等。还要计算生产成本，包括直接生产成本、间接生产成本和生产不可预见费等。在投资估算和生产成本计算的基础上，进行经济效益分析。

经济效益分析的核心是产值利润率、投资回收期。如果产值利润率小于15%、投资回收期大于5年，经济效益就比较差。此种情况下，就应该调整生产经营规模，调整种植结构，提高产值利润率，同时应降低设施标准和设备标准，减少固定资产投入。

投资估算和生产成本的估算要依据当地的建筑材料价格标准、生产资料价格标准和劳力市场工资标准、产品销售市场价格来确定。下面以设施蔬菜生产基地为例说明投资估算与经济效益分析。

一、投资估算

1. 固定资产投资

①播种育苗设施、农资仓库、产品采后处理车间及小型冷库、车库、办公室、会议室、实验室等基建费用。

②自动精量播种机、催芽设备等设备。

③温室和塑料大棚。

④水井、水泵及泵房。

⑤水肥一体化系统。

⑥中、小型农用运输车各1辆。

⑦中、小型耕作机、手扶拖拉机、中型拖拉机等农机及耕作、运输配套机具各1台。

⑧机动喷雾器等植保机具。

⑨斗车、锄头、铲等农具及机电维修工具等。

2. 固定资产投资的不可预见费

固定资产投资的不可预见费为上述固定资产投资9项之和的10%。

3. 勘察设计费用

勘察设计费用为上述固定资产投资9项之和的1%。

4. 当年流动资金

当年流动资金在整个财务模型中是一个非常重要的环节，有人在计算投资回报率的时候常常忽略了流动资金的影响，导致回报率的计算结果偏差很大。

流动资金=流动资产−流动负债

流动资产=应收账款+原材料+在产品+产成品

二、生产成本

1. 直接生产成本

①大棚膜、地膜、滴灌带等。

②种子、种苗、农药、肥料、水电费、汽柴油等。

③栽培架材。

④基质。

2. 间接生产成本

①固定资产折旧(使用年限10年)。

②人工及福利。

③土地租金。

④流动资金贷款还息(占用1年)。

⑤固定资产投资贷款还息。

⑥年办公费。

3. 生产不可预见费

生产不可预见费是应对情况变化而增加的实际投入费用,如意外的病虫害,增加的农药;意外的干旱而增加的水电费;意外的气象灾害,造成设施的损坏而增加的维修费等。

三、经济效益分析

1. 年产值

①温室大棚蔬菜年产值、露地蔬菜年产值。

②育苗中心菜苗年产值(包括自用)。

2. 年利润

$$年利润=年产值-年成本$$

3. 投资回收期

$$投资回收期=\frac{固定资产投资}{年利润+折旧}$$

4. 产值利润率

$$产值利润率=\frac{年利润}{年总产值}$$

5. 全员劳动生产率

$$全员劳动生产率=\frac{年产值}{从业人员数}$$

6. 人均利润

$$人均利润=\frac{年利润}{从业人员数}$$

思考题

1. 设施农业生产基地的场地选择有什么要求？
2. 温室的布局有什么要求？
3. 为什么华南地区单栋温室方位多选择南北延长？
4. 华南地区温室面积如何确定？
5. 华南地区温室的长度一般是多少？
6. 如何进行农业设施基地建设的投资估算及效益分析？

实训项目

实训项目 4-1　设施农业基地总体规划与布局

目的要求　了解设施农业基地总体规划与布局的基本知识，掌握统一规划、合理布局的基本方法。

材料用具　直尺、量角器、铅笔、橡皮、绘图纸等。

方法步骤　学生以个人为单位进行操作设计。

对边长 500 m、面积 374.8 亩的正方形平地设计种植果树、蔬菜、花卉的设施农业基地。其中露地种植面积约为 1/3，根据生产的需要自行确定温室数量。在考虑温室布局的同时，要兼顾好道路、附属设施。

实训考核　上交园区总体规划平面示意图及说明。

第五章

设施育苗技术

第一节 设施蔬菜育苗

育苗是蔬菜生产的主要特色之一。利用各种设施育苗能培育壮苗，节约用种，争取农时，提高土地利用率。茄果类、瓜类、豆类和部分叶菜类等蔬菜常采用设施来进行育苗。育苗方法有穴盘育苗、嫁接育苗、工厂化育苗等。

一、蔬菜穴盘育苗

穴盘育苗是以草炭、蛭石、珍珠岩等轻质基质为材料，以不同规格的穴盘为育苗容器来培育蔬菜幼苗的育苗方法，具有快速、优质、规模化及方便运输的特点。穴盘育苗播种可以做到精确播种，减少用种量；成苗时，幼苗根系能与基质紧密环绕，不易散坨，移栽时可极大地提高幼苗的成活率。

（一）穴盘材料及规格

穴盘(图 5-1)是在传统的育苗营养钵的基础上发展起来的连体钵，一只穴盘上连接几个甚至几百个大小一致、上大下小的锥形小钵，每个小钵称为穴，穴与穴之间紧密相连，减少幼苗的株行距，从而合理地增加育苗的密度，降低对育苗的场地的要求。20 世纪 90 年代中期前，我国所使用的穴盘多数从欧美、日本及韩国引进，20 世纪 90 年代后期，穴盘逐步地实现了国产化，目前所用的穴盘 90%以上为国产的。

穴盘的种类按照材质、穴数或者颜色进行分类。按照材质可分为聚乙烯注塑、聚丙烯薄板吸塑、发泡聚苯乙烯和聚氨酯泡沫模塑 4 种。穴孔形状有圆孔和方形

图 5-1　育苗穴盘

两种，外形和孔数实行国际标准，规格为宽 27.9 cm、长 54.4 cm、高 3.5～5.5 cm；穴盘常用的孔数有 50、72、84、128、200、288 孔等，育苗盘一般可以连续使用 2～3 年。

蔬菜穴盘育苗是种苗的集约化生产，种苗生产数量非常大，为保证幼苗质量，提高幼苗的成活率，生产中以培育中小苗为主，育苗时应按照蔬菜种类和幼苗生长的要求选择相应规格的穴盘，常见蔬菜种苗的穴盘选择和种苗大小见表 5-1。

表 5-1　常见蔬菜种类的穴盘选择和种苗大小

种类	蔬菜	种苗大小	穴盘选择/孔
瓜类	黄瓜、西瓜、甜瓜、丝瓜、苦瓜	三四片真叶	50
茄果类	番茄、辣椒、茄子	七八片真叶	50、72
豆类	豇豆、菜豆	二三片真叶	72
白菜类	白菜、甘蓝、花椰菜	四五片真叶	128
绿叶菜类	生菜、芹菜、蕹菜	四五片真叶	128、200

（二）育苗基质

育苗基质是蔬菜幼苗根系生长的场所，根系的生长需要一个疏松透气、水分含量适合，同时又能提供幼苗所需的各种营养物质的环境，选择合适的基质对培育幼苗是十分重要的。国际上流行的主要育苗基质为草炭、蛭石与珍珠岩为主，其他基质材料作为补充。

基质的性能高低主要是从物理和化学两方面性质来评价，包括以下几项指标。

1. 基质的理化性质

(1)基质的物理性质

密度：自然状态下单位体积干基质的质量，单位为 g/cm^3。可将待测干基质倒入已知体积的容器中，再将基质倒出后称其质量，以基质的质量除以容器的体积即为其密度。基质的密度反映出其基质的紧实度、持水性和透气性；密度大，基质偏向于紧实、持水力高，但透气性低，密度小则相反，固定效果较差。

总孔隙度：基质中通气孔隙与持水孔隙的总和。总孔隙度大的基质疏松透气，基质较轻，固定根系能力弱；总孔隙度小的基质坚实，水气容纳量小。

气水比：持水孔隙与通气孔隙的比值。通气孔隙是指基质中直径为 0.1 mm 以上的孔隙，其内的水分在重力作用下，很快就流失了；持水孔隙是指基质中直径为 0.001～0.1 mm 的孔隙，也就是常说的毛细孔隙，水分能保持较长时间。气水比是基质性状是否优良的重要指标，育苗基质气水比一般以 1∶(2～4)为宜。

几种常用基质的物理特性见表 5-2。

表 5-2　几种常用基质的物理特性

（陈振德、黄俊杰等，1996）

基质	容重/(g/cm^3)	持水量/%	总孔隙度/%	通气孔隙/%	毛细孔隙/%	pH	电导率/(S/m)	阳离子代换量/(cmol/kg)	有机质/%
草炭	0.27	250.6	84.5	16.8	67.7	5.80	0.104	48.50	26.22
蛭石	0.46	144.1	81.7	15.4	66.3	7.57	0.067	5.15	0.06
珍珠岩	0.09	568.7	92.7	40.4	52.3	7.45	0.007	1.25	0.09
锯木屑	0.15	69.8	80.0	21.2	58.8	5.1	0.56	—	—

(2)基质的化学性质

化学组成：基质所含的各种化学物质种类及含量，包括能被植物所吸收的有机营养、矿物质以及有毒物质等。

化学稳定性：基质发生化学反应的难易度。育苗宜选择化学稳定性较强的基质，减少对营养液的影响。

酸碱性：基质的酸碱性对幼苗生长发育有较大影响，大多数蔬菜适合微酸性至中性的基质；过碱性会造成铁、锰、锌等微量元素的有效性降低；降低 pH 可提高可溶性磷的含量。

缓冲能力：基质在加入酸碱物质后本身所具有的缓和酸碱变化的能力。一般来说有机基质的缓冲能力较强，无机基质的缓冲能力较弱。

电导率(EC)：基质内部已电离盐类的溶液浓度，直接影响营养液的成分和作物根系对各种元素的吸收。基质中可溶性盐类要求小于 500 mg/L，蔬菜育苗要求的电导率为 1.3～2.75 mS/cm。

阳离子代换量(CEC):在 pH 为 7 时,以每千克基质能够代换吸收的阳离子的物质的量(cmol/kg)来表示,反映基质代换吸收营养液中阳离子的能力,有机基质的阳离子代换量较高,可以保存较多的养分。

碳氮比:基质中碳与氮的比值。适合作物生长的碳氮比为 30∶1,碳氮比过高不利于植物正常生长发育。

2. 基质的种类

基质的分类方法很多,按基质的来源可分为天然基质和合成基质;按基质的化学组成可分为有机基质(草炭、菇渣、木屑等)和无机基质(蛭石、珍珠岩、沙砾等);按基质的组合可分为单一基质和混合基质;按基质的性质可分为活性基质(草炭、蛭石等)和惰性基质(沙砾、岩棉等)。

3. 常用基质的特性

(1)草炭

草炭又称泥炭土,是苔藓与沼泽植物在长期的地质活动中的分解残留物,是世界上公认的最佳基质之一。草炭质地细腻、密度小、持水能力强,但透气性较差,一般不单独使用,常与蛭石、珍珠岩等混合使用。

(2)蛭石

由云母类矿物质加热至 800～1 100℃时形成的海绵状物质。蛭石质地较轻、密度小、总孔隙度大、气水比为 1∶4.34,透气性和保水性较好、缓冲能力强,呈中性至微碱性。蛭石中含有钾、钙、镁、铁等元素,可被作物吸收利用。

(3)珍珠岩

由火山岩等硅质岩石在 1 200～1 600℃燃烧膨胀而成,质地极轻、密度小、总孔隙度较大、气水比为 1∶1.04,有良好的透气性和保水性、化学稳定性强,pH 呈中性,但易破碎、易漂浮。

(4)锯木屑

锯木屑是木材加工后的碎屑。碳氮比值高、缓冲能力强,新鲜的木屑不宜直接使用,最好经过一段时间堆沤后再利用。

4. 基质的混配

单一基质的特性易存在着各种问题,生产上可根据幼苗种类和基质特性来配制专供育苗所用的混合基质。混配的原则是密度适宜,增加孔隙度,提高水分和空气含量。配制混合基质一般用2～3种基质,合理的搭配可达到良好的效果。常见混合基质组配见表5-3。

表5-3 几种常用混合基质的组配体积比

(陈振德,1999)

编号	草炭	蛭石	炉渣灰	珍珠岩
1	20	20	50	10
2	30	20	50	—
3	40	20	2	20
4	50	50	—	—
5	50	—	50	—
6	60	—	20	20
7	40	30	10	20
8	50	30	20	—

5.基质的消毒

基质使用前必须进行筛选、去杂质、清洗或粉碎、浸泡等处理,重复使用的基质需要进行消毒,以消灭存留在基质中的病菌、线虫、虫卵等有害生物。常用的消毒方法有蒸汽消毒、化学药剂消毒、太阳能消毒等。

蒸汽消毒:将基质装入柜内或箱内(容积1～2 m^3),通入蒸汽进行密闭消毒,蒸汽温度为70～90℃,消毒时间15～30 min,消毒时基质的含水量宜控制在35%～45%,过湿会降低消毒的效果。

化学药剂消毒:利用各种化学药剂来消毒的方法,常用的化学处理有用40～50倍液的40%甲醛喷洒、氯化苦密闭熏蒸、150 mL/m^3溴甲烷喷洒等。消毒期间一般用塑料薄膜覆盖严实,提高消毒效率。化学药剂有较高的危害性,操作人员应做好必要的保护措施,防止中毒。

太阳能消毒:夏季高温下,将基质堆成20～30 cm高,长宽依场地及使用量而定,用水喷湿至湿度为80%以上,盖上塑料薄膜,然后在太阳下暴晒10～15 d。这种方法简单、安全、消毒成本低,消毒效果良好。

(三)穴盘育苗的营养供应

穴盘育苗的营养供应有定期浇灌营养液和将肥料配入基质两种方法。营养液配制及使用可参照工厂化育苗，常规的穴盘育苗适合采用肥料配入基质的方法。

基质本身能提供给幼苗生长的营养是极少的，甚至没有。培育壮苗需要充足的养分，包括氮、磷、钾及各种微量元素，养分不足，秧苗生长发育受阻，容易出现僵苗。穴盘育苗的每株幼苗所占的基质比例偏小，在供应养分时，宜采用将磷、钙、镁和微量元素与基质混合，保证幼苗整个生长期有基本的供应，并根据幼苗生长期的需肥特点，及时补充其他养分，这就是混配营养供应。陈殿生等研究了混配施肥的配方，以有机肥为基础，加入适当的化肥，使用后出苗整齐，幼苗生长健壮。肥料配比见表 5-4。

表 5-4　几种主要蔬菜穴盘育苗基质及养分配比

（陈殿生，1993）

作物	穴盘规格/（孔/盘）	基质配比（草炭∶蛭石）	肥料量/g		
			尿素	磷酸二氢钾	腐熟鸡粪
黄瓜	50	3∶1	3	4	10
番茄	72	3∶1	5	6	20
茄子	72	3∶1	6	8	40
辣椒	128	3∶1	4	5	30
甘蓝	128	3∶1	5	3	15
芹菜	288	3∶1	2	2	10

（四）穴盘育苗的技术要点

1. 播种和催芽

穴盘育苗对种子质量的要求较高。种子发芽率低，易出现空格现象，造成浪费；种子发芽势差，出苗不整齐，会使穴盘苗商品性下降。穴盘所用的种子发芽率一般要求为一级种，发芽率达到 98%以上，播种前要进行预处理，内容包括选种、晒种、温汤浸种、催芽等，必要时还需加上冷热变温处理。

2. 幼苗生长期

第一阶段为种子发芽期，从播种至子叶展开；第二阶段为幼苗生长初期，从破心至两叶真叶展开；第三阶段为真叶生长期，即第三四片真叶生长，如果是茄果类蔬菜是到七八片真叶或者出现花蕾为止；第四阶段为炼苗期，成苗至出圃。

3. 水肥管理

规模化穴盘育苗的空间较小，中央幼苗彼此之间容易相互遮蔽及发生徒长，边缘幼苗通风透光较好，而容易失水萎蔫。按幼苗生长期来进行管理，是穴盘育苗重要的技术环节。

(1)种子发芽期

水分以喷雾的形式补充，维持高湿和充足氧气，相对湿度要求在 95%以上，保证种子发芽，但不需要补充养分，此阶段时间一般为一周左右。

(2)幼苗生长初期

根系开始形成，有一定的水分吸收能力，供应水分量可适当减少，相对湿度要求在 80%左右，可用 0.2%复合肥溶液补充一次齐苗肥。

(3)真叶生长期

真叶生长期是幼苗快速生长阶段，对养分要求较多，水分随着幼苗的生长需要逐步增加，相对湿度保持在 60%～80%，每隔 5 d 左右，用 0.3%的复合肥补充 1 次，保证幼苗对养分的需求。也可以通过定期测定基质的 EC 值，EC 偏高，幼苗易受到盐害而萎蔫；EC 过低，幼苗生长不良；育苗基质 EC 值要求在 1.3～2.75 mS/cm，低于此值就需要补充养分，高过该值则可通过喷淋清水，把基质多余盐分洗出。

(4)炼苗期

穴盘苗一般是在温室中培育，生长虽然较为健壮，但直接用于露地定植容易因为环境变化过快，出现闪苗现象，造成幼苗损失。因此，当穴盘苗达到壮苗标准时，出圃前必须进行炼苗，逐步降低温度，适当加大通风，控制水分量，让幼苗缓慢适应，直至环境与外界基本一致，这个时期需要 5～7 d 完成。

4. 病虫害防治

幼苗期主要病害有猝倒病、立枯病、白粉病、灰霉病等，以真菌类病害为主。高湿是诱因，防治方法首先是控湿，特别是幼苗生长中后期需要加强通风降湿，减少病害的发生；其次在发病初期用 70%甲基托布津可湿性粉剂 1 000 倍液、50%百菌清 800 倍液，白粉病也可用 25%粉锈宁 2 000 倍液喷施，7 d 一次，连喷 2～3 次。

虫害以小型害虫为主，有蚜虫、红蜘蛛、温室白粉虱、美洲斑潜蝇等，药剂可用 10%吡虫啉可湿性粉剂 2 000 倍液、8%阿维菌素乳油 1 000 倍液、10%氯氰菊酯乳油 3 000 倍液等喷施防治。也可在苗床上方悬挂黄板进行诱杀，同时注意清除周边杂草，减少害虫栖息场所和中间寄生。

二、蔬菜嫁接育苗

（一）嫁接育苗的意义与作用

嫁接育苗是园艺作物无性繁殖的重要方法，我国在20世纪70年代开始了蔬菜嫁接育苗的研究，到20世纪80年代随着设施生产的发展，嫁接育苗也形成了产业化，黄瓜、西瓜、甜瓜、番茄、茄子等蔬菜上都广泛应用了嫁接技术。与传统育苗技术不同，嫁接育苗的意义与作用有以下几个方面：

(1)保持接穗的优良性状

嫁接作为一种无性繁殖，优良的接穗品种性状可以长期保留，同时也可快速进行扩大繁殖。

(2)增强植株的抗病能力

蔬菜生产上有很多危害性的土传病害，如番茄的青枯病、茄子的黄萎病、西瓜的枯萎病、甜瓜的蔓枯病等，严重时会导致毁灭性的减产。嫁接采用高抗的蔬菜品种作为砧木，可显著提高植株的抗病力，达到稳产和高产的效果。

(3)提高接穗的抗逆性

很多砧木来自野生和半野生植株，具有较强的抗逆性，如茄子嫁接时所用的为野生颠茄，嫁接后可大幅度提高茄子耐寒、耐盐、耐湿、耐旱、耐瘠薄等能力。影响设施生产蔬菜主要问题是土壤的盐渍化，嫁接是解决这个问题的重要手段之一。

(4)促进生长、提早成熟

嫁接砧木根系更强大、更发达，吸收水分和养分的能力较强，从而能使植株生长更旺盛，有利于产量的增加，其较强的抗低温能力也保障蔬菜提早种植，提早成熟。

(5)实现特定的栽培目的或观赏效果

番茄是以地上的果实作为食用器官，马铃薯是地下块茎，把两者嫁接为一体，形成一种独特的植株，上结番茄、下长土豆，有着强烈的视觉冲击感，同时兼备了生产与观赏的功能。同样的方法还有土豆辣椒、土豆茄子、白菜萝卜、甘蓝萝卜，来自广西农职院的研究结果表明，此类嫁接方法均可获得成功。嫁接可使蔬菜增加更高的观赏价值，异型嫁接深受各地农业示范园的欢迎，提高了市民对蔬菜生产的兴趣。

（二）嫁接成活机理及其影响因素

嫁接是通过砧木与接穗的伤口面贴合，在各自形成愈伤组织过程中，细胞间形成新的胞间连丝，水分与养分进行渗透交流，最后产生新生维管束，彼此贯通成为一个新的整体。嫁接后砧木与接穗接合部愈合，外部形态完整、内部水分和养分畅通。影响嫁接成活的主要因素是接穗与砧木间的亲和力，同科的植物有较高的亲缘关系，亲和力较强，目前嫁接原则上是以同科植物进行。卢善发等研究认为 IBA 等激素可以促进细胞分裂和形成层活动，有利于提高嫁接成活性。

（三）嫁接砧木的选择

砧木对嫁接苗的质量有较大的作用，是植株吸收水分与养分的关键部位，对植株的生长、后期产量、品质有着重要的影响，需要严格筛选。

1. 砧木选择要求

（1）与接穗亲和力强

包括接合亲和力及共生亲和力，植物分类学上，亲缘关系近的、杂交能产生种子的，嫁接成功的概率要大些，以同科蔬菜嫁接为主。

（2）抗病力强

嫁接要根据不同植物容易发生的土传性病害来选取具有高抗作用的植物作为砧木。如番茄宜选择抗青枯病的，西瓜选择抗枯萎病的植物作砧木。

（3）对产品品质无不良影响

如南瓜砧木与西瓜接穗的嫁接成活率高、共生性较好、种子价格便宜，对枯萎病的抗性也很强，但普通南瓜品种作为砧木会导致西瓜果实品质劣变、口感较差。砧木选取上还需要确保接穗的产品无明显影响的蔬菜种类。

（4）经济实惠优先

嫁接苗为规模化生产，选择砧木在保证质量的同时，还需要考虑其经济效益及取材，尽量选取来源丰富、价格便宜的材料。

2. 常用的蔬菜砧木

目前使用嫁接苗的蔬菜种类有黄瓜、西瓜、甜瓜、番茄、茄子等，国内外对这些蔬菜所用的砧木均有大量的研究，也基本固定了砧木的种类品种，常见的蔬菜嫁接砧木见表 5-5。

表 5-5　蔬菜主要嫁接砧木

蔬菜种类	嫁接砧木
黄瓜	黑籽南瓜、中国南瓜、杂交南瓜、印度南瓜
西瓜	瓠瓜、杂交南瓜、冬瓜、野生西瓜
甜瓜	杂交南瓜、黑籽南瓜(不宜用于厚皮甜瓜)
番茄	野生番茄、杂交番茄
茄子	野生茄、杂交茄
辣椒	龙葵、土佐绿 B

(四)嫁接方法

蔬菜嫁接主要采用的方法有:劈接法、靠接法、插接法、贴接法、管接法等,嫁接方法需要根据蔬菜种类、砧木类型、嫁接工具等灵活应用。

1. 靠接法

靠接法保留了接穗的根系,成活之后才去除,操作简单、成活率高,是生产上最常用的方法之一,多用于瓜类蔬菜嫁接。嫁接时,接穗与砧木大小基本一致,均为两片子叶完全展开,第一片真叶开始显露。操作方法:①去除砧木生长点与真叶,按 30°~40°向下斜切,深达茎粗的 1/2,切面长 0.5~0.7 cm;②在接穗子叶下方 1.5 cm 处按 30°角向上斜切,深达茎粗的 3/5,切面长度与南瓜相同;③砧木接穗切口相互嵌入,使黄瓜子叶压在南瓜子叶上面,接口用嫁接夹固定。④将嫁接好的黄瓜与南瓜同时种植入同一营养杯中。黄瓜靠接法示意图见图 5-2。

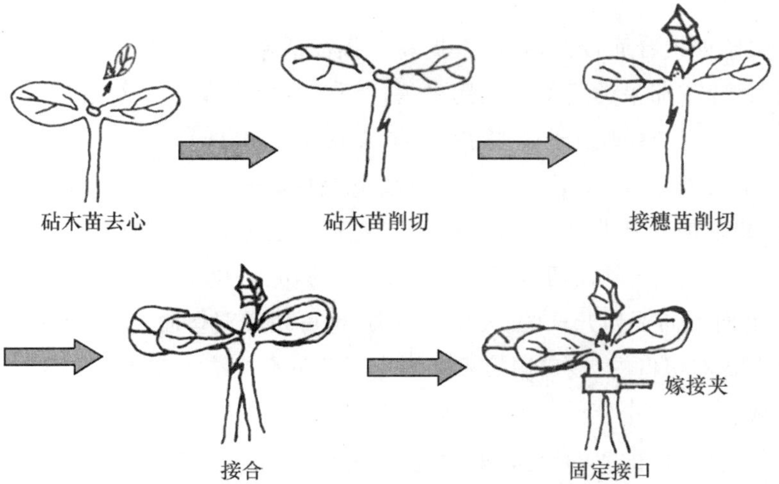

图 5-2　黄瓜靠接法示意图

2.插接法

插接法适用于砧木胚茎较粗的蔬菜种类，西瓜上使用插接法的最多，十字花科类蔬菜也可用插接法。一般需要提早培育砧木苗，1周左右后才播种接穗。嫁接时期，砧木苗长至第一片真叶显露或初展，接穗子叶尚未展开或刚平展。操作方法：①去除砧木真叶及生长点，使其呈平面，竹签向下倾斜插入，注意插孔要躲过胚轴的中央空腔，不要插破表皮，竹签暂不拔出；②接穗在子叶以下1 cm处，将下胚轴切成楔形，切面长为0.5～0.7 cm；③拔出砧木上的竹签，右手捏住接穗两片子叶，插入孔中，使接穗两片子叶与砧木两片子叶平行或呈“十”字形嵌合。黄瓜插接法示意图见图5-3。

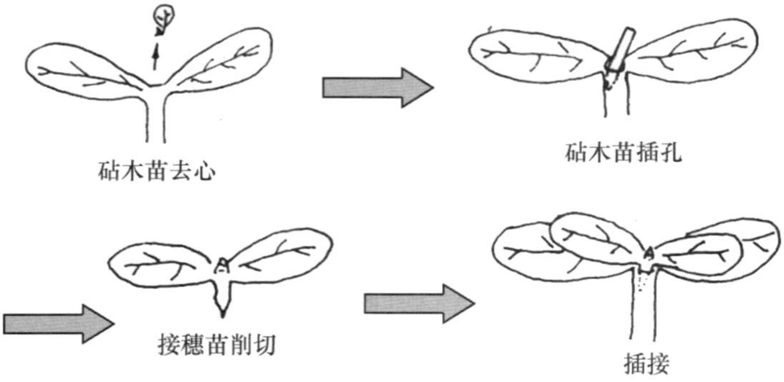

图5-3　黄瓜插接法示意图

3.劈接法

劈接法砧穗接合面较大，有利于提高嫁接成活率，西瓜、黄瓜等蔬菜早期嫁接常用此法，目前在茄果类蔬菜上应用更为广泛。瓜类蔬菜砧木幼苗培育至子叶展开，真叶开始显现，接穗为子叶平展；茄果类蔬菜砧木培育至5～6片真叶，茎粗0.5 cm左右，接穗有4～5片真叶或者直接取成株的腋芽使用。操作方法：①去除砧木真叶，如果是茄果类，可用刀片在第四片真叶上方切成一平面，用刀片在茎轴处一侧自上而下向下轻轻切开长1～1.5 cm的切口；②在接穗子叶下方的茎部1 cm处自上而下向下切开长约1 cm的楔面，也可切成双楔面，切面宜平滑；③将接穗楔面插入砧木切口内，接口用嫁接夹固定。黄瓜劈接法示意图见图5-4。

4.贴接法

贴接法操作简单，速度快、效率高，适于大批量生产。瓜类蔬菜嫁接时，砧木接穗同时播种，待两子叶平展时进行嫁接。操作方法：①用刀片在砧木子叶上方斜

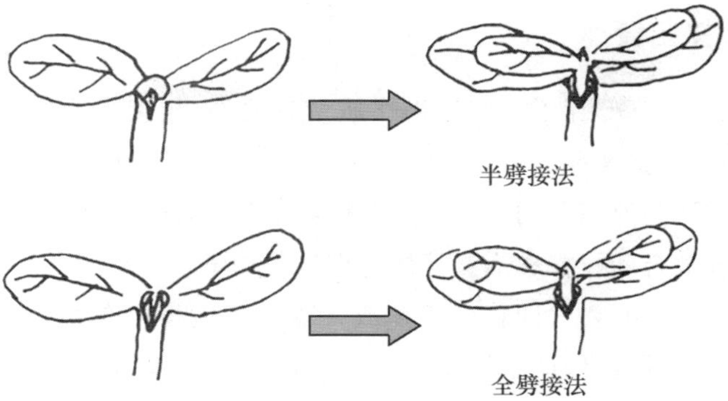

图 5-4　黄瓜劈接法示意图

切，将一侧子叶与生长点削除，切面长 0.5～1 cm；②在接穗子叶下方的茎部 1 cm 处自上而下向下切开长 0.5～1 cm 的楔面；③将砧木与接穗切面对齐贴合，接口用嫁接夹固定。

5. 套管嫁接

套管嫁接操作方法简单、成活率高，适合于标准化、机械化作业的自动嫁接，茄果类蔬菜使用效率更高。嫁接适期为砧穗均为 2～3 片真叶。操作方法：①用刀片在砧木第一片真叶上方与生长方向呈 30°角斜切断胚茎，切面长 0.5 cm，套上专用管套，其上端斜面与切面平行；②在接穗第一片真叶上方，按同样角度斜切断胚茎；③将接穗切面方向与套管斜面对齐插入套管，直至与砧木切面贴合。番茄管套接成苗图如图 5-5 所示。

图 5-5　番茄管套接成苗图

（五）嫁接苗管理

嫁接苗成活率高低除了与嫁接操作质量有关外，与接合后的管理也有密切的联系。蔬菜砧木与接穗愈合需有 10 d 左右，前 3 d 是愈伤组织形成时期，也是成活的关键时期，需要高温高湿的条件，应将嫁接苗置于大棚内，同时加上遮阳网进行覆盖，促进接合愈合和嫁接成活。具体管理过程如下：

①嫁接后 1～3 d：要立即将营养钵或穴盘整齐地排放在大、小拱棚的苗床内，保温、保湿、全面遮阴。保证小拱棚内相对湿度达 95%以上，日温保持 25～27℃，夜温 14～20℃。

②嫁接后 4～6 d：棚内的相对湿度应降低至 90%左右，日温保持在 25℃左右，夜温 16～18℃，可见弱光。小拱棚每天可通风 1～2 h，早晚可揭开遮阴物，使苗床见光。

③嫁接后 7～10 d：棚内湿度应降至 85%左右，湿度过大，易造成接穗徒长和叶片感病。小棚应整天开 3～10 cm 的缝，进行通风排湿，一般不再遮阴。

④嫁接后 10～15 d：移出小棚后的嫁接苗，经 2～3 d 的适应期后，同自根苗一样进行大温差管理，以促进嫁接苗花芽分化。注意随时去除砧木萌蘖，靠接者还应及时给接穗断根。

三、蔬菜工厂化育苗

工厂化育苗是以工程设备精量播种为核心，利用配有智能化的环境调控技术的温室和企业化管理来培育蔬菜幼苗的种苗生产过程。实现了种苗的规模化生产，节约种苗生产成本、降低育苗的风险，做到高效率、高效益地培育优质蔬菜种苗。

（一）工厂化育苗的场地

工厂化育苗的场地由播种车间、催芽室、育苗温室、炼苗网室、包装车间及附属设备等组成。

（1）播种车间

播种车间占地面积根据企业的生产规模、培育种苗数量和播种机的体积来设置，一般占地面积在 100 m^2 以上。包括精量播种生产流水线、基质仓库、育苗车、育苗穴盘存储室等。场地空间要充足，便于工作人员进行播种操作，供应水、电、暖等设施设备齐全，通风透气良好。

（2）催芽室

催芽室是种子播前处理至发芽出苗的场所，需要设置有加热、增湿和空气交换等智能化控制和显示系统，室内温度可在20～35℃范围调节，相对湿度能控制在85%～90%，1个100 m^2的催芽室1次能处理5 000个穴盘。

（3）育苗温室

以现代化的连栋式温室为主，内设置有可移动的双层育苗床、喷淋设备和穴盘苗运输线、辅助照明设施、外部与内部的双重遮阳网、加温设备等。

（4）炼苗室

以网室为主，与育苗温室连成一体，双层育苗床可从育苗温室直接移动出来，用于幼苗日光培育与炼苗。

（二）工厂化育苗的设备

（1）自动精量播种生产线

自动精量播种线是工厂化育苗的核心，由基质混拌、穴盘摆放、送料装盘、刮平、打洞、覆盖、喷淋、穴盘自动叠放等部分组成。精量播种主要有针式与圆盘式两种类型。

（2）传输线

移动运输线可将育苗穴盘从播种车间自动地转移至育苗床上整齐均匀排放。

（3）育苗环境智能控制系统

利用电脑、传感器、控制软件系统对温室环境进行调控，保证育苗期的温度、湿度、光照和气体等环境适宜于幼苗的生长。

（4）运苗车

用于穴盘和成苗转移，采用多层结构，高度可依据成苗大小进行调节。

（三）育苗基质与营养

（1）工厂育苗基质

目前国际通用有草炭和蛭石两种，其理化性质见穴盘育苗基质内容。基质混配比例为草炭∶蛭石＝1∶（0.5～1），也可用粉碎菌渣、锯木屑、玉米芯、甘蔗渣与珍珠岩、细沙等按比例混配代替。

（2）育苗营养

育苗期间以浇水为主，定期淋施营养液来给予养分补充。营养液配方见表5-6，营养液使用时注意浓度、pH、EC值的调节。营养液配方为成株所用，育苗所用的量应依据幼苗种类和生长期适当降低，一般育苗用的营养液浓度为成株期浓度的1/3～1/2，以避免浓度过大造成烧苗。

表 5-6 营养液配方 mg/L

大量元素(日本园试配方1966)		微量元素(通用配方)	
化合物	用量	化合物	用量
四水硝酸钙	945	EDTA铁钠盐	30
硝酸钾	809	硼酸	2.86
磷酸二氢铵	153	硫酸锰	2.13
七水硫酸镁	493	硫酸铜	0.05
—	—	硫酸锌	0.22
—	—	钼酸铵	0.02

(四)工厂化育苗的工艺流程

工厂化育苗是工业化的生产管理过程，工厂化育苗的生产工艺流程包括准备、播种、催芽、育苗、出室等5个阶段。

1.准备阶段

①种子处理：精选种子→消毒→丸粒化。

②基质处理：基质配方→碎筛→混合→消毒。

③穴盘处理：穴盘选取→清洗→消毒。

2.播种阶段

基质装盘→打孔→播种→覆盖→浇水。

3.催芽阶段

在催芽室内，按种子的发芽需求提供合适的温度和湿度，待70%以上种子露白时移至育苗室。

4.育苗阶段

在智能化环境调控下，培育幼苗至商品苗阶段。

5.出室阶段

出苗阶段即炼苗阶段，白天用育苗床将幼苗移至炼苗网室，夜间收回，降低夜温、降低基质含水量，直到幼苗适应外界环境，时间一般为 5～7 d。

（五）工厂化育苗的成苗标准

成苗标准主要有形态指标和生理指标两个方面。形态指标有苗高、真叶数、茎粗、节间长、盘根松散度、叶片受损率、秧苗整齐度等；生理指标主要包括代谢指标（光合强度、呼吸强度、根系活力、吸水力、过氧化氢酶活性等）、体内物质含量（碳氮比、糖度、生长激素等）、抗逆性（相对电导率、脯氨酸含量、丙二醛含量等）。商品苗多以形态指标为标准，如番茄商品苗的标准（上海）见表 5-7。

表 5-7　番茄商品苗标准

苗龄		中苗			小苗		
等级		一级	二级	三级	一级	二级	三级
真叶数		6.0～6.5 片			4.0～4.5 片		
日历苗龄	冬春	45 d			35 d		
	夏秋	35 d			25～28 d		
真叶		鲜绿 有光泽	轻度褪绿 有光泽	绿黄 光泽度差	鲜绿 有光泽	轻度褪绿 有光泽	绿黄 光泽度差
子叶		绿色健全	绿黄健全	黄脱落	绿色健全	淡绿健全	绿黄脱落
苗高		＜20 cm	20～25 cm	＞25 cm	＜15 cm	15～20 cm	＞15 cm
节间		紧凑	较紧凑	松散	紧凑	较紧凑	松散
茎粗		＞0.4 cm	0.3～0.4 cm	＜0.3 cm	＞0.3 cm	0.2～0.3 cm	＜0.2 cm
盘根松散率		＞90%	80%～90%	＜80%	＞90%	80%～90%	＜80%
叶片损伤率		无	无	轻微	无	无	轻微
秧苗整齐度		＞90%	80%～90%	＜80%	＞90%	80%～90%	＜80%

第二节　设施花卉育苗

花卉生产设施是指人为建造的适宜花卉生长，或保护不同类型的花卉正常生长发育的各种建筑及设备，主要包括温室、塑料大棚、冷床与温床、荫棚、风障、冷窖，以及机械化、自动化设备，各种机具和容器等。

在花卉生产中采用以上设施，就可在不适宜于某类花卉生态要求的地区和在不适宜于花卉生长的季节进行育苗、生产,使花卉的育苗、生产不受地区、季节的限制,以满足人们一年四季对各种花卉的需求。

设施花卉育苗就是在设施环境条件下,采用播种、扦插、嫁接、组织培养等方法培育花卉苗木。

一、花卉穴盘播种育苗

穴盘育苗(图 5-6)的特点是每一株幼苗都拥有独立的空间,水分、养分互不竞争,幼苗的根系完整,移植后的成活率接近 100%,移植后的生长发育快速整齐,商品率高。因此,穴盘育苗在花卉育苗上的应用是一种新的发展趋势。

花卉种子小、价格高是花卉生产中的一个突出问题。因为种子小,往往造成幼苗阶段生长缓慢且娇嫩,苗期时间过长,成苗率低;种子价格高,导致成本高,影响生产的收益,给花卉企业带来损失和风险。穴盘育苗可大大提高发芽率和整齐度,缩短培育时间,提高花卉的商品价格和商品率。

图 5-6　花卉工厂化育苗

(一)穴盘育苗的四个阶段

依据穴盘苗木生长状态与所需要的温度、湿度(相对湿度)、光照、肥料等环境和管理条件各有区别,美国的戴维·柯瑞恩(David. koranski)将穴盘育苗的生育期分为四个阶段。这四个阶段的管理好不好,不仅对幼苗期的发育而且对花卉的形状、开花数量、生产周期都有很大影响。如万寿菊,如果温度在第二阶段超过 28℃,则很容易造成胚轴过于伸长,极容易倒伏。而四季海棠如果第二、三阶段不能及时施肥的话,以后施肥也会造成生长迟缓一个多月。

1. 第一阶段

从播种到种子初生根(胚根)突出种皮为止为第一阶段,即所谓的"发芽"期。发芽期最主要的特征是需要较高的温度和湿度,较高的温度是相对于以后三个阶段来说的。种子发芽所需要的温度一般在 21~28℃,大部分在 24~25℃为最适温度,持续恒定的温度对种子来说可以促进种子对水分的吸收,解除休眠,激活生命活力。较高的湿度可以满足种子对水分的需要，首先，软化种皮，增加透性，为种胚的发育提供必需的氧气；其次作为种子生化反应的溶剂，促进其生物化学反应的完成，由一种新的生命形式替代潜在的生命状态。在自然温度满足不了发芽温度时，可在发芽室（图 5-7）进行催芽，发芽至子叶展开后，移出催芽室管理。

2. 第二阶段

种子发芽以后（图 5-8），紧接着是下胚轴伸长，顶芽突破基质，上胚轴伸长，子叶展开，根系、茎秆及子叶开始进入发育状态，这一阶段称为第二阶段。第二阶段的管理重点是下胚轴的矮化及促壮。如果下胚轴伸长过快，就会引起幼苗徒长。要想促壮及矮化幼苗的下胚轴，必须严格控制栽培环境的各个主导因子（温度、湿度、光照、水分等）。幼苗子叶展开的下胚轴长度以 0.5 cm 较为理想，1.0 cm 以上则有徒长的现象。下胚轴若太长，当真叶开始伸展时，随着真叶的叶面积增大及叶片数目的增多，其机械支撑力量不足，容易发生倒伏现象。当下胚轴太长而形成倒伏之后是无法恢复的，所以下胚轴的矮化及促壮是提高成苗率的关键。种子发芽阶段放在温室、大棚，也可放在催芽室催芽。

图 5-7 发芽室

图 5-8 种子发芽第二阶段

3. 第三阶段

第三阶段主要是真叶的生长和发育。这一阶段的管理重点是水分和肥料。水分的管理重点在于维持生育期间的水分平衡，避免基质忽干忽湿，做到在适当的时候给予适量的水分。在人工浇水的条件下，要先观测基质的干湿程度和蒸发情况，确定浇水的时间和浇水量。每次给水量约达到基质持水量的 60% 为宜。浇水时间可为 8 时、11 时及 14—15 时。16 时之后若幼苗无萎蔫现象，则不必浇水。降低夜间湿度，减缓茎节的伸长，矮化幼苗是管理追求的目标。

进入第三阶段的幼苗要开始施肥。最初始肥料的浓度为 2 500～3 000 倍（或

100～150 mg/kg)即可，当最初的两片真叶完全展开之后，肥料浓度增加到 2 000 倍。肥料氮、磷、钾的比例选择氮含量较低的配方(N∶P∶K＝15∶10∶30)，以减少叶面积的快速生长，降低其蒸腾作用。营养过量，除了容易造成徒长弱苗之外，基质的电导率增加，根系的正常发育也会受到影响。

4. 第四阶段

幼苗生长到 3～4 片真叶时，也就到了第四阶段(图 5-9、图 5-10)。此阶段的幼苗准备进行移植或出售。移植前要适当控水施肥，使幼苗不发生萎蔫，且不影响其正常发育。

图 5-9　可出圃的孔雀草穴盘苗

图 5-10　可出圃的一串红穴盘苗

(二)物质条件

穴盘和基质是穴盘育苗必备的物质条件。

1. 穴盘

穴盘(图 5-11、图 5-12)的穴格及形状与幼苗根系的生育息息相关，穴格体积大，基质容量大，其水分、养分蓄积量大，对供给幼苗水分的调节能力也大；另外，相对的还可以提高通透性，对根系的发育也较为有利。但穴格越大，穴盘单位面积内的穴格数目越少，影响单位面积的产量，价格或成本会增加。穴盘的规格一般有 21 穴、32 穴、50 穴、72 穴、128 穴、200 穴等多种不同规格，主要视育苗时间的长短、根系深浅和商品苗(移植苗)的规格来确定。对使用过的穴盘，再次使用前必须消毒，常用方法是 600 倍液多菌灵，800～1 000 倍液杀灭尔等杀菌剂洗刷或喷洒，之后用清水冲洗 2～3 次。

2. 基质

基质的种类很多，为适应不同的育苗需要，基质的配比也有所区别。一般原则是种子越小，需要的基质越细。基质的主要组成有草炭土(CSP)、椰糠、珍珠岩、蛭石等。基质的基本要求是无菌、无虫卵、无杂物及杂草种子，有良好的保水性和透气性，pH 为 5.5～6.5，EC 值低于 0.75 mS/cm。生产中常将草炭和珍珠岩(或蛭石)以(3～3.5)∶1的比例混合(图 5-13)。育苗基质原则上是新基质，不使用旧的材料。在播种前最好也用 600～1 000 倍液的多菌灵或百菌清消 1 次毒。

图 5-11　128 孔穴盘

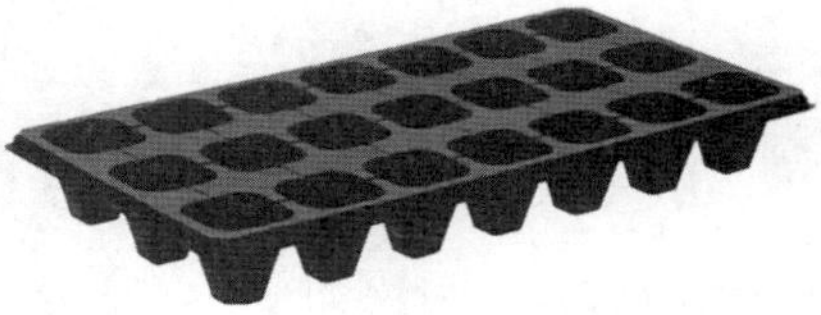

图 5-12　21 孔穴盘

(三)播种技术

1. 装基质(图 5-14)

将混合好的基质填装穴盘，可机械操作，也可人工填装。注意尽量使每个穴孔填装均匀，并轻轻镇压，使基质中间略低于四周。基质不可填装过满，应略低于穴盘孔的高度，使每个穴孔的轮廓清晰可见。播种前一天应淋湿基质，达到刚好浇透的程度，即穴孔底部有水渗出的程度。淋湿的方法采用自动间歇喷水或手工多遍喷水的方式，让水分缓慢渗透基质。

图 5-13　混合基质

图 5-14　装基质

2. 播种

穴盘育苗一般是每个穴孔放1粒种子(图5-15),无论是机械播种还是人工播种都要力求种子落在穴孔正中。播种后较大粒种子要覆一层基质,小粒种子可不覆土。播种后用喷雾器或微喷雾装置喷水。

穴盘育苗也可在播种时用浅盘撒播(图5-16),待种子发芽至子叶展开或第一片真叶时移植到穴盘(图5-17),每个穴孔种1株(图5-18)。

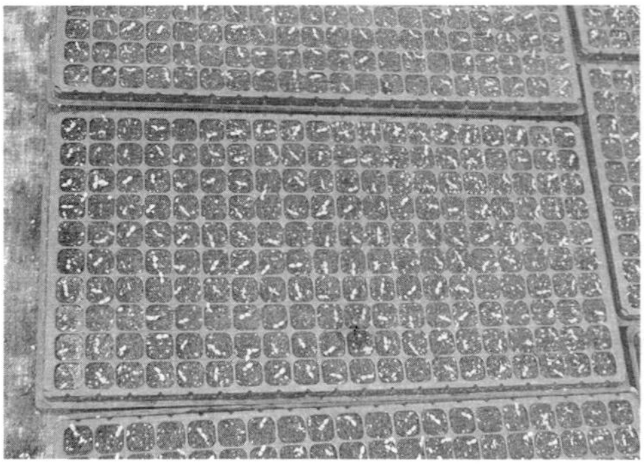

图5-15 播种(每个穴孔放1粒种子)

图5-16 浅盘播种

图5-17 移植至穴盘

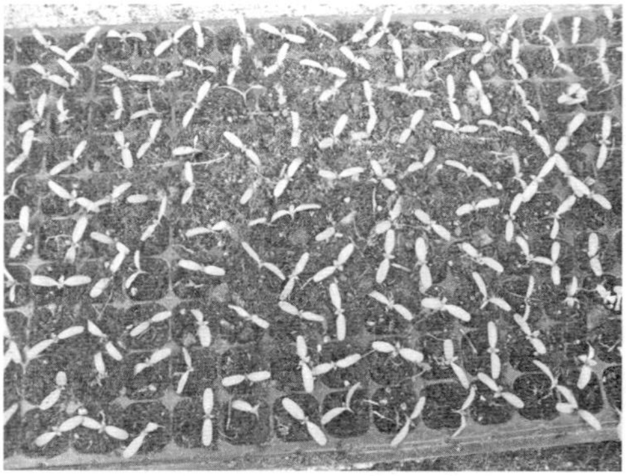

图5-18 移植每个穴孔种1株

(四)环境控制

穴盘育苗需要在一定的环境条件下完成,如温度、湿度(浇水)、光照、肥料等。按照戴维的方法,最好在专门的育苗室(发芽室)内进行,借助各种控制条件和检测仪器使其在标准状态发芽、发育。对于大型、专业化的生产企业,需要建有育苗室(发芽室);一般的生产企业也需要有可调温的温室,满足各种目标花期的需要。

1. 温度控制

温度是决定育苗的首要环境条件。当温室的温度低于发芽温度时需要进行加热,加热方式有空气加热和基质加热,空气加热如燃油暖风机加热、水暖管道加热等;基质加热如地热线加热等。如温室内温度太高,可选湿帘风机降温系统进行降温,如果温度差别在 2～3℃范围内可使用温室的其他系统(如遮阴、通风、喷雾等系统)和装置帮助降温,可以节约生产成本。但最大的问题是,从第一阶段到第四阶段有温度下降的要求,如果背离了季节的变化、光靠强制性的温度调节的话,容易造成成本上升,所以一定要根据季节的变化合理安排生产。

2. 湿度控制

合理的湿度和适当的喷淋措施是培育健壮花苗的关键,从相对湿度接近100%的第一阶段,到基质见干见湿、只要不出现萎蔫现象就尽量少浇水的第四阶段,也决定了湿度和水分的管理是一个复杂的过程。正确地把握幼苗生产的四个阶段并逐步减少基质的含水量是一项重要的管理内容,及时调整自动喷淋(雾)的次数和时间就能控制湿度和水分。蒸发量小、空气湿度大时少喷水,相反,就要多喷水,下午喷最后一遍水时要保证夜间叶面无水珠。

3. 光照控制

不同的花卉对光照要求不一样。金盏菊要求在光照条件下发芽,仙客来要求在黑暗中发芽,大多数花卉种子的要求是在这两者之间,即在一般自然条件下就可以发芽。但第二阶段以后必须见光,结合温度的情况,可以适当遮阴,遮阴程度为40%～60%,要根据不同种子的生态特性来决定,大岩桐和四季海棠要求的遮阴强一些,一串红、鸡冠花可完全不遮阴,瓜叶菊遮去 30%左右的阳光就可以。随着各阶段的递进需要的光照逐步增强,这是一条基本的规律。

(五)施肥

在种子育苗的基质中,基本没有肥料或只有很少的肥料,所以育苗后的施肥显得尤为重要。一般种子从第三阶段就一定要施肥,但有些种子从第二阶段就必须施肥,否则就会大大延长育苗的时间,像四季海棠和瓜叶菊就属于这一类型。这其中的规律可以认为是第二阶段较长的种子需要施肥。其施肥的量是从低浓度向高浓度逐渐增加的。以氮肥浓度为标准可从 100 mg/kg 开始,每周增加 50～

100 mg/kg，视花苗的长势和叶色来判断幼苗对肥料的需要量。使用穴盘育苗最好使用液体肥料，这样比较容易控制其浓度，如条件不允许也可以使用缓效控施肥，切忌使用带有挥发性的氮肥，以免对幼苗造成伤害。

（六）病虫害防治

花卉幼苗期由于树体较为弱小，病虫害较多，常见的病虫害主要有白绢病、猝倒病、根腐病。

1. 白绢病

花卉幼苗期，凤仙花、君子兰、菊花、鸢尾、瑞香、茉莉等花卉易受白绢病危害，以幼苗茎基部受白绢病危害为主，初发生时，靠近根部的茎出现水渍状褐色不规则病斑，皮层软腐，后扩展环绕整个茎基部，表面产生白色绢丝状菌丝体，并可蔓延到周围土面形成一层白色绢丝状的网膜。以后菌丝体逐渐集结成许多白色的小团粒，后逐渐变为淡黄色、黄色、浅褐色，最终变为褐色油菜籽状的菌核。发病后期茎基及整个根系腐烂死亡；发病初期，用 75%五氯硝基苯 0.5 kg，加细土 20 kg 配成药土，撒于茎基部周围地面，或在植株基部及其周围土壤上喷洒 45%代森铵 800 倍液；或 25%粉锈宁 2 000 倍液浇灌病株，均能有效地控制病害的发生与蔓延。

2. 猝倒病

未出土或刚出土的花卉幼苗均可发病，幼苗未出土时发病，胚芽和子叶腐烂。出土的幼苗发病时，幼茎基部出现水浸状病斑，以后病部变黄褐色，干缩变细，幼苗一拔就断。幼苗初发病时，可用 80%退菌特 1 000 倍液浇灌病株，或用 25%瑞毒霉素 600 倍液喷洒，每隔 7 d 1 次，连续喷 2 次，能有效地控制病害蔓延。

3. 根腐病

主要危害幼苗，成株期也能发病。发病初期，仅仅是个别支根和须根感病，并逐渐向主根扩展，主根感病后，早期植株不表现症状，后随着根部腐烂程度的加剧，吸收水分和养分的功能逐渐减弱，地上部分因养分供不应求，在中午前后光照强、蒸发量大时，植株上部叶片才出现萎蔫，但夜间又能恢复。病情严重时，萎蔫状况夜间也不能再恢复。此时，根皮变褐，并与髓部分离，最后全株死亡。发病初期可使用根腐消 100 mL 兑水 30 L 灌根 1～2 次，发病严重时需要结合挖土晾根并使用根腐消 100 mL 兑水 20 L 灌根 2～4 次，注意雨季防治积水沤根；也可用 40%根腐宁 1 000 倍液喷雾或浇灌病株；或 80%的 402 乳油 1 500 倍液灌根。

4. 虫害

花卉种类不同，发生的虫害不一样，如醉蝶花幼苗易受跳甲危害，万寿菊易受美洲斑潜叶蝇危害，可合理使用农药药剂防治虫害。

二、花卉穴盘扦插育苗

穴盘扦插育苗(图 5-19)，就是将插条分插于穴盘的穴孔里，生根后，培育可移植的幼苗。移植时，只要将穴盘苗从穴孔中抽出来，将其完好无损地栽到较大的容器或花盆里。穴盘扦插育苗与苗床插育苗相比，具有很多优点：①穴盘扦插苗移植时根团完整，没有缓苗期，成苗率高，生长整齐、健壮。②降低病害传播，减少育苗期病害。③穴盘苗抵御逆境能力较强。④穴盘苗贮藏性较佳，适合远距离运输。⑤穴盘苗整齐一致，有利于规范化管理。但穴盘扦插育苗，需要一定的设施，成本较高，技术要求也较高。

花卉穴盘扦插育苗主要用于嫩枝扦插、绿枝扦插、叶插、多肉植物扦插。

1. 扦插场地的选择

生产中穴盘扦插育苗的主要设施有大型连栋温室、日光温室、塑料大棚、遮阳网、雾灌装置、穴盘支架等。此外，一些地区根据本地气候环境条件，也可在露天做一些简单的防雨、遮阳、穴盘支架等临时性设施进行较大规模的生产。

2. 穴盘选择

扦插育苗穴盘按材质不同可分为聚苯泡沫穴盘和塑料穴盘，其中塑料穴盘的应用更为广泛。塑料穴盘一般有黑色、灰色和白色，多数育苗者选择黑色盘，其吸光性好，更有利于种苗根部发育。穴盘的规格一般有 21 穴、32 穴、50 穴、72 穴、128 穴、200 穴等多种。穴格体积大的装基质多，其水分、养分蓄积量大，水分调节能力强，通透性好，有利于幼苗根系发育，但育苗数量少，成本会增加。穴盘的选择主要考虑插穗的粗细、叶片的大小、扦插的密度、目标苗的规格大小、养护的时间长短等等。选择的标准以插穗能立直、叶片不相互重叠、有一定的生长空间、有助于提高苗的质量等为原则。草本嫩枝插穴数可多些，穴格小些，如香彩雀、美女樱、口红花、金钱树、叶片小的多肉植物等，可用 128 穴、200 穴的穴盘。木本花卉和叶大、穗长的植物穴数可少些，穴格大些。如红叶石楠的扦插，以 50 穴穴盘为佳、金森女贞扦插以72穴穴盘为佳。

3.扦插基质及基质装盘

①对扦插基质的要求是疏松、透水、透气、不含杂草和病菌，一般可用无土基质，如蛭石、珍珠岩、泥炭、炭化谷壳等按一定比例配制。根据不同的花卉，可采用80%珍珠岩+20%草炭配制的介质或用草泥炭60%～70%、珍珠岩20%～30%、蛭石10%～15%。有些喜酸性花卉可用黄壤土，如杜鹃花、山茶花等。基质要杀菌消毒，可用敌克松500倍液消毒，或用0.3%高锰酸钾溶液浇介质，消毒后24 h后使用。育苗时原则上应用新基质，并在扦插前用多菌灵或百菌清1 000倍液消毒。

②装盘先将基质混合拌匀，调节含水量至55%～60%，然后将基质装到穴盘中，不要挤压，尽量保持原有物理性状，用刮板从穴盘一方与盘面垂直刮向另一方，使每穴中都装满基质，而且每个穴格清晰可见。

4.插穗剪取

①嫩枝插应选用生长健壮、带顶芽的嫩枝进行扦插，剪取长度为2～4 cm，带1～3节，摘去嫩梢下部1～2片叶，保留嫩芽；常见种类有口红花、四季秋海棠、彩叶草、长寿花等。

②半硬枝扦插应选择当年半木质化、生长健壮充实的枝条作为穗条。剪取长度为3～6 cm，上剪口在芽上0.5 cm处平斜剪，一般单芽1个节间可剪取1个短穗，但若枝条的节间较短，可把2个节剪成1个短穗，把下端节上的叶片剪掉，上端节上的叶片可保留全叶或半叶。中穗长度为4～6 cm；下剪口平剪，基部叶片剪掉；上剪口在芽上0.5 cm处斜剪，保留顶部1～2片叶，可保留全叶，也可保留半叶。一般来说，穴盘扦插比床插插穗要短，保留的叶量要少；常见种类如石楠、月季、山茶等。

③叶插也是能生根发芽的种类，选用生长健壮、无病的叶片，一般带叶柄；常见种类有金钱树、非洲紫罗兰、一些多肉植物种类等。

5.扦插方法

扦插前应进行插穗切口消毒和生根剂处理。一般用的生根剂浓度是IBA 5 000～10 000 mg/kg(或用萘乙酸500 mg/kg浓度)，采用速蘸法，将插穗下部1～1.5 cm部分在药液中蘸10 s即可。插条消毒可采用百菌清、甲基托布津600～800

倍液直接浸泡等办法处理。

插穗应随剪随处理随扦插，尽量缩短剪穗到扦插的时间。扦插时，拇指和食指捏住叶柄基部，插入穴格中央，深度为 2～3 cm，短穗为插穗的 2/3 插入基质中，腋芽和叶片不埋进基质就行，叶片方向为同一方向，相互不遮挡，插好后，稍压实基质（图 5-19、图 5-20、图 5-21、图 5-22）。

图 5-19　口红花嫩枝插(一)

图 5-20　红叶石楠穴盘扦插(一)

图 5-21　口红花嫩枝插(二)

图 5-22　红叶石楠穴盘扦插(二)

6. 扦插后的管理

（1）浇水保湿

扦插后应立即浇足、浇透水，插后的 1～2 周浇水可多些，保持相对湿度在 85% 以上，以后慢慢减少浇水次数，浇水方法最好采用雾灌，浇灌时注意水压不能太大，水滴要分散，不要直接冲插穗。

(2)遮光降温

温度控制在38℃以下,15℃以上,最适温度25℃。温度高,则遮阴、通风或喷雾降温。光照促进插条生根、壮苗。在能保证湿度、控制温度的情况下,不要遮阴。在透光率60%以上的情况下,光合作用强,生根快。

(3)养分管理

扦插后至发根前不用追肥。在发根后,可喷施0.1%尿素、0.1%磷酸二氢钾、0.02%复合微量元素,以促进扦插苗健壮生长。

第三节 设施果树育苗

一、设施设备在果树育苗的应用

(一)打破种子休眠和催芽

利用冷库或冰柜等恒温设备对桃、栗等落叶果树种子进行低温处理,满足这些种子休眠对低温时数的要求,缩短其休眠时间,早日解除种子休眠,有利于早播种早育苗。解除休眠后的种子放在恒温箱或温室内,调温到25～28℃对种子催芽,促进种子萌芽整齐,缩短育苗时间。

(二)扦插育苗上的应用

冬春季气温偏低,露地扦插育苗生根困难,也不易萌芽长梢,可以利用温室或塑料棚,并利用电热设备增温等方法,使棚内温度处于20～28℃,促进扦插的枝或叶长根萌芽,提早成苗。夏秋季扦插育苗时,通过苗床喷雾设施喷水雾,使苗床处于水雾中,维持绿枝扦插的枝叶表面有水膜,同时降低苗床的温度。如果日照过强,苗床上还需架拉遮阳网减弱光照,使插条处于高湿、适温和合适的光照条件下,促进发根及幼苗的生长。

(三)预防和减少病虫害

1.无病毒植株的保存

柑橘、香蕉等无病毒苗培育获得后需要利用网室等封闭空间隔离保存,保存利用5～10年,提供育苗所需要的接穗等育苗材料(图5-23至图5-25)。

2. 生产无病毒苗木

将苗圃建在防虫网室等保护地内，与外界空间隔离，防止病虫对保护地内苗木的为害，培养无病虫害的良种种苗。

图 5-23　大棚内柑橘无病苗木的苗圃

图 5-24　塑料温室大棚柑橘无病毒采穗圃

图 5-25　柑橘无病健康苗木繁育中心

（四）遮阴降温保湿

将已生根香蕉等果树组培苗从培养基取出，洗净培养基，移植至营养袋，放置于温室或塑料大棚内，通过各种人为手段调节适宜于该种苗所需的光照、温度、湿度，棚内一般需要气温 15～28℃，空气相对湿度高于 90%，使苗木既能健壮生长又能逐步适应外界的环境条件。

二、常用的育苗设施

华南地区果树生产目前常用育苗设施有塑料棚、遮阳网室、防虫网室，只有极少数单位应用现代化温室培育苗树苗木(图 5-26 至图 5-29)。

图 5-26　塑料大棚育苗(左图为大棚内百香果容器育苗，右图为大棚外观)

图 5-27　遮阳网遮阴育苗

图 5-28　防虫网室育苗(左图为网室外围，右图为网室内的柑橘苗木)

图 5-29 玻璃温室大棚育苗(左图为温室外观,右图为室内柑橘育苗)

三、地栽苗地准备

(一)耕翻作畦

选作苗圃的地块要深翻约 30 cm 并暴晒,拣净草根,用人工方法或用阿特拉津、扑草净等除草剂根除杂草,播种或移植幼苗前 15～20 d 中耕细耙 1～2 次,耙碎疏松整平土地。南方地区夏季多雨,苗圃宜作高畦,畦面宽度 1.0～1.2 m,长度 30～50 m,畦沟宽 0.4～0.5 m,畦高 0.3～0.4 m,畦面中央稍高于两旁,防止雨季畦面积水。

(二)施肥

育苗地要求土壤肥力充足,满足幼苗生长对养分需要,肥力中等的地块一般每公顷施腐熟的厩肥或堆肥约 30 000 kg,磷肥 400 kg,复合肥 150 kg,肥料均匀施入畦面 20～25 cm 深的土层。缺铁的土壤每公顷应施硫酸亚铁 120～150 kg,预防黄化病、幼苗立枯病和猝倒病。

(三)苗床土壤消毒

如果先在苗床育幼苗后再移植幼苗至大田畦面,在播种前要施药消毒,防止幼苗在苗床染病,常用药剂有硫酸亚铁、福尔马林和五氯硝基苯及代森锌可湿性粉剂。每平方米苗床喷施 3%硫酸亚铁溶液 4 kg 或 150～200 倍的福尔马林溶液 1 kg,均匀喷洒苗床,或将五氯硝基苯与 5～10 倍的细土混合均匀,每平方米苗床均匀撒施 60～80 g,防治立枯病。施药后用塑料膜覆盖密封,在播种或扦插前 7～10 d 揭膜,散发药剂。

四、容器育苗

（一）容器育苗的意义及优缺点

容器育苗是指在袋、盆、钵等各种容器中装入配制好的营养土培育苗木，容器内装有养分丰富的培养土等基质，供给苗木较好的营养，使苗木根系生长发达。例如利用容器营养土培育柑橘苗木，根系比大田常规培育的苗木须根数量多达4～5倍，生长快，长势良好且整齐。容器培育的苗木出圃时无起苗、假植、包装等作业环节，苗木出圃既节省时间又减少劳力，而且苗木根系能够带土团栽种，保持根系完整，适应性强，定植成活率高，生长快，因此容器育苗对裸根移栽成活率低的果树苗木尤为适用。此法还为机械化、自动化操作的工厂化育苗提供了便利。但容器育苗初期营养土装袋耗时多，劳力成本高，因此容器育苗要依据树种和当地生产条件决定，合理应用。

（二）常用的容器

目前果树容器育苗最常用的容器是塑料薄膜容器，此类容器厚度为0.02～0.6 mm，规格为5 cm×12 cm至15 cm×30 cm等数种，容器下部有直径0.5～1.0 cm的排水孔1～5个，此类容器牢固，保湿、保温，而且市场价格较低。此外有时也用纸制容器、营养钵、无纺布袋等其他容器。

（三）普通营养土的配制

果树容器育苗所用的营养土要疏松、透气、保水、保肥，pH 6.0～7.5。如果营养土过于黏重，就会容易板结，不利于根系生长；反之如果沙质过多，则营养土保水保肥能力弱。配制营养土所用材料可因地制宜，充分利用本地资源，就地取材，如塘泥、泥炭土、蛭石、珍珠岩、河沙及腐熟堆肥。果苗营养土可按下述方法和比例配制：晒干后打碎的塘泥或园土60%、堆沤腐熟的锯木屑20%、河沙20%。每立方米营养土拌入麸饼肥15～20 kg、过磷酸钙4～5 kg、硫酸钾2～3 kg、硫酸亚铁1 kg、多菌灵0.5 kg，干拌均匀，用塑料薄膜封盖发酵30 d后可使用。如果用沼气液或猪粪尿拌湿堆沤后，再用塑料薄膜封盖发酵，则肥效更好。新鲜的锯木屑必须沤制发酵腐熟后才能使用，其沤制方法是每立方米木屑加入石灰2 kg、尿素2 kg、清水30 kg，充分搅拌均匀，覆盖塑料膜堆沤20～25 d再揭膜翻动利用。营养土使用量很大时为降低拌匀的工作量，提高搅拌质量和工作效率，可利用机械搅拌机进行搅拌。果树育苗营养土也可选用表5-8的配方配制。

表5-8　果树容器育苗营养土部分配方

配方1	配方2	配方3
①沙壤土50% ②腐殖土40% ③炉渣灰10% ④每立方米基质加入过磷酸钙1 kg、尿素0.5 kg、硫酸钾0.3 kg	①堆沤腐熟的锯木屑50% ②河沙50% ③每立方米基质拌入麸饼肥15 kg、过磷酸钙2～3 kg、硫酸钾2 kg、硫酸亚铁1 kg、尿素1 kg	①沙壤土或园土40% ②蛭石15% ③炉渣灰或蔗糖厂晒干的滤泥15% ④干猪粪或牛粪30%

备注：所有的基质和加入的肥料都要充分搅拌均匀，堆沤腐熟后才装入容器育苗。

（四）营养土消毒

营养土也可以用大型蒸汽消毒，效果较好，但需要大型设备，且成本较高，我国目前很多单位目前尚不具备条件。选择一年最高温的7、8月，用薄膜覆盖，利用太阳辐射能高温消毒，晴天持续3～6 h，高温可达70～80℃。基本能杀灭培养土中多种疫菌等有害微生物。覆盖2～3周灭菌效果良好，对防治苗期立枯病等病害效果显著，齐苗率超过95%。

（五）容器装土和摆放

摆放育苗容器的场地要清杂、整平，并且要有灌溉条件，光照良好。将先前配制好的营养土填装入容器中，装土时边装边抖动，使袋内土壤装实，装土至离容器口边约1 cm为宜。装土后的容器摆放要整齐成行，相互紧靠，直立向上，宽度1.0～1.2 m为宜，苗床周围用细土堆培，苗床之间留宽度约40 cm的人行道。

（六）播种和播后管理

容器播种前或移栽幼苗前1～2 d要灌足水分，播种后及时用肥沃细土覆盖种子，如酸橘、阳桃等小粒种子覆盖厚度以不见种子为宜，大粒种子如杧果、毛桃种子要盖土约2 cm，不能盖土过厚否则影响种子萌芽出土。播种后保持容器内土壤湿润，夏秋季要搭撑遮阳网遮阴降温，冬春季在播种后可覆盖地膜或干草，提高苗床温度并保温，有利于种子的萌发。幼苗出土后及时揭除所覆盖的地膜或杂草，加强病虫防治和土肥水管理，创造有利于苗木生长的环境条件。同时移除无苗的容器，并以有苗的容器填补，无苗容器可集中再播种。

（七）嫁接苗培育

1. 嫁接

当砧木苗茎粗达到 0.5 cm 以上时进行嫁接，秋季嫁接在 8 月下旬—10 月中旬，春季嫁接在 2 月中旬—4 月上旬，大多数果苗主要以单芽切接、芽片腹接为主，也可以用劈接、舌接、“T”字形芽接等其他嫁接方法，而番石榴使用靠接成活率更高。接穗采自采穗圃内无病虫采穗树上的当年生或 1 年生春梢与夏梢枝条。嫁接高度以 6～10 cm 为宜。用塑料薄膜带包扎绑紧嫁接的接穗，并用塑料膜全密封接穗，保持湿度。在芽眼处只能盖一层塑料薄膜。嫁接的一般操作见图 5-30 至图 5-36。

图 5-30　选择适于切接的砧木苗

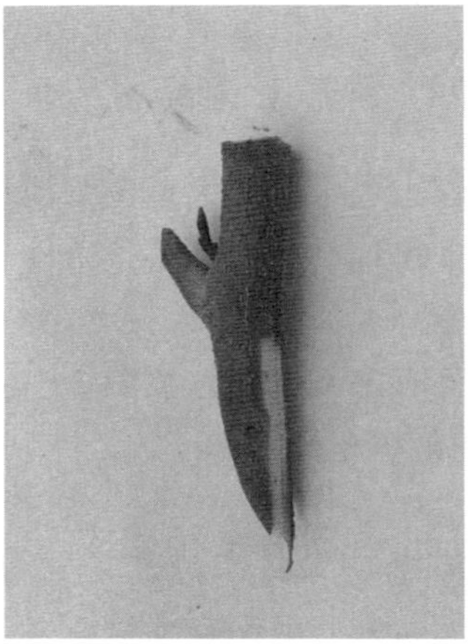

图 5-31　切削接芽

图 5-32 在适宜的高度剪砧

图 5-33　切削砧木

图 5-34　插入接穗

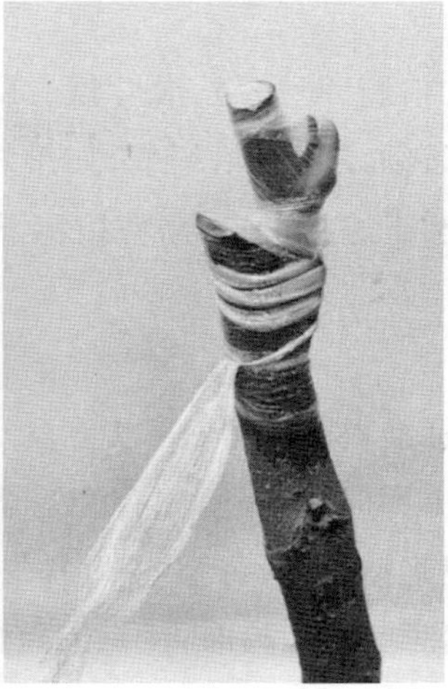

图 5-35　包扎绑紧密封接穗

图 5-36　嫁接成活的接穗长出新梢

2. 嫁接后管理

(1)棚内温度和湿度调节

嫁接后要保持育苗棚内温度不超过 30℃,相对湿度在 95%左右,以保证嫁接苗的成活率。大棚一般在 10 月初覆盖薄膜,次年 4 月揭膜或打开天窗。这段时间露地气温低,苗木不能正常生长。用薄膜覆盖后,棚内气温比棚外升高 7～10℃,可满足苗木生长适宜的温、湿度条件,缩短嫁接苗木培育周期。

(2)检查成活及解绑

秋季嫁接 15 d 后检查成活,发现接芽枯死即行补接;春季嫁接 20 d 检查成活,未成活的立即补接。嫁接成活后,秋季嫁接的在次年 2 月下旬—3 月上旬割膜,如果是腹接的在嫁接口 0.5～1.0 cm 处一次性剪砧除膜。春季嫁接的在 4 月中下旬剪砧,同时用刀竖直划开包扎膜,但并不立即除膜。平时应及时抹除砧木的萌芽,并对嫁接苗进行整形修剪,即每株只留 1 根春梢,春梢上也只留 1 根夏梢,待夏梢长至 25 cm 时摘心,促发早秋梢,秋梢保留 3～4 个芽作侧枝。

(3)水肥管理

秋季嫁接的苗木 2 月下旬开始施肥,春季嫁接的苗木 3 月下旬开始施肥,每 15 d 1 次,容器苗每次每株施尿素 1 g;5—8 月每 10 d 施 1 次稀肥水(每 100 kg 水兑腐熟饼肥 2 kg,复合肥 1 kg)。夏季晴天每天上、下午各喷水 1 次,保持营养土湿润。保持容器土面或地栽苗的畦面无杂草。

(4)病虫防治

苗期重点防治炭疽病、立枯病、溃疡病、潜叶蛾、红蜘蛛,兼治其他病虫害。刚嫁接的苗木在未嫁接成活前必须注意防治蚂蚁,如果蚂蚁咬破包扎苗木嫁接口的塑料膜,会导致伤口失水,不利于嫁接口愈合,使接穗干枯,嫁接成活率低。

五、苗木出圃

大多数种类的果苗出圃标准:株高 50 cm 以上,杆粗 0.6 cm 以上,枝条老熟,根系发达。容器培育的苗木出圃时单株运送,保留容器袋和营养土。地栽的苗木如果起苗为裸根苗,要用黄泥浆粘根系,每 30~50 株一小捆,根部套上编织袋。挂牌标上品种名称、产地及出圃时间。运输时,注意缩短途中时间,防晒、防风、防热。办理和携带苗木合格证、产地检疫证。

思考题

1. 什么是基质?基质有什么特性?
2. 穴盘育苗中,应如何进行水肥管理?
3. 如何选择穴盘育苗基质?
4. 穴盘播种对种子有何要求?
5. 影响嫁接成活率的因素有哪些?
6. 工厂化穴盘育苗有哪些优点?需要哪些配套设备?
7. 如何配制用于果树容器育苗的营养土?
8. 防虫网和遮阳网用于果树育苗有什么好处?
9. 果树育苗中,嫁接后的果苗管理应注意哪些事项?
10. 简述花卉设施育苗的概念。
11. 简述穴盘育苗的特点。
12. 穴盘播种育苗、扦插育苗对基质有何要求?
13. 穴盘播种育苗、扦插育苗环境如何控制?
14. 穴盘育苗主要病害如何防治?

实训项目

实训项目 5-1　基质主要理化性状的测定

目的要求

通过学习基质主要理化性状的测定方法，了解不同基质的理化特性，对所测基质给出客观的评价，并就单一基质的优缺点进行讨论，给出解决的方法。

材料用具

(1)材料

草炭、蛭石、珍珠岩、沙子、锯木屑等基质。

(2)仪器设备

1/100 电子天平、烧杯、三角瓶、电导率仪、pH 试纸等。

(3)试剂

饱和 $CaCl_2$ 溶液。

方法步骤

1. 基质物理性状测定

(1)密度

取已知体积 V 的三角烧杯，称其质量 W_1，然后装满待测基质，再称质量 W_2，密度为基质质量除以体积。

$$密度=\frac{W_2-W_1}{V}$$

(2)总孔隙度

将上面装满基质的烧杯放在水中浸泡一昼夜(水要加至容器顶部)，称重 W_3，通过以下公式计算总孔隙度。

$$总孔隙度=\frac{(W_3-W_1)-(W_2-W_1)}{V}\times 100\%$$

(3)通气孔隙和持水孔隙

将上面测定总孔隙度的容器口用湿润纱布(W_4)包住并倒置，让容器中的水分流出，直至没有水分渗出时称其质量 W_5，用以下公式计算通气孔隙和持水孔隙。

$$通气孔隙=\frac{W_3+W_4-W_5}{V}\times 100\%$$

$$持水孔隙=\frac{W_5-W_2-W_4}{V}\times 100\%$$

2. 基质化学性状测定

(1)电导率与 pH 测定

取风干基质,将其与蒸馏水按 1∶5的体积比例混合均匀,24 h 后取滤液测定其电导率与 pH。

(2)总盐浓度含量测定

称取 10 g 风干基质,加入饱和 $CaCl_2$溶液 25 mL,振荡浸提 10 min,过滤,取出滤液测定其电导率作为基质总盐浓度。

实训考核

1. 将各种基质的理化性状列成表格,并比较它们的理化性质。

2. 根据各基质的理化性质,提出配制混合基质的方法。

实训项目 5-2　蔬菜穴盘育苗技术

目的要求

通过学习蔬菜穴盘育苗,了解基质的调配方法、播种技术、育苗管理内容以及不同规格穴盘对蔬菜幼苗生长的影响。

材料用具

(1)材料

黄瓜与番茄种子、草炭、蛭石、优质三元复合肥。

(2)仪器与用具

50、72、128 孔穴盘,电子天平、烘箱、恒温箱、温度计、卷尺、游标卡尺、叶面积测定仪、量筒、烧杯、玻璃棒、纱布、滤纸、镊子、喷壶等。

方法步骤

(1)基质配制与装盘

将草炭与蛭石按 3∶1混合均匀,装入不同规格穴盘中并摊平,穴盘中各孔用量筒计算出其体积。

(2)种子处理

将黄瓜、番茄种子进行温汤浸种后，用湿纱布包好，放入 30℃的恒温箱中催芽。

(3)播种

用洒水壶将水均匀浇到穴盘上，直至浇透；用小木棒在穴盘上开洞，每穴一洞；取出黄瓜、番茄种子，放入洞内；将干基质撒盖到种子上，保证所有种子全部覆盖，覆盖厚度为 0.5～1 cm。

(4)管理

幼苗两片子叶展开后，浇 1 次定根水，以后 5 d 用 0.2%三元复合肥溶液浇施 1 次。

(5)测定

分别在子叶展开、2 叶 1 心、4 叶 1 心和 6 叶 1 心(番茄)时取样，测量其根系长度、株高、茎粗、叶片数、叶面积、鲜重、干重(105℃下烘干 6 h)。

实训考核

1. 将各规格的穴盘苗的指标列成表格，并计算出壮苗指数，分析各种规格穴盘对蔬菜幼苗生长的影响。

2. 总结穴盘育苗对幼苗质量的影响的根本原因，如何选择适宜的穴盘规格？

实训项目 5-3　蔬菜嫁接育苗技术

目的要求

通过瓜类蔬菜的嫁接，了解蔬菜嫁接的原理，学习和掌握蔬菜嫁接的主要方法，提高嫁接操作技能。

材料用具

(1)材料

黄瓜幼苗、西瓜幼苗、瓠瓜幼苗、南瓜幼苗等。

(2)用具

嫁接操作台、座凳、湿毛巾、竹签、双面刀片、嫁接夹、喷雾器、水桶、喷壶等。

方法步骤

1. 插接法

(1)砧木处理

用手掰掉瓠瓜真叶及生长点，使其呈平面，竹签向下倾斜插入，注意插孔要躲过胚轴的中央空腔，不要插破表皮，竹签暂不拔出。

(2)接穗处理

取一株西瓜苗，在子叶以下 1 cm 处，将下胚轴切成楔形。

(3)接合固定

拔出砧木上的竹签，右手捏住接穗两片子叶，插入孔中，使接穗两片子叶与砧木两片子叶平行或呈“十”字形嵌合。

2. 劈接法

(1)砧木处理

用手掰掉南瓜真叶，使其呈平面，用刀片在两片子叶茎轴处一侧自上而下向下轻轻切开长约 1 cm 的切口。

(2)接穗处理

在黄瓜苗子叶下方的茎部 1 cm 处自上而下向下切开长约 1 cm 的楔面，切面宜平滑，一刀过。

(3)接合固定

将处理后的黄瓜接穗楔面，插入砧木切口内，两对子叶呈十字形，接口用嫁接夹固定。

3. 靠接法

(1)取苗

把黄瓜、南瓜苗从播种床取出。

(2)砧木处理

用手掰掉南瓜真叶，用刀片在子叶下 1 cm 处，按 30°～40°向下斜切，深达茎粗的 1/2，切面长 0.5～0.7 cm。

(3)接穗处理

在黄瓜苗子叶子下方 1.5 cm 处按 30°向上斜切，深达茎粗的 3/5，切面长度与南瓜相同。

(4)接合固定

将砧木接穗切口相互嵌入，使黄瓜子叶压在南瓜子叶上面，4 片子叶呈“十”字形，接口用嫁接夹固定。

(5)定植

将嫁接好的黄瓜与南瓜同时种植入同一营养杯中。

4. 接后管理

嫁接完成后，将嫁接苗移至大棚温室内排列整齐，覆盖小拱棚，再用遮阳网遮阴。保持拱棚内温度在25～30℃，相对湿度90%左右；3d后可掀开两侧薄膜通风，7d后撤除拱棚，按常规育苗管理，靠接法需切除接穗的根部。

5. 测定

嫁接后10 d取样，测量其嫁接成活率、根系长度、株高、茎粗、叶片数、叶面积、鲜重、干重(105℃下烘干6 h)。

实训考核

1. 将各种嫁接苗的指标列成表格，并计算出壮苗指数，分析不同嫁接方法对蔬菜嫁接苗生长的影响。

2. 总结不同嫁接方法的优缺点，如何根据蔬菜种类选择适宜的嫁接方法？

实训项目 5-4　设施果树育苗单位的参观访问

目的要求　通过参观和访问设施果树育苗单位的苗圃，使学生直观了解果树设施生产苗圃的规划设计和管理技术，开拓专业知识视野，提高学生设施果树育苗的管理技能。

材料用具　规范化设计和管理良好的设施果树苗圃；笔、记录本、记录板、绘画纸。

实训内容　师生在所参观苗圃的技术人员或主管领导带领下参观访问设施果树育苗基地，学生可边参观边提问果树设施生产苗圃和苗圃建设的相关问题：苗圃设计和规划；苗圃地形、水利设施、土壤等苗圃所处的自然条件；苗圃投入、市场销售情况、管理运作手段、收益情况；苗木种类和相应的培育技术等。学生参观时要做相应的记录。如果无合适的实地苗圃，可播放规范化建设的苗圃的生产情况录像供学生观看，以代替实地参观访问。

实训考核　根据参观访问的记录，以小组为单位撰写所参观苗圃的自然条件、设施设备、规划设计、苗木产销、生产技术措施及各小组对苗圃生产管理和建设的建议，上交实习报告，指导教师根据实习报告质量评定成绩。

实训项目 5-5　穴盘播种育苗

目的要求　通过穴盘播种育苗操作，了解和掌握穴盘播种育苗的主要技术环节。

材料用具　3～5 种草本花卉种子、穴盘、泥炭土、珍珠岩、大铲、小铲、喷雾器、药剂、烧杯等。

实训内容　草本花卉穴盘播种育苗。

实训操作

①准备实训材料和用具。

②混合基质配制。

③装基质。

④播种。

⑤覆土。

⑥浇水。

⑦苗期管理。

实训考核

1. 撰写试验报告，填写穴盘播种育苗记录表。

2. 考核基质装穴盘、发芽率、苗生长是否健壮几个环节。

穴盘播种育苗记录表

序号	种类	发芽日期	发芽势	发芽率	生长状况

实训项目 5-6　穴盘扦插育苗

目的要求　通过穴盘扦插育苗操作，了解和掌握穴盘扦插育苗的几种育苗方法和其主要技术环节。

材料用具　3～5种草本花卉、3～5种常绿木本花卉、3～5种多肉植物、穴盘、泥炭土、珍珠岩、大铲、小铲、喷雾器、药剂、烧杯等。

实训内容　草本花卉嫩枝扦插、叶插、绿枝扦插。

实训操作

①准备实训材料和用具。

②混合基质配制。

③装基质。

④扦插。

⑤浇水。

⑥苗期管理。

实训考核

1.撰写试验报告，填写穴盘扦插育苗记录表。

2.考核剪穗、生根率、苗生长状况几个环节。

穴盘扦插育苗记录表

序号	种类	繁殖方法	生根日期	生根率	生长状况

第六章

华南地区主要蔬菜设施栽培技术

第一节 樱桃番茄设施栽培技术

樱桃番茄(图 6-1)又称袖珍番茄、迷你番茄、小番茄、圣女果等,属于茄科番茄属的一年生草本植物,因其果实貌似樱桃而得名。樱桃番茄是多汁浆果,具有生津止渴、健胃消食、清热解毒、凉血平肝、补血养血和增进食欲的功效。其维生素含量比普通番茄高,还含有谷胱甘肽和番茄红素等防癌抗癌物质,深受广大消费者青睐,被联合国粮农组织列为优先推广的果蔬之一。樱桃番茄起源于南美洲的秘鲁、厄瓜多尔、玻利维亚一带,因樱桃番茄有特殊味道,历史上曾作为观赏性植物进行栽培,大约到 20 世纪 30 年代末开始作为蔬菜种植并供应市场。

图 6-1 樱桃番茄果实类型

一、植物学特征

（一）植物学特征

1. 根

直根系，由主根、侧根和不定根组成。主根深达 1 m 以上，侧根水平发达，主要分布在地表下 30 cm 左右。再生能力很强，茎基部和平卧在地上的茎部都会产生大量的不定根。

2. 茎

茎木质化程度不高，半蔓生或直立性，茎上长满茸毛和腺毛，腺毛能分泌出一种有特殊气味的分泌物，茎节上随时能长出不定根。叶腋内有腋芽，可萌发成枝。因顶端形成花序的情况不同，可分为有限生长型和无限生长型两类。

3. 叶

具有深缺刻与深裂的单叶，着生于茎上，内含叶绿素，是制造营养的器官，由 1 枚顶生裂片、3～4 对侧生裂片组成，覆盖着茸毛。因品种不同，叶的形态可分为普通叶形、皱缩叶形和马铃薯叶形。

4. 花

完全花，由花梗、花萼、花瓣、雄蕊和雌蕊组成，黄色。一般花萼为绿色，花梗着生于花序上，大多数品种于花梗上产生突起的节，果实成熟阶段形成离层。雄蕊的花丝很短不易看出，花药 6 枚左右，连接成筒状，包围着雌蕊。雌蕊由胚珠、子房、花柱和柱头组成，子房位于花柱底部。

5. 果实

由子房发育成的多汁浆果，由果肉和果心组成，果皮由外、中、内 3 层组成，中果皮是主要食用部分，一般有 2～3 个心室。果实的形状多种多样，有扁圆形、圆形、高圆形、长圆形、枣形、梨形等，果色有红色、粉色、黄色、绿色和黑色等多种。番茄果实的成熟期根据果实颜色不同分为绿熟期、转色期、成熟期和完熟期。

6. 种子

种子呈扁平短卵形或心脏形，表面有短而粗的灰褐色茸毛或黄褐色茸毛，千粒重 3 g 左右，由种皮、胚和胚乳组成，寿命较长，普通储存 2～3 年，密闭储存 10 年后仍有相当高的发芽率。

（二）生长发育周期

1. 发芽期和子叶期

从种子发芽至第一片真叶出现为发芽期，一般需 7～9 d，该阶段主要靠种子储存的营养物质生长，需要控制好温度、水分和氧气。子叶展开至真叶出现可称为子叶期，这一阶段主要是下胚轴的生长，在温度高、湿度适宜的条件下，下胚轴生长很快，易造成“高脚苗”，此阶段子叶在光合作用中起主要作用。

2. 幼苗期

从第一片真叶出现至现大花蕾为幼苗期。不经分苗情况下，一般需 45～50 d，若需分苗且温度较低则需 60～80 d。经历营养生长和生殖生长 2 个不同的发育阶段，幼苗生长的优劣直接影响花芽分化的早晚及花芽分化的数量与质量，因此培育壮苗在栽培上十分重要。

3. 开花期

从现大花蕾至第一穗果坐果到迅速膨大期之前为开花期，一般需 15～30 d。这一阶段是从以营养生长为主过渡到生殖生长与营养生长同等发育的转折时期。保证第一穗花坐果与培育壮秧，是定植后的管理核心。无限生长型或晚熟品种，由于生长势强，若管理不当极易徒长，因此要蹲苗来控制营养生长。

4. 结果期

番茄从第一穗果进入迅速膨大期至收获结束为结果期。此期的长短，因品种和栽培方式不同而差别很大。春茬和秋茬需 70～80 d，冬春茬需 80～100 d。植株进入以生殖生长为主、生殖生长与营养生长并重的阶段，此阶段植株大量需肥、需水，栽培上应加强肥水管理，并通过植株调整，保持合理叶面积和秧果比例，以达到高产高效。结果后期应注意保持功能叶片的健壮，维持叶片的光合作用能力。

二、生长发育对环境条件的要求

1. 温度

樱桃番茄属喜温性蔬菜，对温度的适应范围为 15～35℃，低于 10℃停止生长，长时间处于 5℃以下即出现冷害现象，高于 35℃则生长不良。发芽期以 20～30℃最适，最低温度为 8℃，高于 35℃时多数品种的发芽率降低，低于 20℃则发芽变慢，长期10℃以下低温不但发芽缓慢，而且易烂种“浆包”。幼苗期最适温度为白天28℃、夜间20℃，低于10℃则停止生长，最适地温为22℃左右。开花结果期要求较高的温度，白天24～28℃、夜间15～20℃为最适宜，高于35℃或低于15℃均能引起落花落果。结果期温度过高，特别是夜温过高，会影响番茄果实增大和养分积累，易形成空洞果。另外，果实着色对温度要求较严格，在19～24℃条件下有利于番茄红素的形成，着色快且着色良好，高于30℃或低于15℃着色缓慢且着色不良。

2. 光照

樱桃番茄是喜光蔬菜，光饱和点是70 000 lx，光照不足易引起落花，设施内的光照强度必须达到30 000～35 000 lx，番茄才能正常生长发育。强光如果伴随高温干旱，则会引起卷叶，坐果率低或果面灼伤。苗期以日照16 h，并有近于光饱和点的光照强度时生长发育良好，光照时间过长或光照强度不足都会使幼苗发育不良、抗性差、落花落果严重，果实着色差。

3. 湿度

樱桃番茄需水量虽然大，但由于植株根系发达，吸水能力强，同时地上部茎叶着生茸毛，叶片为深裂花叶，能减少水分蒸发，所以属半耐旱性作物，在土壤相对湿度在65%～85%的条件下生长良好。番茄在发芽期一般要求土壤相对湿度在80%以上。出苗后，土壤相对湿度要相对减少，特别是在光照不足的情况下，湿度过大，幼苗易徒长，土壤相对湿度可降至65%～70%。定植后，为了促进根部发育，增加土壤透气性，土壤相对湿度可保持在苗期水平。果实坐住后，土壤相对湿度可达75%以上，空气相对湿度为50%～65% 为宜。

4. 土壤

樱桃番茄对土壤条件要求不严，但在有机肥充足、透气良好的沙壤土易获得高产。土壤过分黏重、排水不良，或养分流失较大的沙性土中番茄生长较差。番茄适于在微酸性和中性土壤中生长，不适于盐碱地，适宜的pH为5～7。

三、主要品种

1. 一串红

江苏省农业科学院蔬菜研究所最新育成的新一代杂种樱桃番茄。无限生长型，生长旺盛，茎杆粗。果穗上小果梗间距离短，果实排列密集，穗形美。果实圆形，未成熟果有绿果肩，成熟果为红色。单果重8～12 g，果实平均糖度在7.2°左右，最高可达

10°，皮薄肉质软，风味甜美。

2. 七仙女

江苏省农业科学院蔬菜研究所最新育成的品种。无限生长类型，生长势旺盛，结果能力强，一花穗可结果 7～12 个，不易裂。果实圆形，单果重 15～18 g，金黄色，平均糖度 7°左右，肉质软，皮薄籽少，风味佳。

3. 美味樱桃番茄

中国农业科学院蔬菜花卉研究所育成的品种。无限生长类型，生长势强，极早熟品种。普通叶浓绿色，叶较细小，坐果率 95％以上，每花序坐果 30～60 个，高者可达 80～100 个。单果重 10～15 g。品质佳，酸甜适中，风味好，可溶性固形物含量 8.5％～10％，糖分 4.9％～5.7％。高抗烟草花叶病毒病，抗黄瓜花叶病毒病。

4. 串珠（樱桃）番茄

中国农业科学院蔬菜花卉研究所育成的品种。有限生长类型，叶片深绿色。主茎上第五至第六节开始着生花序，每花序着花 8～12 朵。坐果率高达 90％以上，每株可结果 100 个以上，果穗上着生的果实排列整齐。果实椭圆形，果面光滑，果形美观，单果重 10～15 g，大小均匀，幼果有浅绿色果肩，成熟果为鲜红色，色泽鲜艳，果实圆整，抗裂耐贮，果肉脆嫩，风味浓郁，可溶性固形物高达 7％以上。极早熟，适于春季露地栽培和冬春保护地设施栽培。

5. 京丹 1 号

北京市农林科学院蔬菜研究中心选育的一代杂种。无限生长类型，叶色浓绿，生长势强。主茎第一花序着生第七至第九节，中早熟。总状花序及复总状花序，并以复总状花序为主，每序着花 10 朵以上，最多达 60～80 朵，高、低温下坐果性均良好。果实圆形或高圆形，未成熟果有绿色果肩，成熟果为红色，单果重 8～12 g，果实平均可溶性固形物含量为 7.55％，最高可达 10％，果味酸甜适中，口感风味极佳。高抗病毒病，较耐叶腐病。

6. 台湾 606 小番茄

福建省厦门国贸种子进出口有限公司从我国台湾引来的新品种。无限生长类型，果实椭圆形，红色单果重 10～15 g。果面光滑，二心室，果实糖度为 7°～11°，从定植至始花需 50 d 左右，开花到收获 30～40 d，采果天数在 60 d 以上，适宜保护地及秋延后栽培。

四、栽培季节

1. 设施春茬樱桃番茄

1月上中旬育苗，2月下旬定植，4月上旬至6月下旬采收。

2. 设施秋茬樱桃番茄

8月下旬至9月上旬播种，9月中旬至下旬定植，10月中旬至12月上旬采收。

五、栽培技术

（一）培育壮苗

挑选籽粒饱满、大小一致的种子温汤浸种或药剂浸种后，置于30℃的恒温箱中催芽24 h后，种子露白后即可播种，播入装有基质的穴盘中，每个穴盘点播2～3粒，基质为草炭∶蛭石＝3∶1的混合基质，加入适量的腐熟鸡粪肥，或园土∶有机肥＝2∶1的营养土装钵进行培育，3～4片真叶即可定植。

（二）定植

定植前应对温室构件和土壤进行化学消毒，以减少病菌，并通过提前拉秧来提高温度。樱桃番茄结果期长，产量高，要有足够的养分供应，生育前期需要较多的氮、适量的磷和少量的钾，后期需增施磷钾肥，提高植株抗性，此外需要增施钙来缓解果实生理障碍。

定植前一周每亩增施优质腐熟的农家肥6 000～8 000 kg，深耕细翻，使粪土充分掺匀，整地起垄按行距110 cm开施肥沟，每亩再沟施农家肥5 000 kg，复合肥30 kg，再逐沟灌水造底墒，按宽窄行起垄做畦，水渗后在施肥沟上方做成宽80 cm，高15 cm的小高畦。定植时在小高畦上，按行距50 cm开两条定植沟，按35 cm株距摆苗，先培少量土稳坨，浇定植水，水渗后合垄。番茄茎节上易发生不定根，可通过深栽和培土，促使其发不定根，增大吸收面积。

（三）田间管理

1. 温度调节

樱桃番茄幼苗定植后，温室应继续密闭5～6 d，创造高温高湿的环境条件加快缓苗速度。缓苗后开始放风以降温降湿，一般在晴天的中午进行，开花前后对环境条件反应比较敏感，温度低于15℃或高于35℃都不利于花器官的正常发育，易导致落花落果或出现畸形果，以温室内最高气温不超过30℃为宜，最好控制在25～28℃，夜间的气温前半夜应维持在14～16℃，后半夜可降低至8～12℃。

2. 水肥管理

樱桃番茄较耐旱，适宜土壤相对含水量为60%～80%。定植初期须控制浇水，降低空气湿度，防止茎叶徒长，促进根系发育，若土壤过于干旱可在定植后3～4 d穴浇1次缓苗水，并通过连续对大行间进行中耕措施保持土壤湿度，一般中耕2～3次，每次间隔5～7 d。第一穗果实2～3 cm大小时进行蹲苗，此期是番茄由营养生长向生殖生长的过渡期，要保持两者的均衡。蹲苗结束后，每亩追施三元复合肥8～10 kg，或尿素15 kg，以后每隔15～20 d进行1次追肥，肥料种类和数量同上。

3. 植株调整

(1)吊蔓

在每行番茄上方南北向拉一条铁丝、每株番茄用一根尼龙绳，上端系在铁丝上，下端系一根10 cm左右的小竹棍插入土中。随着植株的生长，及时将主茎缠到尼龙绳上。

(2)整枝打杈、摘心、疏花疏果

樱桃番茄腋芽萌发能力极强，可发生多级侧枝，为减少养分消耗和便于通风透光，应及时整枝打杈。一般采用单干整枝法，即每株只保留一个主干，把所有的侧枝都摘除。整枝打杈的时间不宜过早或过晚，一般当腋芽长到3 cm时要进行整枝打杈，打杈时不留桩、不带掉主干上过多的皮，尽可能减小伤口面积。在拉秧前45～50 d摘心时应于顶部果穗上留2～3片叶，以利于果实继续生长。合理的疏花疏果可以促进发育、增加单果重、提高果实整齐度。每个花序的第一朵花容易形成畸形果，要在蘸花之前摘掉。每穗花数量过多会影响果实质量，要剔除较小的和畸形的花，采取“掐头去尾留中间”的方法，保持留果大小一致。一般而言，樱桃番茄每穗应留8个以上果。整枝的同时要结合绑蔓、打老叶的工作一起进行，以利于植株通风透光，减少养分的无效消耗，防止病害蔓延。

4. 保花保果

樱桃番茄自花授粉良好，不需要生长调节剂处理，但冬春茬樱桃番茄花期经常会遇到连续的阴雨天，温度偏低，光照不足，易造成授粉、受精不良，导致落花落果。在栽培中应加强辅助授粉措施，可使用振荡授粉器授粉，在晴天上午8—10时效果最好，要求温度在18～30℃时操作。如有条件可以采用熊蜂授粉提高坐果率，经熊蜂授粉的番茄花，授粉充足，产生的种子多，从而能够分泌促进果实生长的植物激素，使得番茄果柄自然膨大，不易脱落，生长速度快，增产幅度可高达15%～35%，同时可以改善番茄品质，使得番茄果实含糖量提高，口感好，果形匀称，商品果率提高。

（四）病虫害防治

1. 病害防治

设施樱桃番茄易发生的病害有：猝倒病、晚疫病、灰霉病、青枯病等，主要是由于设施内温度高、湿度大。为防止病害发生，首先应控制好设施内的湿度，再结合药剂防治，猝倒病可使用25 g/L咯菌腈种子包衣剂1 500倍液拌种，或70%多菌灵可湿性粉剂800倍液拌种，或70%代森锰锌可湿性粉剂1 000倍液拌种消毒；晚疫病使用25 g/L咯菌腈悬浮种衣剂1 500倍液拌种，灰霉病使用70%多菌灵可湿性粉剂1 000倍液搭配30%霜霉威可湿性粉剂1 500倍液均匀喷施，青枯病可使用3%中生菌素可湿性粉剂500倍液搭配20%叶枯唑可湿性粉剂1 000倍液均匀喷施并灌根。

2. 虫害防治

由于番茄茎部腺毛能分泌出一种有特殊气味的分泌物可以驱赶害虫，虫害比较轻微，主要有蚜虫、温室白粉虱、美洲斑潜蝇、棉铃虫等。可用10%抗蚜威烟剂300～350 g/667 m^2熏蒸、22%敌敌畏烟剂500 g熏蒸、1.8%阿维菌素乳油3 000倍液、25%除虫脲可湿性粉剂4 000倍液喷施防治。

（五）采收

樱桃番茄果实要达到生理成熟才可食用，根据不同需要，确定适宜的采收期。如果为了长途运输，可在绿熟期采收，此期果实质地硬，运输中途破损少，但是这种果实变红后含糖量低，风味差。若运输到附近城市销售，可在转色期采收，经2～3 d后果实全部转色，此期果实品质较好，也可适当运输。就地销售或近距离销售可在成熟期采收，此时果实含糖量、风味均可达到品种应有水平，品质好，营养价值高，生食最佳。由于植株上的不同果穗乃至同一果穗上的不同果实均是陆续生长、陆续成熟、连续采收的，采收较费工。采收时，应从果柄的离层处摘下，要注意保留其完整的萼片。

第二节　水果黄瓜设施栽培技术

水果黄瓜属葫芦科一年生蔓生植物，表皮无刺、口味甘甜，富含糖类、维生素(B、C、E 等)、多种氨基酸、胡萝卜素、矿物质(钙、磷、铁等)，以及丙醇二酸、黄瓜酶等活性物质，以生食为主，也可烹饪，是蔬菜水果兼用的作物。我国在 20 世纪 90 年代从荷兰、以色列引入栽培，科研人员经过多年组合研究，已培育出众多适合国内生产条件的水果黄瓜新品种。水果黄瓜植株属于雌性系，每个节位都能结瓜，生长势旺盛，坐果能力强，丰产潜力很大，从播种到商品瓜采摘一般为 50 d 左右，每年可种植 2～3 茬，适合于大棚等设施春、秋两季栽培。

一、植物学特性

（一）植物学特征

1. 根

水果黄瓜根系不发达，主要根群分布在 20～30 cm 的耕作层，以水平分布为主，吸收能力差、易木栓化、再生能力弱，育苗时注意护根。

2. 茎

茎表面有刚毛，蔓性，前 5 节为直立生长，第 6 节后开始抽蔓，节间长为 10～15 cm，叶腋着生有侧枝、卷须、雌花及少量雄花(荷兰、以色列品种几乎无雄花)。

3. 叶

叶片大而薄、呈掌状，单叶互生，叶缘细锯齿，被细茸毛。叶缘多水孔，早晨吐水明显，易被多种病菌感染。

4. 花

典型的雌性系，以雌花为主，少数国内品种带有雄花，单性结实能力强。从第 6 节起，每节开出雌花 1 朵，国内品种常见有 2～3 朵着生在一节位上，但结果容易出现不均衡。

5. 果实

果实为假果，是子房下陷于花托中，由子房与花托合并发育而成的。果面光滑，具有强烈光泽，深绿色，瓜长 12～15 cm，瓜粗约 3 cm，果实生长快，从开花至可食用，仅需要 5～7 d，超过 8 d，果实还可以继续膨大，但果皮开始硬化，纤维增多，食用不佳。

（二）生长发育周期

1. 发芽期

水果黄瓜从种子萌发到两片子叶展开、真叶显露为发芽期，一般为 5～7 d。这个时期以种子内营养供应为主，需要充足的水分和氧气，宜保持疏松湿润的土壤环境。

2. 幼苗期

从真叶显露至第 4 片真叶展开为幼苗期，一般为 20～25 d。植株呈直立生长，内部进行花芽分化，是产量形成的基础，适当施入腐熟有机肥（或菇渣等），可以增加根、茎、叶的生长量，植株生长健壮，可以有效地提高早期的产量。

3. 抽蔓期

从第 5 片真叶展开至第一雌花坐果为抽蔓期，一般为 15 d 左右。这个时期节间迅速伸长，生长速度加快，根系生长范围不断扩展，营养生长与生殖生长同时进行。栽培管理上宜促控并重，前期以促进生长为主，后期适当控制肥水，防止生长过旺，保证坐果，减少化瓜。

4. 开花结果期

从第一雌花坐果至生长结束为结果期，一般为 50～80 d。这个时期生长量占总生长量 80%以上，需要大量水肥，开花结果期的长短直接影响到产量的高低，荷兰、以色列等国家的水果黄瓜以无土栽培为主，开花结果期一般能达到 80 d 以上，产量可高达 30 000 kg。生产上需要加强环境调控、水肥管理与病虫害防治，尽量延长结果期，防止早衰、化瓜与畸形瓜现象。

二、生长发育对环境条件的要求

1. 温度

水果黄瓜比普通黄瓜略耐低温，生长发育的温度范围为 10～35℃，适宜的温度为白天 25～30℃，夜间 10～18℃；种子发芽温度为 25～30℃，低于 20℃发芽缓慢，高于 35℃发芽率显著降低；幼苗期适温为白天 25～30℃，夜间 15～20℃；开花结果期为白天 25～29℃，夜间 18～22℃，高于 30℃果实生长快，但植株生长势减弱，超过35℃，光合作用与呼吸作用的平衡受到破坏。地温要求在15℃以上，以20～23℃较为适宜，低于12℃以下，根系停止生长，较长时期在10℃以下时，容易发生沤根。

2. 光照

水果黄瓜较耐弱光，适合于设施环境栽培，光照强有利于光合作用，提高产量。叶片光合作用的饱和点为55 klx，光补偿点为1.5 klx，适宜的光照强度为40～50 klx，光照不足，会降低产量和品质。

3. 湿度

水果黄瓜水分含量高，叶片大、蒸腾量也大，要求较高的空气湿度和土壤湿度。适合生长的空气相对湿度为50%～90%，土壤适宜的相对湿度为80%～90%，苗期略低一些，也要求控制在60%～70%，高湿低温易发生沤根现象。设施栽培中通过加强通风透气、覆盖地膜和采用膜下滴灌的方法来控制湿度。

4. 气体

水果黄瓜光合作用旺盛，需要较高的二氧化碳浓度。水果黄瓜的光合作用二氧化碳饱和度为0.1%～1%，正常空气中二氧化碳浓度仅为0.03%，设施内二氧化碳浓度更低，可以通过施用二氧化碳的方法来提高产量。相关研究结论认为：二氧化碳浓度提高至0.1%时，产量增加10%～20%；二氧化碳浓度提高至0.63%时，可增产50%。

5. 土壤

水果黄瓜根系不发达，吸收能力差，产量高，需要充足的养分供应，但耐肥力较低，需要在富含有机质的疏松肥沃的壤土中进行栽培。在营养元素吸收上，以钾最多，氮次之，磷最少，钾、氮、磷的比例约为4∶2∶1，缺钙易引起畸形瓜和花打顶现象。适宜的pH为5.5～7.2，最大总盐浓度为0.05%，过高会造成烧根。

三、主要品种

①拉迪特：荷兰品种，生长势中等，叶片小，淡绿色。适合于早春和秋延迟日光温室和大棚栽培。产量高，孤雌系，每节2～3个果，果实采收长度12～18 cm，表面光滑，味道鲜美，抗白粉病和疮痂病。

②康德：杂交种，适合于早春、秋延迟和越冬日光温室栽培的小型黄瓜品种，产量高，每节1～2个果。果实长度16～18 cm，表面光滑，微有棱，味道鲜美，抗白粉

病和疮痂病。

③夏多星：杂交种，早熟品种，耐热，适合在夏秋栽培，生长势中等，每节1～2个果。果实长度16～18 cm，表面光滑稍有棱，味道鲜美。抗黄瓜花叶病毒病、黄脉纹病毒病、疮痂病和白粉病。

④戴多星：杂交种，适合在晚秋和早春种植，生产期较长，开展度大。果实呈墨绿色，微有棱，长16～18 cm，果实味道好。该品种可在露地、大棚和温室里生长，抗黄瓜花叶病毒病、黄脉纹病毒病、疮痂病、霜霉病和白粉病。

⑤京研迷你2号：植株全雌，每节1～2瓜，生长势强，抗霜霉病、白粉病、枯萎病，瓜长12 cm，味甜，产量高。

⑥美绿一号：日本夏播水果黄瓜品种，耐热性强，结果性好，瓜长21～22 cm，果皮浓绿色，有光泽，刺少色淡，果形漂亮。特抗褐斑病，对白粉病、霜霉病、病毒病等抗性强，产量高。

⑦京乐2号：从出苗至采收需45～50 d，全雌性，高抗霜霉病、白粉病，抗枯萎病，适合大棚温室栽培。单瓜重60～70 g，瓜长13～15 cm，粗2.5～3 cm，瓜色深绿、光滑、味甜。

四、栽培季节

1. 设施春茬水果黄瓜

1月上中旬育苗，2月中下旬定植，4月上旬至6月下旬采收。

2. 设施秋茬水果黄瓜

8月下旬至9月上旬播种，9月中旬至下旬定植，10月中旬至12月上旬采收。

五、栽培技术

（一）培育壮苗

水果黄瓜种子既有进口品种，亦有国产品种，价格都比较昂贵，育苗时宜采取精量播种，一次成苗。种子温汤浸种后，置于30℃的恒温箱中催芽，2 d后，待芽长有0.2～0.3 cm时播种，可采用穴盘育苗，基质为草炭∶蛭石＝3∶1的混合基质，加入适量的腐熟鸡粪肥，或园土∶有机肥＝2∶1的营养土装钵进行培育，苗期为20～25 d，真叶有2～3片时定植。

（二）定植

1. 整地施肥

全园耕翻，耕深 30 cm 以上，每 667 m^2 施入 5 000 kg 腐熟有机肥作基肥，充分混匀后作畦。畦宽 90～100 cm，畦高 30 cm，中央沟施 50 kg 优质三元复合肥，平整畦面，覆盖黑白双面地膜。

2. 定植

10 cm 深最低地温稳定在 12℃以上时定植。双行种植，株距 40 cm，行距 60 cm，每 667 m^2 定植 2 500～3 000 株。选择在晴天上午或傍晚时候，按要求的株行距在地膜上破开小洞，将水果黄瓜杯苗放入洞内，填土略为压紧，浇足定根水，埋土高度为子叶下方 3～5 cm，注意幼苗不能歪倒，防止幼苗接触地膜造成烧苗。

（三）田间管理

1. 温度管理

缓苗期：白天 28～30℃，夜间不低于 18℃，如阳光过强，可拉上遮阳网；缓苗期后，白天保持 25～30℃，夜间温度 15～20℃为宜，注意通风换气，防止温度过高影响生长发育。

2. 水肥管理

定植后 5～7 d 浇一次缓苗水，此后注意控水，促进根系生长；待第 1 雌花坐果时恢复水分供应，每次开滴灌 0.5～1 h，依黄瓜生长量和滴管出水量而定，宜在晴天上午进行。追肥可用硝酸铵或复合肥 15～20 kg/667 m^2，溶于水中结合滴灌施入，实行 2 水 1 肥的方法，水分 5 d 供 1 次，肥料 10 d 1 次。结果盛期还可叶面追肥，用 0.3%磷酸二氢钾喷施，7 d 1 次。二氧化碳施肥：水果黄瓜生长盛期在晴天上午施二氧化碳，浓度为 800～1 500 μL/L，施放条件为温度和湿度均为正常管理，防止生长过旺。

3. 植株调整

（1）吊蔓

在水果黄瓜栽培行上方 2 m 高的地方拉上铁丝，将吊蔓绳索一端系在铁丝上，另一端系于黄瓜的茎基部，绳索要求保持绷紧。在黄瓜生长期间，将瓜蔓不断缠绕到绳索上。

(2)整枝、摘叶、疏花疏果

整枝:水果黄瓜大多品种主蔓生长势强,侧蔓发生少,一般仅留主蔓进行生长,其余侧枝全部摘除。摘叶:待第1雌花坐果时,可将其下部的老叶摘除,增加下部的通风透气、透光,有利于提高下部叶片的光合作用,降低湿度,减少病害的发生。疏花疏果:部分品种水果黄瓜生长有雄花,必须及时摘除,每节宜只保留1瓜,减少因抢夺养分而造成化瓜。卷须也可摘除,能减少养分的损耗。

(3)落蔓、盘蔓

瓜蔓长至架顶时,及时采收下部果实,将铁钩上的绳索解开连蔓一起放下,并将其盘在下部设置的铁架上,盘绕架上的茎蔓可摘除上面的老病叶,减少营养损耗和病害传播,一般生长过程中需要落蔓2～3次。

(四)病虫害防治

1.病害防治

设施内温度高、湿度大,病虫害发生的种类和危害比较严重。主要病害有霜霉病、白粉病、细菌性角斑病、病毒病、枯萎病、疫病等,以真菌类病害为主,影响发生的主要因素是高湿,因此,病害防治上应首先控制好设施内的湿度,再用药剂进行防治。霜霉病、白粉病可用30%百菌清烟剂或15%三唑酮烟剂11.5～13.5 kg/hm^2熏蒸,控制病害的扩展蔓延。细菌性角斑病可用2 000倍可杀得粉剂防治,病毒病可用病毒A、病毒清等药剂控制。

2.虫害防治

害虫主要有蚜虫、温室白粉虱、红蜘蛛、美洲斑潜蝇、瓜绢螟等,可用10%吡虫啉可湿性粉剂2 000倍液、1.8%阿维菌素乳油3 000倍液、48%毒死蜱乳油1 000倍液、10%氯氰菊酯乳油3 000倍液等药液喷施防治。

(五)采收

水果黄瓜的果实生长速度快,从开花至嫩果形成,仅需5～7 d,采收标准是瓜条大小适宜,果面平滑、光泽鲜艳,花冠在果实末端尚存;宜小勿大,以避免果皮变硬,降低商品性,一般水果黄瓜的产量可达4 000～6 000 $kg/667\ m^2$。

第三节 南方厚皮甜瓜设施栽培技术

厚皮甜瓜属葫芦科甜瓜属一年生蔓性草本植物。厚皮甜瓜营养丰富、味道甘美、富含糖类物质、含糖量最高可达到19°,维生素A含量丰富,是西瓜的14倍,是人们喜欢食用的高档水果。厚皮甜瓜原产于非洲几内亚,中近东(包括我国新疆)是厚皮甜瓜的次生起源中心。古埃及、古罗马时代就有厚皮甜瓜,11～15世纪在欧洲各地迅速发展起来,16世纪时美国开始栽培,日本的厚皮甜瓜是从欧洲传入的。我国栽培甜瓜历史悠久,3 000多年前的《诗经》中就有记载,南方地区厚皮甜瓜主要包括两种类型,一是来自欧美和日本的网纹甜瓜和光皮甜瓜,二是来自我国西北地区的哈密瓜系列。

一、植物学特性

(一)植物学特征

1. 根

厚皮甜瓜的根系比较发达,主要根群集中分布在耕作层15～25 cm范围,生育盛期主要根可深达40～60 cm以下,它的横向生长比纵向生长大得多,占的土壤范围较大,耐旱能力强。水培中,厚皮甜瓜的根长甚至可达到1.5～2 m,形成庞大的根群,吸收能力强大。

2. 茎

茎蔓生,中空,有棱角,具刺毛。分枝能力极强,能发出较多的子蔓与孙蔓,栽培上需要严格进行整枝,保证营养生长与生殖生长的平衡。

3. 叶

子叶2片,长椭圆形。真叶为单叶互生,叶形大,呈近五角形或近心形,全缘,深绿色,叶面上有刺毛,叶缘锯齿状,吐水明显。

4. 花

花腋生,花冠黄色钟状五裂,雌雄同株异花,雄花簇生,少数品种的雌花为雌性两性花,子房下位,单生。主蔓与主蔓前4节抽出的侧蔓上雌花出现较晚,而其他侧蔓与主蔓前4节抽出的孙蔓一般1～2节就有雌花。虫媒花,异花授粉,上午6

时左右开花，午后谢花，花期较短。

5. 果实

果实为圆形或椭圆形，哈密瓜为长椭圆形；果皮有白色、绿色、黄色或褐色等；果肉有白色、橘红色、绿色、黄色等，质地软或脆；果皮有光滑、网纹、条纹、斑点、条棱或条沟、瘤状突起等；果肉糖度一般为8%～12%，哈密瓜的糖度最高可达到19%。果实成熟时有极浓郁的芳香气味。

6. 种子

种子呈披针形或长卵形，乳白色或黄色，千粒重为30～60 g，每个果实有400～600粒。

（二）生长发育周期

1. 发芽期

从种子萌动到子叶平展和第1片真叶显露，大约需要10 d。这个时期主要是下胚轴伸长和地下根系初步建立。

2. 幼苗期

从第1片真叶显露到第5片叶出现，一般需30～35 d。此期是营养生长期，以叶、茎、根生长为主，花芽开始分化形成，呈直立生长。

3. 抽蔓期

从第5片真叶至第1朵雌花开放，一般需要15～20 d。此期是地上部与地下部均在旺盛生长，花器逐渐发育成熟。侧枝发生众多，需要及时整枝。

4. 开花结果期

从第1雌花开放至果实成熟，早熟品种需要30 d，中熟品种40 d，晚熟品种50～60 d。此期由营养生长逐渐过渡到生殖生长，根系基本上停止生长，营养生长从盛期缓慢下降，果实迅速膨大至成熟。果按果实生长情况可分为三个阶段：

(1)坐果期

从雌花开放至果实"退毛"为止，一般需7～8 d。果实"退毛"，呈鸡蛋大小，果面茸毛退去，说明果实坐果已稳。

(2)膨大期

从果实"退毛"至果实"定个"为止，一般需要10～20 d。此期果实生长迅速，体积急剧增大，达到最终值的3/4，果面特征基本明显出现，如网纹、棱沟等，但果实尚未成熟,果肉硬实,缺少芳香气味。

(3)成熟期

从果实“定个”至果实完全成熟,一般需 20～40 d。主要是果实内外在变化,大小变化不大,但果皮色泽逐渐明显,可溶性糖迅速增加,果肉变甜变香,肉质脆化或软化。茎叶停止生长,并逐步衰老,易感染病害,是病害发生的高峰期,此时期管理好坏直接影响到最终产量和果实的品质。

二、对环境条件的要求

1. 温度

厚皮甜瓜是耐热植物,对温度的要求较高。生长适宜温度为 25～35℃,可忍受 40℃的高温,较大的昼夜温差有利于糖分的积累,白天 30℃左右、夜间 15～20℃,地温 20℃,对厚皮甜瓜的生长最为有利。种子发芽最低温度为 15℃,最适温度为 28～32℃;开花结果期适宜温度为 30℃左右。

2. 湿度

厚皮甜瓜对空气湿度要求比较严格,要求的空气相对湿度为 50%～60%,而南方设施内的空气湿度偏高,一般都在 75%～100%,对其生长不利,这也是南方甜瓜生产存在果实品质不如北方的主要原因之一。厚皮甜瓜根系活力强,对氧气要求高,土壤湿度过高,根系缺氧容易发生病害,甚至造成植株窒息,土壤相对湿度以 60%～80%为宜,设施水培甜瓜需要加强氧气供应。

3. 光照

厚皮甜瓜需要较强的光照,光补偿点为 4 klx,光饱和点为 60～70 klx,光合强度为 17.1(CO_2 mg/h)。结果期需要较长的日照时间,日照时数达到 10～12 h 及以上,低于 8 h 则结果不良。

4. 土壤与营养

厚皮甜瓜以疏松透气的沙壤土最为适宜,pH 为 6～8,有一定耐盐碱能力,极限总盐量为 1.52%。对钾、磷肥的需求量较大,钙、镁、硼对甜瓜果实品质有较大的影响。

三、主要品种

厚皮甜瓜按形状与果皮特征可分为光皮甜瓜、网纹甜瓜和哈密瓜等类型。南方主要栽培品种有：

①伊丽莎白：河南郑州中原西甜瓜研究所从日本引进的早熟光皮厚皮甜瓜新品种。该品种果实为圆球形，果皮为黄色，肉厚 3 cm 左右，含糖量为 15%左右，单果重 800～1 100 g，果实从开花到成熟约需 30 d。

②阿鲁斯达琳：宁波市农科院蔬菜研究所从日本引进的网纹厚皮甜瓜晚熟新品种，分为春秋两系。果实圆球形、单果重 1.6 kg 以上，灰白色果皮、粗网纹，黄绿色果肉，含糖量为 15%以上，口感好，可食度高。长势中等，坐果率高、开花至采收需 55～60 d。

③翠蜜：果实高球乃至微长球形，果皮灰绿色，果重约 1.5 kg，网纹细密美丽，果肉绿色，糖度约 17%，最高可达 19%，肉质细嫩柔软，品质风味优良。开花后约 50 d 成熟，不易脱蒂，果硬耐贮运。

④金凤凰：果实高球形或长椭圆形，果皮覆鲜艳深绿的细条纹，果肉鲜黄色，单果重 1.8～2 kg。茎叶稍显粗大，耐热、耐旱，具有黄肉品种特有的鲜味，但抗病性较差。

⑤红状元：高产优质杂交一代厚皮甜瓜新品种。果实高圆形，果皮金黄色，果肉橘红色，肉质脆，单瓜质量 1.8 kg，可溶性固形物含量 15%～18%，品质较优，外观美，耐贮运，商品性好，全生育期 110 d 左右，果实发育期 41～45 d。中感枯萎病和蔓枯病，产量 3 000～4 000 kg。

⑥桂蜜 12 号：广西农业科学院蔬菜研究所培育的厚皮甜瓜品种。植株生长势中等，果实发育期约 35 d，春植生育期约为 105 d，夏秋植生育期约为 80 d。耐热、能忍受较高的空气湿度及变化幅度小的温度日变化。果实卵圆形，果形指数 1.28，瓜皮为金黄色，光滑或具有不稳定的稀网纹，果肉橙色，肉厚 3.3 cm，肉质爽脆，味甜，可溶性固形物含量梯度小，中心可溶性固形物含量 14%～17%，果实可食率近 70%；单瓜质量约 1.5 kg，每 667 m^2 产量 1 600～2 200 kg。

⑦红日：早熟品种，开花至果实成熟一般需 36 d，果实圆形至椭圆形，果皮深金黄色。果面光滑亮泽，美观无网纹。果肉嫩白色，细脆爽口。无异味，口感佳。肉厚4.5～5.0 cm，平均含糖量 15%～16%，平均单瓜重 1.5～2.5 kg。抗病丰产，成熟后不脱蒂，极耐贮运。

四、栽培季节

设施厚皮甜瓜主要栽培形式有土壤栽培、基质（槽栽、袋栽等）栽培、水培等。

栽培季节以春、秋两季为主。

1. 春季栽培

2月上中旬育苗，2月下旬至3月上旬定植，5月中旬至6月下旬采收。

2. 秋季栽培

7月中旬至8月上旬播种，8月上旬至8月下旬定植，10月下旬至11月下旬采收。

五、栽培技术

（一）培育壮苗

种子温汤浸种后，置于30℃的恒温箱中催芽，48 h后待芽长0.2～0.3 cm时播种。穴盘用草炭∶蛭石＝3∶1的混合基质填平，浇足底水后播种，直至出苗不再浇水。两片子叶展开后，每3 d用0.3%三元复合肥溶液浇施，培育成有2～3片真叶的壮苗。

（二）定植

1. 整地施肥

提前1周耕翻土壤，将充分腐熟的有机肥（羊粪、牛粪等）撒施到土壤上，每667 m^2 用量为5 000 kg，耕均耙平，做成宽100 cm、高30 cm、沟宽50 cm的畦面，中央开沟，每667 m^2 施入优质三元复合肥50 kg，然后盖好摊平，铺设好滴管，再用黑白双色地膜覆盖。

2. 定植

将育好的甜瓜壮苗在地膜上破洞种植，株行距为（40～50）cm×60 cm，每667 m^2 种植1 500株左右。

基质栽培时，可用甘蔗渣或椰渣与河沙按3∶1混合，消毒后装入栽培槽或栽培袋中，铺好滴管再定植。水培甜瓜事先需要配好营养液，可用日本园式配方，前期用1/2的浓度，在水槽中加入营养液至10 cm，将甜瓜幼苗放入定植杯，用陶粒固定，幼苗根系需要浸入营养液中，每天营养液循环2次，每次20 min。

（三）田间管理

1. 温度管理

定植后 7 d，春季可将大棚腰窗薄膜放下，密闭大棚，秋季可拉上遮阳网覆盖。温度保持在白天 28℃左右，夜间不低于 15℃。开花结果期白天温度为 30～35℃，夜间 15～20℃。

2. 水肥管理

定植后 7 d 浇足 1 次缓苗水，直至第一雌花开放不再浇水。以后每隔 5～7 d 开 1 次滴灌，每次 20～30 min，补充水分，土壤相对湿度保持在 60%～80%。第一批瓜坐稳后开始追肥，每次可用三元复合肥 15 kg、硫酸钾 20 kg 追施，20 d 1 次，采收前 10 d 停止追肥浇水。

3. 植株调整

(1)吊蔓

在甜瓜栽培行上方 2 m 高的地方拉上铁丝，将吊蔓绳索一端系在铁丝上，另一端系于黄瓜的茎基部，绳索要求保持绷紧。在黄瓜生长期间，将瓜蔓不断缠绕到绳索上。

(2)整枝

甜瓜大多品种主蔓生长势强，侧蔓发生多而快，前 10 节保留主蔓进行生长，其余侧枝全部摘除；第 11～14 节保留侧蔓生长，侧蔓有 1～2 叶后摘除顶芽。

(3)授粉

在早上 7—9 时授粉，授粉时，先采集刚开放的健壮雄花去掉花瓣，露出雄蕊，将花粉均匀涂抹在雌花柱头上，如果是雌性的双性花，需要拨开雌花中覆盖住柱头的雄蕊再授粉。

(4)摘叶、疏果

摘叶：待留瓜第 1 雌花坐果时，可将下部的老叶摘除，增加下部的通风透气、透光，有利于提高下部叶片的光合作用，降低湿度，减少病害的发生。疏果：在留瓜果实有鸡蛋大小、“退毛”时，选择无病虫害、果形端正、品种特征明显的 1 个瓜保留，其余全部摘除。卷须也可摘除，能减少养分的损耗。

(5)打顶、吊瓜

打顶：植株主蔓生长至架顶，有 25～30 片真叶时摘除顶芽。吊瓜：在留下的果实长至 0.5 kg 左右，把绳索一端绑在铁丝上，另一端固定在果实瓜柄与侧蔓连接的节位上，着生果实的侧蔓要拉至与铁丝平行的位置，果实位于走廊一侧，高度要基本一致。

（四）病虫害防治

1. 病害防治

生长前期病害主要为霜霉病，通过加强通风，将湿度降低至 70%～75%，再用 62%杜邦克露 1 000 倍液、58%雷多米尔 1 000 倍液、72.2%霜霉威 400 倍液喷施防治；生长后期主要有白粉病和蔓枯病，白粉病可用 1∶1∶200 的波尔多液、25%三唑酮 2 000 倍液或者 30%百菌清烟剂防治；蔓枯病在发病初期，即茎基部节位开始出现裂茎和琥珀色胶粒时，用 75%甲基托布津＋50%扑海因＋少量面粉，用水调成糊状，涂抹在发病位置控制病害的蔓延。

2. 虫害防治

生长前期有瓜绢螟幼苗为害幼叶，可人工捕捉杀死，在幼虫盛发期，用 48%毒死蜱 1 000 倍液＋10%溴氰菊酯 3 000 倍液喷施防治；生长中后期以蚜虫、温室白粉虱为害较重，可用 10%吡虫啉可湿性粉剂 2 000 倍液、1.8%阿维菌素乳油 3 000 倍液、10%氯氰菊酯乳油 3 000 倍液喷施防治。

（五）采收

厚皮甜瓜果实成熟特征为果面出现品种特有的光泽、发出香味，果肉有弹性，果梗附近茸毛脱落，果顶脐部开始发软，果实着生节位处的卷须焦枯。也可按坐果时间来判断，早熟品种如阿尔斯为 30 d，中熟品种如桂蜜 12 号为 35～40 d，晚熟品种如阿鲁斯为 50～55 d。采收后厚皮甜瓜尤其是网纹甜瓜经一定时间后熟，果皮变薄，果肉软化、风味会明显上升，时间为 3～7 d。采收时，宜将果柄及侧蔓一段同时剪下，呈“T”字形，用发泡网包裹，再放入包装箱，商品外形更美观。

思考题

1. 简述蔬菜设施栽培的特点。

2. 简述樱桃番茄、水果黄瓜、厚皮甜瓜设施栽培的主要茬口。

3. 如何提高樱桃番茄设施栽培坐果率？

4. 简述厚皮甜瓜的授粉方法。

5. 简述水果黄瓜植株调整的内容。

实训项目

实训项目 6-1　设施蔬菜的植株调整

目的要求

学习和掌握设施果菜类蔬菜的植株调整方法，了解其对植株生育和产品器官的形成、产量和品质的影响。

材料用具

1. 材料

樱桃番茄、水果黄瓜、厚皮甜瓜等植株。

2. 用具

绳索、挂钩、支架、枝剪、水桶等。

方法步骤

(一)吊蔓与缠蔓(樱桃番茄)

①将绳索按大棚高度截剪，绑上挂钩，再用支架将其挂于番茄植株上方的铁丝上。

②将绳索下端绑在番茄植株茎基部，保持绳索绷紧，再将番茄植株主干缠绕固定于绳索。

(二)整枝、打杈、摘叶和打顶(樱桃番茄、厚皮甜瓜)

①用枝剪将番茄植株除主干外的其他侧枝全部剪除，只保留主干进行生长。

②用枝剪将番茄植株近地面的下部老叶、病叶全部剪除，提高下部的通风透光，减少病虫害生长，增强下部叶片的光合作用。

③厚皮甜瓜植株主蔓生长至架顶，有 25～30 片真叶时摘除顶芽。

(三)化控处理(樱桃番茄)

①配制 1 份 1 000 mL 的 25 mg/L 的防落素溶液。

②将配好的防落素溶液装入小型喷雾器中。

③用小型喷雾器将防落素溶液均匀喷到番茄花序中有一半以上开花的花朵上。

（四）人工授粉（厚皮甜瓜）

①在上午 7—9 时授粉。

②先采集刚开放的健壮雄花去掉花瓣，露出雄蕊。

③将花粉均匀涂抹在雌花柱头上，如果是雌性的双性花，需要拨开雌花中覆盖住柱头的雄蕊再授粉。

实训考核

1. 写出实训报告，记录整个植株调整的内容。

2. 举例说明蔬菜植株调整的作用与意义。

第七章

华南地区主要花卉设施栽培技术

华南地区是一个高温多雨、四季常绿的亚热带区域，常年湿润，四季分明，最冷月平均气温≥10℃，极端最低气温≥－4℃，日平均气温≥10℃的天数在 300 d 以上，多数地方降水量为 1 400～2 000 mm，植物生长茂盛，种类繁多，有热带雨林、季雨林和南亚热带季风常绿阔叶林等地带性植被。现状植被多为热带灌丛、亚热带草坡和小片的次生林，热带性森林丰富多样。其独特的气候和丰富的植物资源，为发展花卉产业提供了优势条件。

第一节　兰科花卉设施栽培技术

兰科花卉，是兰科植物的统称。兰科是单子叶植物中最大的科，因形态、生理、生态都具有共性和特殊性而单独成为一类花卉。兰花广义上是兰科花卉的总称，狭义上仅指国兰。全世界约有 700 属 2 万种，分布极广，主要产于热带地区。

一、兰科分类

1. 按其生态习性分类

(1)地生兰

根生于土中，通常有块茎或根茎，部分有假鳞茎。

(2)附生兰

附着于树干、树枝、枯木或岩石表面生长。通常具有假鳞茎，贮存水分与养料。原产于热带，少数产于亚热带。常见栽培的有指甲兰属、蜘蛛兰属、石斛属、万代兰属、火焰兰属等。

(3)腐生兰

不含叶绿素,营腐生生活,长有块茎或粗短的根茎,叶退化为鳞片状。园艺中无栽培。

2.按东西方地域差别分类

(1)中国兰

中国兰又称国兰,是指兰科兰属的少数地生兰,如春兰、蕙兰、建兰、墨兰、寒兰等,主要原产于亚洲的亚热带,尤其是中国亚热带雨林地区。一般花较少,但芳香。花和叶都有观赏价值,主要为盆栽观赏。

中国兰是中国传统十大名花之一,兰花文化源远流长,人们爱兰、养兰、咏兰、画兰,并将兰花当成艺术品收藏,对其色、香、姿、形上的欣赏有独特的审美标准。如 3 枚萼片,中间 1 枚为中萼片,俗称“主瓣”,两侧各有 1 枚侧萼片,俗名“副瓣”,以绿色无杂色为贵。两枚侧萼片的着生情况在观赏价值上具有重要意义。两枚侧萼片若向下侧垂,俗称“落肩”,不能入选名品;两枚侧萼片若排成一字,名为“一字肩”,观赏价值较高;如两枚侧萼目片向上翘起,称为“飞肩”,极为名贵。花色不带红色的称之为素心,带红色的称之为彩心,以素心为贵。

(2)洋兰

洋兰是中国兰以外的兰花的称谓,主要是热带兰,常见栽培的有卡特兰属、蝴蝶兰属、兜兰属、石斛兰属、万代兰属的花卉等,一般花大、色艳,但大多数没有香味。热带兰主要是观赏其独特的花形和艳丽的色彩,可以盆栽观赏,也是优良的切花材料。

二、中国兰花

中国兰花(Chinese Cymbidium)又名兰草,兰科兰属单子叶植物多年生草本,是一大类在形态和构造上变化较大的地生兰、附生兰或腐生兰的总称。中国是世界兰花分布中心之一,地生兰大部分品种原产中国,栽培历史悠久,又称中国兰,为中国十大名花之一。中国兰花是一种以香著称的花卉,具有高洁、清雅的特点,与水仙、菖蒲、菊花通称为“花草四雅”。

(一)形态特征

兰花根肉质肥大呈丛生须根,分枝少,无根毛,有共生菌;茎和叶有两种形式,一种是假鳞茎,俗称芦头,外包有叶鞘,常多个假鳞茎连在一起成排同时存在,生寻常叶从假鳞茎抽出；另一种是花茎，别称花梗，其上着生苞叶和花。寻常叶叶形一种为线形或剑形，革质，直立或下垂，除基部较狭窄外，几乎等宽；另一种是叶片从假鳞茎抽生，叶椭圆形或卵状椭圆形，宽阔而短，基部狭长或有长柄。兰花的花单生或排成总状花序，花梗上着生多数苞片；花两性，具芳香，花被共 6 瓣，分内外两层，花由外 3 枚萼片与内 3 枚花瓣及蕊柱组成；萼片中间 1 枚称主瓣。下方 2 枚为副瓣，也叫肩；内层上 2 枚花瓣平行直立，肉质较厚，先端向内卷曲，俗称捧，左右对称，下方 1 瓣较大，高度特化、变态，称唇瓣，最具观赏价值；花中心有 1 个蕊柱，上部为雄蕊 3 枚无柄，下部雌蕊，柱头内凹，有黏液；果实为蒴果，三角或六角形，种子粉末状，细小。

（二）兰花分类

古人以“一茎一花者为兰，一茎多花者为蕙”，中国兰花主要为春兰、蕙兰、建兰、寒兰、墨兰、春剑、莲瓣兰七大类，有上千种园艺品种。

1. 春兰[*C. goeringii* (Rchb. f) Rchb. f.]

春兰（图 7-1）又名草兰、山兰，叶 4～6 片丛生，狭带形，边缘有细锯齿。花序直立，有花 1 朵，少数有 2 朵花，花红色、绿色、黄绿色等。花朵香味浓郁纯正，花形多变，品种极多，花期为 2～3 月，名贵品种有各种颜色的荷、梅、水仙、蝶等瓣型。从瓣型上来讲，以江浙名品最具典型。

图 7-1　春兰

春兰分布于江苏、浙江、福建、台湾、广东、广西、云南、贵州、四川、湖南、湖北、江西、安徽、河南、陕西、甘肃等地；日本和朝鲜半岛也有分布。春兰耐寒力较强，喜温暖湿润和疏荫环境，忌酷热，要求富含腐殖质而又排水良好的酸性土壤，生长适温 16～24℃。冬季阳光充足，其他季节适度遮阴。

2. 蕙兰（*C. faberi* Rolfe）

蕙兰又名九子兰和九花兰，假鳞茎不明显，集生成丛，呈椭圆形；叶直立性强，叶 5～8 枚，带形，长 25～80 cm，宽 7～12 mm，基部常对折而呈 V 形，叶脉透亮而明显，边缘常有粗锯齿；花序直立，有花5～18朵，花黄绿色，花通常香气浓郁。品种极多，主要品种有极品、金岙素、温州素、解佩梅、老上海梅、翠萼、大一品、江南新极品等。

蕙兰原产于湖北、湖南、陕西、浙江、江苏等地，是分布最北和最耐寒的兰属植物。喜温暖湿润和半阴环境，耐寒力较强，喜微酸性土壤，生长适温15～20℃，花期3～5月。

3. 建兰[*C. ensifolium* (L.) Sw.]

建兰又名秋兰或四季兰，假鳞茎较小，每株有3～6片叶，叶片宽厚，直立或稍弯，先端尖锐，边缘具齿。总状花序直立，花枝通常矮于叶或和叶片高度相平；花5～13朵，花瓣较萼片稍少而色淡，唇瓣卵状矩圆形，全缘，绿黄色，有红斑或褐斑，花有香气；花期6～12月，一般每年开花2～3次；属彩心建兰的有银边建兰、大青、白梗四季兰等。属素心建兰的有金丝马尾、荷花素、龙岩素心、十八学士、观音素等。

建兰分布于广东、广西、云南、贵州、四川、湖南、江西、浙江、台湾以及海南等地。东南亚及印度也有分布，生态习性与春兰相似，但耐寒性比春兰要差。

4. 墨兰[*C. sinense* (Andr.) Willd.]

墨兰又名报岁兰，假鳞茎多呈椭圆形、卵圆形，少数为纺锤形，茎的基部节间紧凑，每节都着生一片鳞状叶(俗称甲)，茎的中上部位节间稍疏，每节着生一片披针形叶片(亦是所谓真叶)，叶剑形，有光泽，深绿色；花序直立，高出叶面，有花5～17朵，有褐红色、黄绿色、白绿色等，花期9月至翌年3月，常见品种有秋榜、秋香、小墨、徽州墨、金边墨兰、银边墨兰。台湾有富贵名三、玉桃、大屯麒麟、国香牡丹、奇花绿云、十八娇、桃姬和品种繁多的艺叶墨兰如白中透、中斑、达摩鹤、达摩燕尾等。多为叶艺兰。

分布于广东、广西、台湾、福建、海南、江西、湖南、云南、四川、贵州等地；生长习性与春兰相似，更耐阴湿环境，但耐寒性较差。

5. 寒兰(*C. kanran* Makino.)

寒兰分布在福建、浙江、江西、湖南、广东以及西南的云、贵、川等地，日本亦有分布。寒兰的株形与建兰十分相似，但叶片较细，尤其是基部，叶3～7枚丛生，直立性强，长40～70 cm，宽1～1.7 cm，全绿或附近顶有细齿，略带光泽。花葶直立，与叶等高或高出叶面，有花5～12朵，花被狭窄，有黄绿、紫红、深紫等色，一般具有杂色脉纹与斑点，花香浓郁持久，花期10月至翌年1月。我国寒兰通常以花被颜色来分变型，有以下四种：青寒兰、青紫寒兰、紫寒兰、红寒兰。其中以青寒兰和红寒兰为珍贵。

寒兰分布于我国广东、广西、福建、江西、湖南、云南、海南、台湾等地，寒兰忌热，又怕冷，南方栽培须置于阴凉环境中管理。

6. 春剑(*C. goeringii* var. *longibracteatum*)

春剑常称为正宗川兰，主要是叶片直立性强，较粗壮，呈剑形，5～7 片丛生，近 2 列，长 50～70 cm，宽 1.2～1.5 cm，边缘粗糙，有细锯齿，尖端渐尖，中脉显著，断面呈 V 形；花葶直立，高 25～35 cm，有花 2～5 朵，少数可多至 7 朵，花苞片比子房连梗长；花直径 5～6 cm，浅黄绿色，颜色变化大，有香气，萼片长圆状披针形，长 3.5～4.5 cm，宽 1～1.5 cm，中萼片直立，稍向前倾，侧萼片稍长于中萼片或等长，左右倾向下开展，花瓣较短，长 2.5～3.1 cm，宽 1～1.3 cm，基部有 3 条紫红色条纹；唇瓣端钝，长而反卷，花期 1～3 月；春剑花被浅白色者称为素心，为上品，如春剑素、绿漪、西山春、剑素等。

春剑主要分布在四川、云南、贵州等地，春剑与春兰习性相近，能耐寒，在常温下可顺利越冬；冬季也需充分照射阳光，使花芽饱满健壮。

7. 莲瓣兰(*Cymbidium tortisepalum*)

莲瓣兰亦称小雪兰，中国春兰的一个新品系。假鳞茎较小，呈圆球形；叶 6～7 片集生，线形，长 40～50 cm，宽 0.4～0.8 cm(宽叶莲瓣兰叶宽可达 1.4 cm)，绿色，无光泽，端渐尖，叶缘有细锯齿，中脉及两侧平行脉明显，基部常抱合对折，横切面呈 V 形，无叶柄痕(“关节”)，叶质较硬；花直立，高出叶面或与叶面等高，苞片大，比子房连梗长，每个花葶着花 2～4 朵，偶有 5 朵，生长不良时仅开 1 朵。花色有红、紫红、粉红、白、黄、绿等色，香气清纯，花期 1～3 月；代表品种有大雪素、小雪素以及近年新开发的剑阳蝶、黄金海岸、苍山奇蝶、奇花素、滇梅、丽江星蝶、玉兔彩蝶、桃园蝶等。

莲瓣兰主要产于云南的西部地区，并以大理、洱源、丽江、剑川等地栽培历史悠久，莲瓣兰生长在海拔 1 500～2 500 m 河谷或半山背阴坡的松(杉)栎类混交林下，每天有少许阳光可散落林间，林下腐质层松软，通风透气性能良好，空气清新而湿润的环境。

(三)生态习性

兰性喜阴，忌阳光直射，喜湿润，忌干燥，宜空气流通的环境。喜肥沃、富含大量腐殖质的土壤。

（四）繁殖方法

兰花常用分株、播种及组织培养等方法繁殖。

1. 分株繁殖

在春秋两季均可进行，一般每隔 3 年分株 1 次。凡植株生长健壮，假球茎密集的都可分株，分株后每丛至少要保存 5 个联结在一起的假球茎。分株前要减少灌水，使盆土较干。分株后上盆时，先以碎瓦片覆在盆底孔上，再铺上粗石子，占盆深度 1/5～1/4，再放粗粒土及少量细土，然后用富含腐殖质的沙质壤土栽植。栽植深度以将假球茎刚刚埋入土中为佳，盆边缘留 2 cm 沿口，上铺翠云草或细石子，最后浇透水，置阴处 10～15 d，保持土壤潮湿，逐渐减少浇水，进行正常养护。

2. 播种繁殖

播种繁殖又叫无菌播种技术，兰花种子极细，种子内仅有一个发育不完全的胚，发芽力很低，加之种皮不易吸收水分，用常规方法播种不能萌发，故需要用兰菌或人工培养基来供给养分，才能萌发。播种最好选用尚未开裂的果实，表面用 75％的酒精灭菌后，取出种子，用 10％次氯酸钠浸泡 5～10 min，取出再用无菌水冲洗 3 次即可播于盛有培养基的培养瓶内，然后置暗培养室中，温度保持 25℃左右，萌动后再移至光下即能形成原球茎。从播种到移植，需时半年到 1 年。组织培养已获成功，有条件的地方可用此法繁殖。

（五）栽培管理

1. 栽培基质

大多采用疏松细软，又不黏结的腐殖质土。这种土壤俗称兰花泥，系采取盛产地生兰山区一带的土壤。目前盆栽国兰因种类不同，采用不同的栽培基质。墨兰选择花岗岩 1～2 cm 干净碎石或卵石，混入花生壳或松树树皮、木糠，碎石和花生壳比例为 6∶3或 7∶3，即混即用；通常也选择比较松软的红砖混入基质中，红砖破碎成不同大小的颗粒，直径 0.3～1.5 cm。去掉碎块的尖锐棱角，碎砖和碎瓦片本身有许多细小孔隙，能吸收水分。

兰花属于适应性强的植物，只要培养上不积水而沤坏兰根，肥性不重的各类土壤都能生存。

2. 栽植

栽植时，一手扶叶，一手添加营养土，执住兰株基部稍往上提，以舒展根系，同时摇动兰盆。让培养土深入根际；继续添土，并摇动兰盆，调整兰株的位置和高度。用手沿盆边按压，但切勿过重而伤根，继续添土并挤压，直至盆面土壤高出盆口2～3 cm，略呈馒头形。培养土应将全部兰根盖住，掩至假鳞茎基部，填土的深浅，一般认为春兰宜浅，惠兰宜深，但一般以不埋及假鳞茎上的叶基为度。新发兰花在山野里生长时，植株上留下了土表界线的明显标志，可以此标志为准。

3. 水肥管理

(1)浇水要适量

兰花喜湿忌涝，有一定的耐旱性，要求一定的空气湿度，生长期要求空气湿度在60%～70%，冬季休眠期要求空气湿度为50%。过干或过湿都易引发兰病。兰花的盆土要经常保持湿润，但忌含水量过多。在栽培中应根据季节的不同和兰花生长阶段的不同决定浇水量，生长季适当多浇水，但切忌盆土积水而引起根系腐烂；秋末，气温开始下降，应逐渐减少浇水量；冬季温度低，大多数兰花进入休眠期，此时要控制浇水量，冬季开花的墨兰和寒兰浇水量可适当多些。

(2)施肥

兰花施肥要施薄肥，切忌施浓肥，可施用兰花专用肥或缓释肥，根据需要，可根外喷施；一般春兰、建兰和蕙兰在5月上旬开始施肥，高温和低温期不施肥。一般开花前后不宜施肥。施肥应掌握“宜勤而淡，切忌骤而厚”，化肥可用水溶解直接浇入根部，也可叶面施肥，常用根外追肥的有磷酸二氢钾或尿素，浓度0.1%～0.2%。

4. 环境调控

不同兰花种类，对环境要求不同。兰花生长都有一定的温度、湿度、日照强度与通风要求。兰花是阴生植物，当夏季温度在30℃以上时，以光照强度5 000～9 000 lx为宜，11月至翌年4月，用一层遮阳率为90%的固定遮阳网；5月底至8月中旬，用双层固定遮阳网；8月中旬至10月底，用双层活动遮阳网，在晴天上午9时至下午4时用双层遮阳网，其他时段用一层遮阳网。

5. 病虫害防治

(1)白绢病

多发生于梅雨季节。应注意通过通风透光、盆土排水良好等措施予以预防，发病后可去掉带菌盆土，撒上五氯硝基苯粉剂或石灰即可。

(2)炭疽病

终年都有,高温多雨季节更为猖獗。防治方法除改善环境条件外,发病期可先用50%甲基托布津可湿性粉剂800～1 500倍液喷治,每7～10 d 1次,然后再辅以1%等量式波尔多液,每半月1次。

(3)介壳虫

在高温多湿、空气流动不畅的情况下,繁殖最快;可用速蚧杀2 000倍液喷施,春秋季各喷1次。

三、蝴蝶兰

蝴蝶兰(*Phalaenopsis aphrodite*)属兰科蝴蝶兰属附生类多年生草本。蝴蝶兰属于热带兰种类之一,热带兰又称为洋兰,它的种类很多,除蝴蝶兰外,其他如卡特兰、大花蕙兰、石斛兰、文心兰、兜兰、万代兰等。热带兰具有花朵硕大、花形奇特多姿、绚丽等特点;花期长,可达3个月左右。热带兰属于气生根系,栽培介质不是土壤而是树皮、苔藓,能够保持家庭的卫生整洁等特点,因此成为近年来深受人们喜爱的年宵盆栽花卉。

1. 形态特征

蝴蝶兰在中国台湾和泰国、菲律宾、马来西亚、印度尼西亚等地都有分布,其中以台湾出产最多。其根肉质,发达,从茎的基部或下部的节上发出,长而扁圆;单茎且茎短,常被叶鞘所包;叶片常3～4枚或更多,稍肉质,大而厚,长椭圆形或镰刀状长椭圆形,先端锐尖或钝,长10～20 cm,宽3～6 cm;总状花序或圆锥花序,花茎侧生于茎的基部,拱形,长达50 cm以上;花朵通常2～15朵,花大,花为三外瓣、两翼瓣及一唇瓣共6瓣,还有1个雌雄共生的柱蕊,萼片近等大、离生,两翼瓣也等大、离生,唇瓣不仅与其同种花的花瓣不同,也因为品种的不同而有极大的变化,其唇瓣通常为三裂片,颜色有红色、白色、粉色、黄色或花瓣带有紫色条纹,因花形似蝶而得名,其花姿优美,颜色华丽,为热带兰中的珍品,有"兰中皇后"之美誉,花期2～4月。

2. 栽培品种

蝴蝶兰原生种大多花小不艳,作为商品栽培的蝴蝶兰多是人工杂交选育品种。经杂交选育的品种有530种左右。按花色分有白花系、红花系、黄花系、斑点花系等多个花系,以开黄花的较为名贵,"天皇"为黄花品种,堪称"超级巨星";目前国内市场蝴蝶兰常见栽培品种有如下几种。

(1)红花系列

大型红花向来是蝴蝶兰的主要品种，目前国内市场上的红花占有率在八成以上，尽管品种繁多，但主流品种仍是一些经典的老品种，如“巨宝红玫瑰”(Dtps. Jiukbao Red Rose)、“火鸟”(Dtps. Sogo Beach)、“红龙”(Dtps. Ben Yu Star “Red Dragon”)等。“V31”是最早的蝴蝶兰分生苗，曾经是蝴蝶兰市场上供应量最多的品种，近年由于利润空间逐步缩小，加上消费者对其产生审美疲劳，开始逐步退出主流市场。近年兴起的红花品种有“大辣椒”(P. Big Chili)、“内山姑娘”(Dtps. Ney Shan Gu Niang)和“光芒四射”。

①巨宝红玫瑰，深红花，花朵宽 10.5 cm，花梗高 62 cm。

②火鸟(图 7-2)，大朵红花，花朵宽 11 cm，花梗高 53 cm。

③红龙，花梗长，花序排列良好，并且每箭花朵最多可达 20 多个，花形大，花朵直径最大可达 15 cm，颜色红艳，符合了国内消费者的要求。

④大辣椒(图 7-3)，深红大花，花径 10.5 cm，梗高 60 cm，颜色佳，花序好。

⑤内山姑娘，深红、多花、排序整齐，花径 12 cm，花梗高 50 cm。

⑥光芒四射，花茎 12.2 cm，花梗 45～53 cm，花色奇特，厚实的花瓣穿插着一道道呈放射状的条纹，红底白丝，美艳非常；花株一般有 12 朵花，花期长、不容易凋谢，有望成为年宵花的生力军。

图 7-2　火鸟

图 7-3　大辣椒

（2）黄花系列

目前国内市场上的黄花品种约占10%，而黄花品系有90%以上为“富乐夕阳”（P. Fuller's Sunset）、“昌新皇后”（Dtps. Chain Xen Queen）和“兄弟女孩”（P. Brother Girl），也有“Anthura Gold”“万花筒”等品种。

①富乐夕阳（图7-4），梗高35 cm，花径9 cm，黄花红心。

②昌新皇后，梗高25～30 cm，花径9 cm，黄花红心。

③兄弟女孩，黄底点线花，花朵宽7 cm，花梗高47 cm。

④万花筒，花朵尺寸8 cm，花梗高度55 cm，容易双梗，花色好，线条漂亮，黄花红心。

图7-4 富乐夕阳

（3）白花系列

蝴蝶兰白花品种在国内市场的占有率较低，主流品种包括大型白花品种“V3”，白花红心品种“雪中红”（Dtps. Mount Lip），中小白花品种“阳光彩绘”（P. Sogo lit-sunny）、“小家碧玉”（D. Little Gem Stripes）、“台湾阿嬷”（P. amabilis）。其中，中小白花品种的消费群体多为城市上班族。

①V3，大朵白花，花朵宽11 cm，花梗高80 cm。

②雪中红，梗高40 cm，花径10.5 cm，白花带红晕，有商家将其命名为“青涩少女”。

③阳光彩绘，迷你白花红心，花朵宽5.5 cm，花梗高38 cm。

④小家碧玉，梗高20 cm，花径5 cm，白花红心。

⑤台湾阿嬷，梗高40 cm，花径5 cm，白花黄心，排列佳，易双梗。

3. 生态习性

原生种，大多数产于潮湿的亚洲热带雨林地区。在中国台湾和泰国、菲律宾、马来西亚、印度尼西亚等地都有分布。其中以台湾出产最多。

蝴蝶兰喜高气温、高湿度、通风透气的半阴环境，畏寒冷，忌烈日直射，忌水涝气闷。生长适温为18～30℃，越冬温度不低于15℃，冬季15℃以下就会停止生长，低于10℃容易死亡。如要进行批量生产，必须要有防寒设施，实行保护性栽培。

4. 繁殖方法

蝴蝶兰生产中种苗通过无菌播种、组织培养繁殖。

5. 栽培管理

(1)备料

栽培基质采用优质水苔，种植前先用自来水充分浸洗，挑掉硬枝及杂草后，将水苔捞起并用离心机甩干，以用力捏压水苔至没有出水为度。用 Φ 4.8 cm(约 1.5 寸)透明软塑盆作定植盆，用 40 cm×60 cm 45 孔育苗盘固定摆放。

(2)瓶苗规格

①组培苗出瓶标准(图 7-5)。瓶苗长至叶数 3～5 片，叶宽 1.5～2.5 cm，叶子健壮，叶色翠绿；根数 3～5 条，根长 0.8～5 cm，根系粗壮有活力；单轴茎较明显同时必须无污染，则达到出瓶标准。出瓶定植前要炼苗，打开瓶盖，放置在通风环境 15～20 d，保持温度 20～28℃，光照强度 10 000 lx 以内，并保持环境洁净，减少污染。

②瓶苗的栽种(图 7-6)。蝴蝶兰组培苗种植最适时期为 4—6 月。

对炼苗后的瓶苗分级，按大小分为大、中、小 3 个等级。出瓶时用镊子轻轻地将小苗从瓶中取出放于洁净的纸张上，分级时去除根系残留的培养基及少量已黄化的老叶。种植时应将各等级苗分开定植以便于统一管理。种苗时将水苔抖松，先垫少量水苔于根系底下，再用水苔将小苗根部及单轴茎包住，谨防折断根系，注意不要包住顶心或将根系基部全部露出。水苔包住后将小苗竖直植于盆的正中央。种后水苔应低于盆沿约 1.0 cm 的横线处，用手捏压软盆以结实有弹性感为度。定植后将小苗叶片按育苗盘对角线平行摆放。

图 7-5　蝴蝶兰组培苗出瓶

图 7-6　蝴蝶兰瓶苗栽种

③小苗的肥水管理。小苗定植当天要用1 000倍好生灵或浓度为150×10^{-6}～200×10^{-6}的农用硫酸链霉素喷洒防病，并适当控制水分。待盆中水苔较干，盆底杯壁仅有少量水珠时，用清水浇半水，使水苔呈湿润状态。定植后经20～25 d开始有新根长出，并有少量新根已达盆沿，此时可开始浇肥。小苗可用2 000～3 000倍的20-20-20速效肥液浇灌，一般冬春季及阴雨天气一般7～10 d浇1次半水，夏秋季节及晴朗天气每5～8 d浇1次透水。

(3)中苗的栽培

①小苗换盆的时期。经过4～5个月，小苗长至两叶距10～15 cm，叶宽4～5 cm，叶数4～5片，叶子肥厚，叶片坚挺，叶色浓绿，叶片间已开始互相遮挡；根系较密集，有些盘旋于盆底，并有部分已长出盆外，此时为小苗的换盆适期。

②小苗换盆定植。小苗换盆前应先适当控制水分。取苗时，左手拿起小苗，用右手五指轻轻捏压软盆四周，使根系与盆边分开，然后右手食指及拇指捏住小苗单轴茎基部及水苔，左手五指抓住软盆下部，水平拉开取出小苗。小苗换盆用Φ7.5 cm透明软塑盆和约1 cm×1.5 cm×2 cm的泡沫粒及24 cm×56 cm 15孔育苗盘。种植时先在软盆中放进2～3个泡沫粒，再将处理好的水苔包住取出的小苗，小苗竖直植于软盆正中央，并按育苗盘对角线平行摆放，注意种植后盆内水苔应低于盆沿约2 cm软盆横线处。种植后盆内水苔以结实而有弹性感为宜。

③中苗的肥水管理。小苗换盆后当天应喷1次1 000倍好生灵与浓度为150×10^{-6}～200×10^{-6}的农用硫酸链霉素混合液防病，适当控制水分，待盆中水苔较干时，可用3 000～5 000倍的20-20-20速效肥液浇1次半水。换盆25～30 d后，小苗已有新根长出，部分新根已达盆沿，此时可正常管理。待水苔较干时才浇肥，一般冬春季节及阴雨天气每10～15 d用2 000～3 000倍的20-20-20速效肥液浇1次半水，夏秋季节及晴朗天气每7～10 d用2 000～3 000倍的20-20-20速效肥液浇1次透水。小苗生长至中苗期，因生长迅速，养分需求较大，应每月间施1次2 000～3 000倍的15-20-25速效肥液，以防止氮肥过多而徒长。此外还应适当补充钙元素以增加叶片的厚度。

(4)大苗的栽培

①中苗换盆的时期。中苗经6～7个月，长至两叶距16～22 cm，叶宽4～6 cm，叶片数4～6片，叶片肥厚，挺立，叶色浓绿，叶片开始互相遮挡；盆中根系已达盆底，并在盆底盘旋1～2周，有部分根已长出盆外，成为标准中苗。此时，盆中基质已不能满足其生长需要，应开始换盆。

②中苗换盆定植。中苗换盆使用Φ10.5 cm透明软塑盆、30 cm×50 cm 12孔栽培盘和1 cm×1.5 cm×2 cm泡沫粒。先在软盆中放入3～4个泡沫粒，将取出的中苗竖直植于软盆的正中央，并按栽培盘宽边平行摆放，每盘8株，并使叶片受光面向东。注意种后盆内水苔应低于盆沿约2.5 cm横线处。种后盆内水苔以轻压有轻微弹性感为适度。中苗叶片较长较嫩，换盆时应小心轻放，以免叶片受损。

③大苗的肥水管理。刚换盆的中苗当天应用1 000倍好生灵与浓度为150×10^{-6}～200×10^{-6}的农用硫酸链霉素混合喷洒防病，适当控制水分，待水苔较干时，用3 000～5 000倍的20-20-20速效肥液浇1次半水。换盆25～30 d后，大苗已有新根长出，并有部分新根已达盆边。待水苔较干时才可以浇肥，一般冬春季节及阴雨天气每10～15 d用2 000～3 000倍的20-20-20速效肥液浇1次半水，夏秋季节及晴朗天气每7～10 d用2 000～3 000倍的20-20-20速效肥液浇1次全水。大苗横向生长较快，叶片明显增宽加厚，在夏季高温天气为防止徒长，应每月间施1～2次2 000～3 000倍的15-20-25速效肥液，同时应适当增施镁元素及钙元素等。

(5)蝴蝶兰生长期的环境调控

①刚种或刚换盆1周内的环境条件。刚种瓶苗或刚换盆的苗因根系不同程度受损，对外界抵抗力较差，除杀菌防病及控制水分外，还应创造阴凉通风环境让其恢复生长。温度适宜控制20～28℃，湿度70%～90%，小苗光照强度10 klx以内，中、大苗光照强度15 klx以内。

②生长期环境条件。蝴蝶兰生长期适宜温度为20～30℃，湿度70%～85%，利用水帘温室可营造蝴蝶兰较适宜的温湿度。利用双层活动遮阳网调节，可营造各生长期适宜的光照条件。小苗怕冷，喜光，生长量较小，一般光照强度2 500～18 000 lx为宜。中苗生长量大，生长迅速，叶片纵向生长明显，一般光照强度4～20 klx为宜。大苗生长量极大，纵横向生长均特别明显，应充分增加光照，一般光照强度8～25 klx为宜。

(6)抽梗期的栽培

①大苗标准。大苗经过4～5个月，两叶距28～35 cm，叶宽8～10 cm，叶数4～6片，叶色浓绿，叶片肥厚挺立，单轴茎较饱满；盆中根系已基本饱满；根系粗壮有活力，此时已成为标准大苗。标准大苗生长健壮、成熟，适合于促成栽培。

②促成抽梗的环境条件。8月后在海拔800 m以上的高山的自然条件下可促使蝴蝶兰花芽分化、抽梗及生长。

设施调控促成抽梗，需要的日夜温度为27～17℃。温室促成栽培，一般日温

25～27℃，夜温 18～22℃，湿度 70%～90%，光照强度 10 000～30 000 lx 适宜于蝴蝶兰花芽分化；花梗生长及花苞发育期需要日夜温度 18～28℃，湿度 70%～85%，光照强度 12 000～25 000 lx。开花期的日夜温度为 18～28℃，湿度 70%～85%，光照强度 12 000～20 000 lx。

③花芽萌发效果。一般 20 d 左右花芽萌发率近 10%，经约 35 d 花芽基本萌发，整齐度较好。约 50 d 花芽可长至 10～25 cm。

④促成栽培管理。第一，花芽分化及花梗发育管理：此时期需要较多的养分，特别是磷、钾元素。现蕾前叶片继续生长，但生长较慢，因此，抽梗期可用 1 500～2 500 倍的 10-30-20 速效肥液浇灌，花芽萌发前还应适当喷施 1 000 倍的磷酸二氢钾。

第二，花梗期的管理：要整齐摆放，让叶片南北伸展。待盆中水苔微干时用 1 500～2 500 倍的 15-20-25 速效肥液全水浇灌，一般 8～10 d 浇 1 次肥。花梗株的光照强度宜控制在 12～25 klx，湿度 70%～85%，温度 18～28℃。

第三，现蕾期的管理：现蕾期的管理每 2 周增施 1 次有机肥液，用 1 500～2 500 倍的 10-30-20 速效肥液浇灌，并适当喷施 1 000 倍的磷酸二氢钾。注意避免基质过干、根系受损及强风吹拂，防止枯蕾现象的发生。

(7)开花株的栽培

蝴蝶兰从开第一朵花起应适当减少施肥量，当水苔微干时，可用有机肥液与 3 000～5 000 倍的 15-20-25 速效肥液混合半水浇灌，保持基质湿润。开花期光照强度宜 12 000～20 000 lx，温度宜 18～30℃，湿度宜 70%～85%。开花期病虫害防治，应尽量避免肥液、药液喷溅到花朵上而影响花朵的质量。

(8)花枝的定型

当花梗芽长至 35 cm 左右时，用 60～70 cm 包塑铁线竖直插在花枝旁，并用扎线 1～2 节轻轻固定花梗芽较硬部分，使花枝竖直向上生长。待花枝长至 50 cm 左右、第一朵花开放时，将铁线从第一朵花或侧枝下约 4 cm 处向前弯曲，末端微向下伸展，并用 2～3 节扎线将花枝固定在铁线上，使花朵有较好的向光性。

(9)开花时间

蝴蝶兰一般从花梗抽出至花朵开放，需要经历较长时间。日夜温度适宜，即夜温 18～20℃、日温 20～27℃条件下 90～100 d 开花，品质较优良。在较高的日夜温度条件下生长，如夜温 22～23℃，日温 30℃，75～80 d 时间即能够开花，但品质较差。如果温室没有加温设备，天气寒冷时蝴蝶兰生长停滞，一般 120～130 d 开花，具体根据寒冷程度以及保温效果等情况分析。

(10)蝴蝶兰生长期的病虫害防治

①病害的防治：蝴蝶兰病害有细菌性软腐病、黄叶病、茎腐病、白绢病、褐斑病、炭疽病、煤烟病及病毒病等。对病害的防治应坚持“以防为主，综合防治”的方针，除保持环境干净、去除病源及加强通风外，还应及时配合对蓟马等害虫的防治以减少传播途径。蝴蝶兰病害一般冬季发生较少，炎热夏季发生较多，因此夏季及高温天气可适当增加喷药次数。一般每 2～3 周用浓度$(150\sim200)\times10^{-6}$ mg/L 的农用硫酸链霉素与 1 000 倍好生灵或 800 倍瑞毒霉或 800 倍甲基托布津等混合喷雾，以防止各类病害的发生。

②虫害的防治：蝴蝶兰害虫主要有蓟马、蚜虫、红蜘蛛、介壳虫、白粉虱、斜纹夜蛾、蜗牛和蛞蝓等。对虫害的防治除清除温室内外杂草等害虫寄主外，还应注意日常调查，可用黄色捕虫板进行诱捕，并对虫害的发生进行预测预报，做到早发现早防治。一般在虫害发生初期每两周喷 1 次杀虫剂，连喷 2～3 次，可有效地防止虫害的发生。蝴蝶兰可用 3 000 倍霸螨清或 1 000 倍三氯杀螨醇或 3 000 倍爱福丁等防治螨害。可用 3 000 倍速杀或 1 000 倍 40%的氧化乐果或 2 000 倍好年冬等防治斜纹夜蛾，可用 1 000 倍速扑杀或 1 500 倍速蚧灵等防治介壳虫，可用 3 000 倍蚜虱消或 3 000 倍扑虱蚜等防治蓟马、蚜虫、白粉虱等。对蜗牛和蛞蝓的防治，少量可在晚上人工抓除，大量时可用菜叶诱捕并一一抓除。此外，在大棚四周及栽培架下撒上石灰粉可防止其爬上花盆啃食兰株。

第二节　观赏凤梨设施栽培技术

观赏凤梨(*Bromeliaceae*)为凤梨科多年生草本植物，观赏凤梨是凤梨科花卉的统称。凤梨科植物是一个庞大的家族，绝大多数是观赏凤梨。由于观赏凤梨多姿多彩、耐荫性极强，是理想的室内观叶观花花卉。

1. 形态特征

凤梨科植物茎短。叶互生，狭长，常基生，莲座式排列，平行脉，单叶，全缘或有刺状锯齿，常有盾状具柄的吸收水分的鳞片，叶上面凹陷，基部常呈鞘状，雨水沿叶面流入由叶鞘形成的“贮水器”中，叶片色彩丰富，常见除了绿色外，还有红、黄、粉红、褐、紫等色，一些种类具有色彩相间的纵向条纹或横向斑带，有的叶面被覆银色斑粉或茸毛。花两性，少单性，顶生花序为穗状、总状、头状或圆锥花序；苞片常显著而具有鲜艳的色彩。浆果、蒴果或有时为聚花果(图 7-7、图 7-8)。种子在蒴果中常有翅或多毛,胚小,胚乳丰富。观赏凤梨的花期很长,甚至可达数月。

图 7-7　火炬凤梨

图 7-8　水塔花

2. 分类

原生凤梨可分为陆生型和附生型两种类型。

(1)陆生型

陆生型是指生长在土壤中,根系发达,能从土壤中大量吸收水分和营养的类型,如菠萝、金边菠萝等。

(2)附生型

大部分凤梨属于附生类型,根原附生于树皮、礁石、缝隙等处,系不发达,根纤细而坚韧,数量也极少,主要用来抓紧附着物,起固定植株的作用,实际上很少吸收营养,有的种类只有数条根,甚至没有根。但是附生型凤梨在长期人工盆栽的情况下,根也会适应环境而变软,变成能够吸收养分的状态,且数量会变多。由于根的吸收机能不是必需的,因此,即使根群受损甚至完全无根,只要叶筒内有水分及营养保存,植株也能正常生长。

3. 观赏凤梨主要品种系列

①光萼荷属(*Aechmea*)。

②凤梨属(*Ananas*)。

③水塔花属(*Billbergia*)。

④姬凤梨属(*Cryptanthus*)。

⑤果子蔓属(*Guzmania*)。

⑥五彩凤梨属(*Neoregelia*)。

⑦丽穗凤梨属(*Vriesea*)。

⑧铁兰属(*Tillandsia*)。

4. 生态习性

观赏凤梨喜温暖怕寒冷,喜湿润、半阴的环境,忌强光直射。光照过强,叶片出现黄斑纹、褪色现象,而失去观赏价值,春、夏、秋应遮阴 50%～60%。彩叶凤梨等红背凤梨属种类喜较多的光照,在较强的阳光下其叶片色彩艳丽,应放在向阳窗台、阳台等处养护。土壤应疏松,通气、透水性良好。

观赏凤梨的生长温度为 18～30℃,适宜温度为 20～25℃,可生长的最低温度在 12～15℃,冬季在 10～12℃以上才能安全越冬,10℃以下易受冷害,冬季适宜温度为 16～20℃。夏季温度过高,叶片会因为缺乏水分而过度干尖,因此,应注意经常向叶片喷雾,增加空气湿度;适当遮阴,加强通风,以降低温度。

5. 繁殖方法

(1)分株繁殖

观赏凤梨开花以后植株就会慢慢死亡[狄克属(*Dycki*)除外],不会开第二次花。不过母株在死亡之前,大多数种类会在基部产生可用于繁殖的吸芽(或叫分蘖、旁蘖、短匐茎),少数种类如紫花凤梨等,则在植株中心嫩叶间产生吸芽。一般培养 1～3 年吸芽可开花。

(2)组织培养

目前,国内外商业生产普遍采用组织培养方法大量繁殖种苗。

6. 栽培管理

(1)盆栽培养基质

基质选用疏松透气、排水良好,具有较低收缩性和较高稳定性的泥炭土与珍珠岩按 4∶1混合。泥炭土有粗细之分,小苗用细炭土,中大苗用粗炭土。

(2)花盆

目前商业生产的观赏凤梨绝大多数是附生类型的,其根不多,所以,栽培用的花盆都比较小。小苗阶段(株高 10～20 cm)用 11 cm×9 cm(高×内径)的塑料盆,到中大苗阶段(株高＞20 cm)用 13 cm×12 cm(高×内径)的塑料盆。当植株开花后用于出售或观赏时,为了提高观赏价值和售价,可再换上更漂亮的、与植株大小相匹配的大花盆。

(3)上盆定植

将购买回来的幼苗放于通风的地方，及时上盆，栽植深度为根部与叶筒交接处，一般栽种的深度范围为1～2 cm，避免栽种过深植株可能会停止生长，容易造成今后叶筒基部腐烂，栽种时轻压基质，利于根系通气；栽种后，喷施1次N、P、K为20∶20∶20或20∶10∶20或8∶8∶6的低浓度复合肥0.5 g/L，以刚好打湿叶片为准，尽量避免施在基质上，保证栽种后1周内在叶筒里含有水。在植株上的新根长到约2 cm时，才施化肥。如果在基质中已事先混入化肥，则施肥可晚些。

(4)环境调控

观赏凤梨的最适温度为20～25℃，冬季不低于10℃，湿度要保持在50%～75%及以上。夏季炎热，采用遮光法和蒸腾法降温，使环境温度保持在30℃以下；在夏季中午前后气温高时，用微喷管向叶面喷水，空气湿度应保持在70%～80%为宜。5月份在温室棚膜上方20～30 cm处加透光率为70%～80%的遮阳网，既能降温又能防止凤梨叶片灼伤。大部分观赏凤梨所需的光照强度为20 000 lx，每天至少12 h；如将光照强度提高至30 000～40 000 lx并配合高湿度和良好的通风条件，则会生长得更快更好，株形矮胖壮硕，叶片宽短刚硬，花朵更加鲜艳美丽。

(5)浇水

观赏凤梨由于叶筒的特殊功能，要注意保持叶筒里有水才能正常生长。一般夏天可约3 d向叶筒补充1次水至装满为止，叶筒内缺水，易引起植株萎蔫；冬天每周1次向叶筒补水；对盆栽基质，水不可浇得太多，否则易导致心腐和烂根。对于需水较少的硬叶种类，浇水应以盆土表面见干为准；对于需水较多的软叶种类，要经常保持盆土湿润，以表土不见干为宜；入秋以后，观赏凤梨生长减缓，应适当控制浇水和喷水。冬季进入休眠期，要控制浇水，保持盆土微潮即可，盆土不干不浇水，盆土过湿易烂根。

(6)施肥

在生长季节一般每10～20 d施1次液肥，通常用发酵的饼肥或化肥，化肥通常用氮磷钾1∶1∶1的比例，浓度为0.1%～0.3%，可施入盆土，也可叶面喷施。施肥时，切忌把肥料施在植株中心的叶筒内，以免引起危害。在花期、休眠期和夏季应停止施肥。

观赏凤梨对磷肥较敏感，施肥时应以氮肥和钾肥为主，氮、磷、钾比例以10∶5∶20为宜，浓度为0.1%～0.2%，用0.2%尿素或硝酸钾等化学性完全肥料，生产上也可以用稀薄的矾肥水(出圃前需要清水冲洗叶丛中心),叶面喷施或施入凹槽内,生长旺季1～2周喷1次,冬季3～4周喷1次。催花处理开始前2周要停止施肥,等处理3周再开始重新施肥,若非如此,则会导致花色不艳或者不开花。

(7)松土和除草

除了上述介绍的管理措施外,平时还要注意及时进行松土和除草,以及进行剥植株基部枯黄叶的工作。

(8)花期控制

大多数凤梨植株生长到一定的大小或年龄就会自然形成花芽和开花,观赏凤梨自然花期以春末夏初为主,但也有一些种类花芽分化受温度和日照长短的显著影响。为使凤梨能在元旦春节开花,可人工控制花期。

①乙烯处理。目前,商业生产上就是利用乙烯利这种物质来对观赏凤梨植株进行催花,使得一年四季任何时候都能获得大批量均匀一致开花的开花植株。

施用的方法有叶面喷施和施叶筒两种。对于叶面喷施(把叶面喷湿即可),一般在上午喷1次(不能在晚上喷,因为处理后的植株需要光),1周后再喷1次,喷后的植株两天内不要浇水,因稍干的环境有利于开花。据荷兰的资料介绍,乙烯利使用浓度太高,会导致叶尖或叶缘出现药害。乙烯利400 mg/L全年可适用于果子蔓属和五彩凤梨属;600 mg/L在夏季适用于铁兰属;1 000 mg/L在冬季适用于粉菠萝、虎纹凤梨和铁兰属的大多数品种;1 200 mg/L在冬季适用于铁兰属。

对于叶筒施用,使用乙烯利的浓度要比叶面喷施的低。处理方法是把叶筒里的水先倒去,加入配制好的乙烯利溶液,把叶筒装满,一次即可。用100～300 mg/L的浓度对果子蔓属和莺歌凤梨属的一些品种进行催花处理,效果良好。

②乙炔饱和溶液处理。用乙炔饱和溶液进行处理的方法,是用一根皮管将乙炔气体瓶和储水桶连接起来,并将带有气孔的皮管均匀浸没在水中,用0.5 Pa的压力慢慢将乙炔气体从瓶中释放到水中,100 L的水放气时间至少为45 min。当容器里流出的水具有强烈的气味时,就可以用来催花。将乙炔水溶液灌入凤梨已排干水的"叶杯"内,用量以刚好填满"叶杯"为好。重复进行3次,每次间隔2～3 d。一般处理后3～4个月即可开花。

(9)人工催花应注意

①要选完成营养生长阶段的植株,至少有20片充分发育的叶片,包括已枯死的老叶,以积累足够的营养物质。如叶数太少,营养不足,即使催花成功,花也达不到观赏标准。

②一般要在室温 20℃左右进行，温度越高，催花时间越短；温度越低，催花时间越长，但日绝对低温在 15℃以下催花难以成功。

③观赏凤梨催花处理前两周停止施肥，只浇清水；催花处理两周后开始施肥，少施氮肥多施钾肥。这样可以防止生成绿色花穗。

④催花的同时不要关闭乙炔气阀，因为乙炔气体容易从水中蒸发掉，如果关掉气阀，水中的乙炔浓度会逐渐降低，影响催花效果。

(10)病虫害防治

大多数观赏凤梨对病虫害有抵御能力，但也受病虫害危害，常见的病虫害主要有：

①病害。主要是镰刀菌，用 75%百菌清 500 倍液或 50%多菌灵 500 倍液防治。

②虫害。主要有介壳虫、红蜘蛛等，喷施 1∶2的敌百虫与乐果混合液 1 500～2 000 倍液，7 d 喷 1 次，连喷 3 次可防治介壳虫。用三氯杀螨醇 800～1 000 倍液，每 10～15 d 喷 1 次，防治红蜘蛛。

第三节　红掌设施栽培技术

红掌(*Anthurium andraeanum*)又名花烛、安祖花，属天南星科花烛属，为多年生附生常绿草本植物。红掌花形奇特，叶秀苞美，花色艳丽，花期长，是近年来国内外最为流行的中高档花卉产品之一。

1. 形态特征

红掌株高一般为 50～80 cm，因品种而异。具有肉质须根系，并具有气生根；茎极短，近无茎，叶从根茎抽出，具长柄，颜色深绿、叶脉凹陷，单生、心形；花腋生，植株长到一定时期，每个叶腋处都能抽生花蕾并开花，佛焰花序。佛焰苞肥厚蜡质，正圆形至卵圆形，鲜红色、橙红肉色、白色、绿色或双色等，肉穗花序，圆柱状，直立，四季开花。

2. 生态习性

红掌生长适宜日温 25～28℃，夜温 19～21℃，适宜空气相对湿度 70%～80%，适宜光照强度 17 000～25 000 lx。温度低于 15℃或高于 30℃时生长缓慢、停止生长，甚至死亡。

3. 繁殖方法

红掌主要采用分株、扦插、播种和组织培养进行繁殖。

①分株繁殖：结合春季换盆，将有气生根的侧枝切下种植，形成单株，分出的子株至少保留3～4片叶。

②扦插繁殖：将老枝条剪下，去叶片，每1～2节为一插条，插于25～35℃的插床中，几周后即可萌芽发根。

③播种繁殖：人工授粉的种子成熟后，立即播种，温度25～30℃，两周后发芽。

④组织培养：为进行专业化生产，现多采用组织培养进行繁育。

4. 栽培管理

(1)品种选择

根据品种特性和栽培环境条件，选择株型紧凑、健壮、抗逆性强、适应性广，适宜本地区栽培种植的品种，如粉冠军(Pink Champion)(图7-9)、亚丽桑娜(Arazona)、华伦天奴(Valentiono)、大哥大(Dakota)(图7-10)、甜梦(Sweet Dream)、托金(Toscane)、翡翠(Amigo)、幻想(Fantasy)、甜心(Sweetheart Red)等。

图7-9　红掌"粉冠军"品种

图7-10　红掌"大哥大"品种

(2)栽培基质

①基质要求：基质要求排水透气、保水保肥、不易分解、不含有害物质、能固定植株。其组成以泥炭、珍珠岩、河沙按体积比50∶3∶2混合配制较好，用熟石灰将基质pH调整到5.5～6.0、EC值0.8～1.2 mS/cm为宜，或采用进口专用基质。

②基质消毒：基质消毒是生产高品质红掌盆花的要求。常用甲醛熏蒸消毒法、高温蒸汽消毒法等。

(3)花盆选择

红掌根略肉质，对光线较为敏感，选择的花盆壁厚以手持花盆对光看不见手指为标准。小苗可使用 120 mm×100 mm，中苗以上可使用 150 mm×140 mm 规格的塑料胶盆种植，以可以稳定植株并与株型相协调为度选择花盆的大小。

(4)种植

①种苗选择：应选择生长健壮的种苗，其标准为根系发育良好，根量多，根色洁白，苗高适中，叶片完整，植株健康，长势好。

②种苗处理：种苗运输到种植地后，应尽快将其从包装箱中取出，用种苗筐盛装并放置在栽培床架上，切勿倒放或置于地面，以免病菌感染。在取苗过程中应轻放，尽量保持原根团完整、不松散。要避免叶面浇水，若室内温度过高可通过叶面喷雾的方式降温，室内温度调控在 25～28℃，光照强度在 10 000～13 000 lx。种苗处理完毕应尽快上盆种植。

③上盆种植：先在花盆底部放 3～4 cm 厚的粗基质，再在粗基质上放 2～3 cm 厚的栽培基质，将种苗置于盆内中央，填充基质至植株基部芽点，并离盆口 2～3 cm，轻轻振动盆土即可。

④摆放：据植株大小确定其摆放密度。小苗(株高 5～14 cm)可以盆靠盆摆放，中苗(株高 15～20 cm)或大苗(株高 21～27 cm)的摆放以植株间叶片不相互交接为宜。摆放好后浇透定根水。

(5)水肥管理

①恢复期管理：上盆种植后 1～2 周为恢复期。上盆当天或第二天应喷施杀菌剂，可用 75%百菌清 600～800 倍液或 50%多菌灵 800～1 000 倍液进行叶面喷雾。恢复期植株应适当遮阴，光照强度控制在 13 000 lx 左右，温度调控在日温 25～28℃，夜温 19～21℃，空气相对湿度 70%左右。上盆 3～4 d 后可适当施浓度较低的液肥(EC 值小于 0.5 mS/cm)。恢复期过后转入日常管理。

②水分管理：宜采用纯净水(指标符合 GB 17323—1998 要求)或雨水。如使用自来水，宜每隔 3～4 周用纯净水或雨水淋洗 1 次。

③营养管理：生长期液肥配方中大量元素比例为 $N:P_2O_5:K_2O:CaO:MgO = 3.6:2.3:6.7:2.5:1.3$，且宜添加适量 Fe、B、Zn、Mn、Mo 等微量元素；成花开花阶段液肥配方中大量元素比例为 $N:P_2O_5:K_2O:MgO = 1.9:2.3:6:0.8$，亦宜添加适量 Fe、B、Zn、Mn、Mo 等微量元素。为了避免液肥发生化学沉淀，在配制时将 $Ca(NO_3)_2$、NH_4NO_3、KNO_3 等硝酸盐肥集中按上述比例配制成 200 倍浓度 A 母

液，将 KH_2PO_4、K_2SO_4、$MgSO_4$、$ZnSO_4$、$CuSO_4$、Na_2MoO_4、$Na_2B_4O_7$ 等硫酸盐肥和微量元素集中按上述比例配制成 200 倍浓度 B 母液，母液配制好后存放在荫凉处备用，使用时先按要求稀释再混合施用。

施肥方法通常有以下四种。

人工根际灌施：人工根际灌施时通常 2～3 d 施肥 1 次，每次施肥将 A、B 母液按表 7-1 的稀释浓度分别稀释后混合，并调整混合液 pH 为 5.5～6.0、EC 值为 1.2 mS/cm 使用，每次的施肥量和施肥时间视不同季节和植株大小按表 7-1 定期定量的原则实行专人操作。

表 7-1　红掌盆花在不同季节的人工根际灌施施肥

季节	施肥时间	植株大小	稀释浓度	人工根际灌施施肥量
夏、秋	8:00—11:00	小苗	150～200 倍	200 mL/盆或 8～10 L/m^2
	14:00—17:00	中、大苗		300 mL/盆或 8～10 L/m^2
春、冬	9:00—11:00	小苗	200 倍	200 mL/盆或 8～10 L/m^2
	14:00—16:00	中、大苗		300 mL/盆或 8～10 L/m^2

注：小苗规格：株高 5～14 cm；中苗规格：株高 15～20 cm；大苗规格：株高 21～27 cm。

滴灌施肥：采用滴灌施肥设备施肥时，在电脑施肥程序中设定每次的施肥流量值、pH、EC 值及施肥时间，其有关指标见表 7-2。

表 7-2　红掌盆花在不同季节滴灌施肥

季节	施肥时间	母液稀释浓度	施肥泵流量	滴灌流量	EC 值	pH
夏、秋	8:30—11:00	5 倍	90～95 L/min	55～60 L/min	0.8～1.0 mS/cm	5.5～6.0
冬、春	9:30—11:30	5 倍	85～90 L/min	50～55 L/min	1.0～1.3 mS/cm	

施用长效肥：红掌盆花的营养供给还可结合长效肥同时施用，如施用奥绿肥(Osmocote)($N:P_2O_5:K_2O$= 15:10:12)，小苗约施 1.5 g/盆，中苗约施 3 g/盆，夏秋季每 2 个月施用 1 次，冬春季每 3 个月施用 1 次。

根外追肥：在生长过程中亦可适当增加根外追肥，按施肥说明叶背喷施，施肥完毕 2 h 后，宜使用喷灌系统向叶面喷水 1～2 min，以冲洗残留在叶片上的肥分或尘垢，保持叶片洁净。

④养分检测：每使用完一批次肥料，宜对植株和栽培基质进行一次营养检测，

以调整肥料中各元素的比例,制定出最适合植株生长发育需要的肥料配方。

(6)整形修剪

①摘去吸芽:用手摘去植株过多的簇生吸芽,造就良好的株型,并尽可能保持每株吸芽都能带有根系,使其上盆种植后易于生长。

② 剪去叶片:及时剪去病叶、残叶、老叶和畸形叶片,以增强植株间的透气性和叶片的采光效果。剪叶的刀具应使用0.1%~0.5%高锰酸钾溶液消毒,防止病菌的交叉传染。

(7)环境调控

①光照控制:温室内光照强度主要是通过开闭活动遮光网来调控。红掌适宜的光照要求根据季节和植株生长阶段不同而有所不同,见表7-3。当室内光照强度低于光照要求时,打开活动遮光网,增加室内光照强度;当室内光照强度高于光照要求时,关闭活动遮光网遮阴,避免强光照射对叶片和佛焰苞片产生灼伤。

表7-3 红掌盆花不同季节、生长期的光照要求 lx

季节	小苗期	营养生长期	生殖生长期
夏、秋季	12 000~16 000	16 000~22 000	14 000~18 000
冬、春季	13 000~17 000	18 000~25 000	16 000~20 000

②水分调控:红掌盆花在不同生长发育阶段对水分需求不同。幼苗阶段保持盆中基质湿润;进入旺盛生长期,供给充足的水分;盛花期适当减少水分,控制其营养生长,促进开花。在高温季节,每天增加植株浇水量和浇水次数,同时开启喷雾设备增加空气相对湿度,避免植株因高温而造成的灼伤、佛焰苞片畸形等现象。在寒冷的冬季,减少水分供给,尤其夜间应保持叶片干爽,增强其御寒能力。在正常环境条件下,2~3 d浇水1次可保证其正常生长。

③温度调控:红掌盆花的生长适宜日温为25~28℃,夜温为19~21℃,高温季节可通过打开活动遮光网遮阴,开启天窗通风,或启动循环通风扇、雾化降温机、水帘风机等降温设备降低室内温度。冬季,当气温下降到15℃时,要进行保温,当温度进一步下降时,宜使用燃油加温机加温。室内的温度与季节、光照强度有直接关系,应充分合理利用各设备设施进行科学调控,见表7-4。

表 7-4　红掌盆花生产温室不同温度处理措施

温度	建议采取的措施
低于 15℃	宜配置燃油加温机进行加温，夜间保持叶片干爽
16～19℃	密闭温室适当加温
20～27℃	开启天窗、侧门，卷起周边薄膜通风
28～30℃	打开活动遮光网遮阴，适当启动降温设备进行降温
高于 30℃	尽可能启用降温设备降温

④湿度控制：红掌盆花生长的适宜空气相对湿度为 70%～80%。但不同温度情况下要求的湿度不尽相同，见表 7-5。宜采用雾化降温设备来调控空气相对湿度，以水雾刚好飘落到叶面之上为宜，调控方法见表 7-6。

表 7-5　红掌盆花在不同温度情况下的湿度要求及生理作用

温度范围	湿度要求	生理作用
16～19℃	40%～60%	较低湿度有利于保温御寒
20～27℃	70%～80%	最适生长温度和湿度
28～30℃	80%～90%	高温伴随高湿也有利于植株生长

表 7-6　雾化降温机增湿降温的调控

温度	工作时间	间歇时间	工作压力	水源压力
23～26℃	20 s	50 s	0.8 mPa	0.40 mPa
27～30℃	20 s	30 s	1.0 mPa	0.45 mPa
30℃以上	20 s	10 s	1.3 mPa	0.50 mPa

(8)其他管理措施

①基质 pH 和 EC 值的检测调整：每半个月进行 1 次基质 pH、EC 值的检测。pH 调整采用 0.2%碳酸钾溶液灌浇基质提高其 pH，或用 0.1%的磷酸灌浇基质降低其 pH，保证基质 pH 在 5.5～6.0；基质 EC 值应小于 0.8 mS/cm，宜结合浇水进行调整。

②清洗温室：温室屋面玻璃或薄膜的透光率低于 75%时，应对其进行清洗。

③清除杂草：及时清除温室内的杂草、青苔，减少病虫的滋生传播。

④消毒灭菌：对红掌生产温室及其配套设施，特别是温室地板和苗床应每年进

行定期的消毒灭菌，可有效减少病虫害的发生与传播。

(9)病虫害防治

①根腐病、茎腐病。危害症状：一般在栽培基质过湿时易发生，多从底部根系开始，腐烂变褐，叶边变黄下垂，疫霉菌引起的根腐可使茎部和叶片受害，根和茎部呈褐色。防治措施：发病初期，在植株周围用70%甲基托布津800倍液浇灌，或用25%瑞毒霉可湿性粉剂200 g/100 L水或45%代森铵水剂250 g/100 L水或50%多菌灵200 g/100 L水浇灌，或用30%的恶霉灵800倍液或64%卡霉通1 000倍液喷施。5～7 d用药1次，连用同一种药2～3次后应换用另一种药剂。

②叶斑病。危害症状：病斑始于叶尖或叶缘，形状不规则，由小逐渐扩大，病斑褐色，边缘淡黄色，严重时可扩展至整片叶，叶片干枯。防治措施：每隔2周轮换不同药剂，连续喷药3～4次。适宜的药剂：75%百菌清600～800倍液，或70%甲基托布津800倍液，或70%代森锌800倍液，或雷多米尔500～800倍液。

③炭疽病。危害症状：多于叶尖或叶缘发病，病斑呈圆形或半圆形。发病初期，病斑部位的叶片褪绿黄化，边缘褐色，中间灰白色，轮纹有或无；发病后期，病斑上有许多小黑点，湿度过大时，上有淡黄或黄色黏液出现；此病也会引起花腐，在肉穗花序上形成黑色坏死斑点。高湿是发生此病的主要原因，病原是盘长孢属或刺盘孢属真菌。防治措施：药剂防治和加强栽培管理，要经常通风透光，及时摘除病叶。在发病初期，连续喷2～3次药剂，每隔2周轮换使用不同药剂。适宜的药剂：10%世高水分散颗粒剂2 500～3 000倍液，或75%百菌清600～800倍液，或炭疽净800～1 000倍液，或敌克松600～800倍液喷施。

④红蜘蛛。为害症状：主要为害嫩叶和叶芽，使嫩叶和芽枯萎，老叶变黄，花上出现褐色斑点。防治措施：为害初期可喷药防治，每隔1～2周轮换喷施下列药剂，连续喷3～4次，喷施时注意将叶面、叶背和叶基全部喷施，以免有残留继续繁殖为害。用10%虫螨杀1 000倍液，或50%除螨灵500～600倍液喷施。

⑤蓟马。为害症状：主要为害幼嫩的叶片、叶柄和佛焰苞片，主要为害叶背，为害后叶片和花上出现褐色条纹，严重时花和叶皱缩或畸形。防治措施：用10%的吡虫啉可湿性粉剂2 000～4 000倍液，或用1.8%阿维菌素2 000～3 000倍液，或蓟马灵800～1 000倍液，或蓟虱灵800～1 000倍液，4～5 d喷药1次，每种药连续使用不宜超过3次。

思考题

1. 市场上蝴蝶兰有哪些品种？
2. 蝴蝶兰花期如何调控？
3. 简述蝴蝶兰的水肥管理主要措施。
4. 观赏凤梨有哪几个品种系列？
5. 观赏凤梨的生长发育特点及生态习性如何？
6. 观赏凤梨的花期如何控制？
7. 简述红掌开花的特点，如何控制花期？
8. 红掌的主要生态习性如何？
9. 简述红掌生长过程中的环境调控。

实训项目

实训项目 7-1　蝴蝶兰水苔更新

目的要求　通过更新蝴蝶兰水苔，了解和掌握蝴蝶兰营养杯栽种技术。

材料用具　开过花的蝴蝶兰、营养杯、水苔等。

实训内容　蝴蝶兰水苔更新。

实训操作

①准备实训材料和用具。

②水苔浸水。

③水苔脱水。

④清除旧水苔。

⑤包裹新水苔。

⑥装杯。

⑦苗期管理。

技能考核　考核要点为水苔装杯包裹的松紧度、包裹位置是否正确、苗损伤与否。

实训项目 7-2　蝴蝶兰组盆

目的要求　通过蝴蝶兰组盆，掌握组合盆栽栽植技术和审美要求，提升蝴蝶兰价值。

材料用具　开花的蝴蝶兰、20～30 cm 口径花盆、铁丝、塑料夹、金丝线、水苔、泡沫等。

实训内容　蝴蝶兰组盆。

实训操作　组成 6 株或 8 株为 1 盆，花朵由低向高分布，可组成四面观或单面观。

技能考核　植株稳固、造型美观、花朵完整不损伤。

实训项目 7-3　观赏凤梨花期控制

目的要求　通过观赏凤梨的花期控制，了解乙烯利的生理功能作用，掌握植物生长调节剂的计算和使用，从而掌握观赏凤梨花期控制技术。

材料用具　未开花的观赏凤梨、玻璃棒、烧杯、乙烯利药品等。

实训内容　观赏凤梨花期控制。

实训操作

①准备材料和工具。

②计算乙烯利的用量。

③配制一定浓度的乙烯利溶液。

④溶液注入观赏凤梨水槽。

⑤观察实验后凤梨顶芽变化。

实训考核　观察记录，撰写实验报告。

实训项目 7-4　红掌施肥

目的要求　通过红掌施肥实验，了解营养液组成，掌握营养液配方中营养元素含量的计算方法，从而准确配制营养液浓度。

材料用具　未开花的红掌、玻璃棒、烧杯、天平秤、化肥药品、桶等。

实训内容　红掌施肥。

实训操作

①准备材料和工具。

②计算营养液配方中化合物的用量。

③配制营养溶液各化合物用量。

④配制混合营养液。

⑤浇灌根际施肥。

实训考核　撰写实验报告。

第八章

华南地区主要果树设施栽培技术

第一节　葡萄避雨栽培技术

一、生产概况和主栽品种

（一）生产概况

随着葡萄产业的发展和栽培技术的进步，近20年来我国鲜食葡萄的种植范围不断扩大，广西、云南两省（自治区）已成为我国葡萄发展新的热点地区，利用避雨、催芽、产期调节、整穗疏果、果穗套袋、控制产量等新型种植技术和高质量栽培模式，大面积种植巨峰、红地球、夏黑等优良鲜食葡萄品种，成熟季节与北方主产区错开，取得了良好经济效益和社会效益。

我国南方地区发展的葡萄品种不同，但近年来种植的主要品种有美人指、红地球、阳光玫瑰、巨玫瑰等品质好、商品价值高的品种或巨峰、夏黑等普遍受消费者欢迎的品种。

（二）主栽品种

1. 夏黑

欧美杂交种，早熟品种，自然果实平均粒重3.0～3.5 g，果实完全成熟时紫黑色，果粉厚，肉硬而脆，无核，甜味浓，口感好，品质上等，单穗重平均为400 g。抗病，丰产，果实着色容易而均匀，耐贮运，果粒整齐，是目前葡萄各主产区表现最好的早熟品种。树势强旺，6月上旬果实成熟。年热量足的地区可一年生产两造果。

2. 巨峰

欧美杂交种，中熟品种，果粒大，果粒圆形或卵圆形，自然果实平均单果重 9～10 g，品质中上，果肉软，单果粒有种子 1～2 粒，成熟果实易落粒，果皮充分成熟后呈紫黑色，夏果于 6 月中旬到 7 月上旬成熟。该品种树势强，适应性强，抗病性强，是南方主栽的葡萄品种，对肥水和夏季修剪要求较严格，在广西南部等南亚热带地区可进行夏果和冬果的一年两造生产。

3. 美人指

欧亚种，晚熟品种，果穗中大，单穗重 450～600 g；果粒大，呈长椭圆形似手指，平均粒重 10～12 g。果实先端鲜红色，润滑光亮，基部颜色稍淡，皮肉不易剥离，皮薄而韧，不易裂果；果肉紧脆呈半透明状，可以切片，无香味，品质优良。单果粒有种子 1～2 粒，7 月中旬着色，7 月下旬至 8 月上旬成熟；果实耐贮藏。多雨地区需要避雨栽培和果穗套袋，广西桂林等部分地区利用副梢冬芽结果可进行一年两造果生产。

4. 红地球

欧亚种，晚熟品种，单穗重平均约 800 g。果粒圆形或卵圆形，平均粒重 12 g，大粒可达 22 g。果皮中厚，粉红或紫红色。8 月果实成熟，果肉硬脆、味甜、能削成薄片，可贮藏至翌年 4 月。南方多雨地区需要避雨和果穗套袋栽培。

5. 阳光玫瑰

欧美杂交种，中晚熟品种，果穗圆锥形，单穗重约 600 g，平均粒重约 8 g；果粒着生紧密，椭圆形，黄绿色，果面有光泽，果粉少；果肉鲜脆多汁，有玫瑰香味，可溶性固形物 20%～26%，鲜食品质极优。在南宁，7 月中旬果实开始转色，7 月下旬果实开始成熟，成熟后可在树上挂果长达 1 个月；不裂果，耐贮运，无脱粒现象；较抗白腐病、霜霉病和白粉病。

商品价值高且适宜南方地区避雨栽培商品生产的其他葡萄品种还有巨玫瑰、温克、无核白鸡心、奥古斯特、维多利亚、京亚等。

二、对生态环境条件的要求

1. 温度

葡萄大多数品种在年平均气温 15～23℃的地区生长结果良好，通过自然休眠需 7.2℃以下的低温 1 000～1 500 h；果实成熟期昼夜温差在 10℃以上时，浆果含糖量高，品质好，果实成熟期最适宜的温度是 28～32℃，气温低于 16℃或超过 30℃时对浆果发育和成熟不利，品质降低，当气温高于 30℃，叶片光合作用效率降低并易产生高温障碍。

2. 光照

葡萄是喜光植物，对光较敏感，光照不足时，花芽分化不良，新梢生长细弱、徒长，叶片薄，叶色淡，光合效率低，果穗小，落花落果量大，产量低，浆果着色不良、品质差。

3. 水分

葡萄耐旱、忌湿、喜干燥，葡萄园的地下水位至少 1.0 m 以下，过高的地下水位使土壤湿度大，不利于根系的正常生长。

4. 土壤

pH＝5.0～8.0 的土壤均可栽种葡萄，土层深厚疏松肥沃、有机质含量高、排水良好的沙质壤土最适宜种植葡萄，盐碱地种植葡萄生长结果不良，但不同种群或砧木对土壤适应性不同。盐碱地不宜种植葡萄。

三、建园

（一）栽植苗木

大多数的葡萄园采用双十字“Y”形架栽培，种植葡萄苗木前可全园深耕，也可只挖掘定植沟，定植沟深度 0.5～1.0 m、宽 0.6～0.8 m，株行距以(1.0～2.0) m×(2.5～3.0) m 为宜；按有机肥 1 500～2 500 kg/667 m^2、钙镁磷肥 100 kg/667 m^2 施肥量，在定植幼苗前将肥料施入畦面或定植沟与土壤混匀做基肥，酸性土壤的园地加施 100 kg/667 m^2 石灰粉。定植营养袋苗时要去除营养袋但不要将根系土团弄散；裸根苗的根系向周围舒展开后才回土覆盖，踩紧踏实，再把苗木轻轻向上提动，使根系与土壤紧密接触，以苗木为中心做中间稍凹的树盘，淋定根水，树盘覆盖干草或地膜，保湿、保温、防草。

（二）架式选择和建设

葡萄是蔓性果树，须搭建支架供其枝蔓攀附，一般采用双十字“Y”形架

(图 8-1、图 8-2),也可采用棚架、单篱架。葡萄架建设可在定植前也可在定植后进行。

图 8-1　双十字"Y"形架架面横面设置情形

图 8-2　双十字"Y"形架架面上方俯视图

双十字"Y"形架的架高 1.8～2.0 m,每隔 4～5 m 竖立柱子 1 条,在距地面 0.8～1.0 m 拉第一条铁线,在距地面 1.4 m 绑第一道横梁,在立柱顶部绑第二道横梁。此架式植株幼苗期要培养主干 0.6～0.8 m,以后每个主蔓上的新梢在"Y"形架面上左右均匀布开,中间出现"V"形开口(图 8-3),加强了通风和光照,产量高,果穗在叶幕的保护下,不易发生日灼。水泥柱宽为 10～12 cm,长度 2.5 m,埋入地面0.5～0.6 m。线材使用葡萄专用搭架线或铅线,横担主要材料有木、竹、金属等。

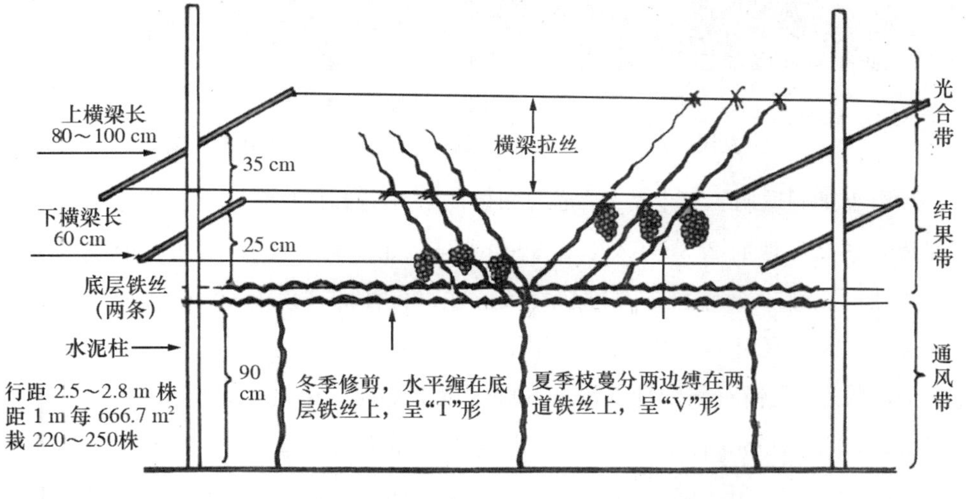

图 8-3　葡萄栽培采用双十字"Y"形架整形示意图

(引自杨治元资料)

（三）避雨设施建设

华南地区年降雨量大，年平均温度高，露地种植的葡萄中，大多数葡萄品种低产、劣质、病虫害严重，20 世纪 90 年代，采用葡萄避雨栽培模式可扩大红地球、美人指、无核白鸡心等高品质葡萄品种的规模化商品生产的栽培区域，葡萄避雨能提高坐果率，减少裂果，减轻病害，吴力军等曾在浙江泰顺于 4—7 月期间对巨峰葡萄进行简易避雨栽培试验，避雨栽培叶片发病率为 13.34%、果穗发病率 4.8%，露天栽培叶片发病率为 96.41%、果穗发病率 100%，病虫害减轻，也能减少防治病虫使用农药次数和使用量，减少农残含量，提高果品品质和安全性。南方地区葡萄避雨栽培设施除少量使用塑料大棚外，绝大多数是采用简易小拱棚避雨（图 8-4）。

图 8-4 葡萄采用简易小拱棚避雨栽培

（左图为双十字“Y”形架拱棚横面图，右图为全景图）

遮雨小拱棚适用于双十字“Y”形架和单篱架，1 行葡萄搭建 1 个避雨棚（图 8-5）。葡萄架立柱高出地面 2.3 m，入土 0.5～0.6 m。如原架柱较低，可用竹棍或木料加高至离地面 2.3 m，每根柱的高度应一致。在每根柱的柱顶下 40 cm 处架 1.8 m 长的横梁。在每行的柱顶和横梁两头各拉 1 条较粗的铁丝，在每行两头拉 3 条铁丝并在一起拉紧，用锚石固定埋在深度 50 cm 以下土中。用 2.2 m 长、3 cm 宽的竹片或粗铁线，每隔 70 cm 置 1 片，中心点固定在中间顶部铁丝，两边固定在两边铁丝上，形成搭形架面（图 8-6）。用 2.2 m 宽、0.03 mm 厚的塑料薄膜盖在遮雨棚的拱片上，两边每隔 35 cm 用竹（木）夹或塑料夹将膜边夹在两边铁丝上，再用压膜带或塑料绳往返压住塑料薄膜，压膜带固定在竹片两端，可采用 2 行葡萄设立 1 个避雨棚的方式，棚顶最高处位于两行葡萄中间的上方。

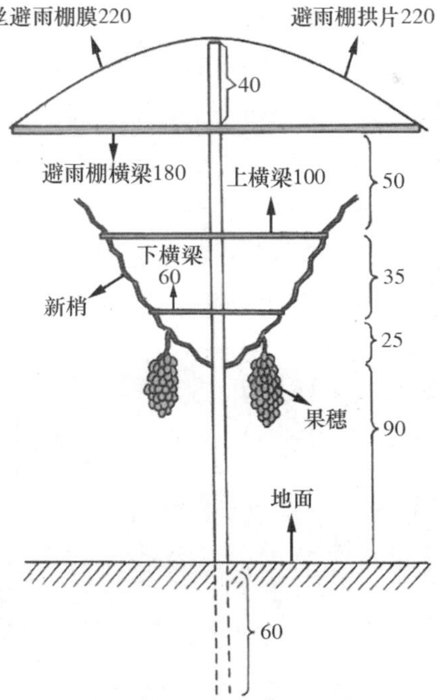

图 8-5　双十字"Y"形架葡萄避雨棚横面示意图(单位：cm)

(引自杨治元资料)

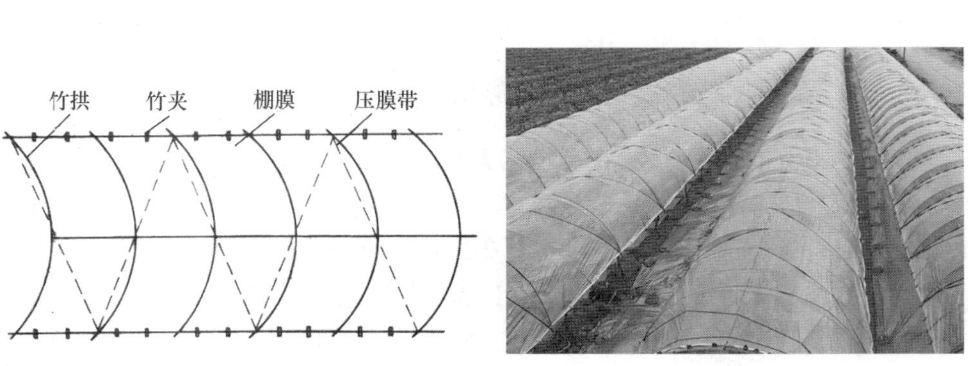

(A)　　　　(B)

图 8-6　简易避雨小拱棚棚膜、压膜带及竹木夹固定棚膜示意图(A)和实物图(B)

四、常用树形培养和整形修剪

（一）主蔓水平树形的整形和修剪

定植后从抽生的新梢选留两个新梢培养主蔓，主蔓长度约 50 cm 时反复摘心，促进长粗，并摘除所长的副梢，冬季把两个主蔓水平绑在第一条铁丝上，并修剪，每个主蔓留 5～8 芽。第二年春季这些芽体萌发长成结果蔓。落叶休眠后对强壮的当年结果蔓进行中梢或短梢修剪，培养翌年的结果母蔓，细弱枝条全部疏剪（图 8-7、图 8-8）。短梢修剪一般是指对葡萄一年生枝蔓保留 1～3 个节或芽眼的短截修剪；中梢修剪一般是指对葡萄一年生枝蔓保留 4～8 个节或芽眼的短截修剪。

图 8-7　葡萄双臂单层树形冬季休眠期修剪预计修剪部位

（白标线为修剪处，每一健壮结果母枝留芽 3～5 个）

（二）双十字“Y”形树形的整形和修剪

第一年小苗留 2～3 芽定植，发芽后选留 1 个新梢作为主干，新梢生长至 70～80 cm 时摘心，下部副梢留 1 叶绝后，留 4 个顶副梢继续生长，培养成 4 个结果母枝。冬剪时，4 个结果母枝分别留 5～8 芽修剪，横绑于第一道线上；第二年发芽后去除过密芽、双芽、弱芽，让所留的芽体长成当年的结果枝蔓。当这些新梢生长至 12～13 叶时，在果穗以上留 6～8 叶摘心，抹除果穗以下副梢，果穗以上副梢留 1 叶绝后摘心，顶副梢留 2 个，当生长至 4～5 叶时绝后摘心。落叶休眠后对强壮的当年结果蔓进行中梢或短梢修剪，培养下一年的结果母蔓。

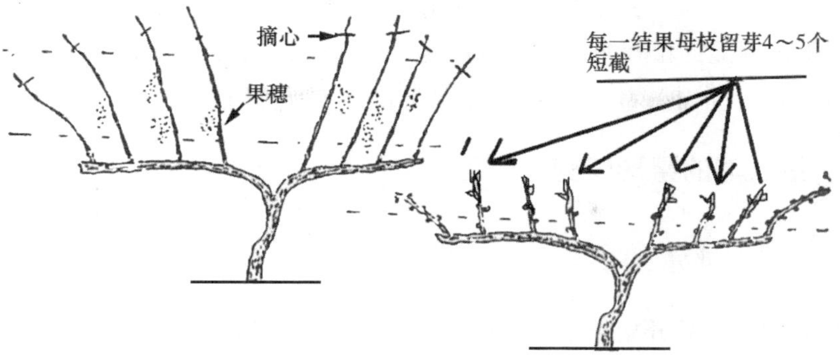

图 8-8　葡萄主蔓双臂树形落叶休眠期修剪示意图

（改自:张凤仪,张清.《实用葡萄栽培图诀 400 例》插图）

（三）扇形树形的整形和修剪

此树形适用于单篱架栽培。定植后培养主干后,对主干摘心或短截促进侧蔓生长,培养 2～4 条侧蔓作为主蔓(图 8-9),冬季落叶后每一主蔓的培养枝各留60～80 cm 剪断,剪口芽要饱满,第二年春季萌芽后各主蔓选 1～2 个侧蔓,并不断摘心,第二年起每年冬季对主蔓进行中梢修剪。

图 8-9　葡萄扇树树形

（左图为幼苗期,右图为基本成形期）

（四）龙干整形和修剪

苗木定植后第一年冬季修剪时留 4～5 芽短截,第二年生长期重点培养一个健壮的新梢向前延伸,而其他枝条均留 2～4 片叶摘心促壮,第二年仍继续选留一个强壮新梢向前延伸，其余的也仍采用摘心的办法促其形成壮枝。当主蔓达 1.8～2.0 m 时形成明显的粗壮龙干，以后各年除龙干延长枝进行长梢修剪外，在龙干的两侧每隔 20 cm 左右分布 1 个龙爪(结果母枝)，实行短梢修剪或中梢修剪。

五、生长期的整形修剪

（一）定梢绑蔓

新梢显现花序后开始抹梢，先抹除无花序的新梢，有花序的新梢去弱留强，双十字“Y”形架和单篱架每间隔 20 cm 留 1 条结果蔓(图 8-10)。如果选留无花序的营养梢，一般选留靠近主干附近生长势中等的枝蔓，生长势强的植株通常只留结果蔓，不留营养蔓。葡萄枝蔓需要绳线绑缚固定在架面，如果枝梢生长势强旺，在架面上稍微倾斜绑缚，削弱直立生长势。枝蔓长出的卷线应全部摘除。

图 8-10　葡萄枝蔓绑缚固定在架面

（二）枝蔓摘心

葡萄枝蔓摘心是指将正在生长的枝蔓顶端连同数片幼叶一起摘除。不同品种生长势有差别，枝蔓摘心前所留的叶片数量也不同，如巨峰、夏黑两个品种的结果蔓主梢留 10～12 片叶摘心，顶端留 1～2 条副梢，这 1～2 条副梢都留 2～3 片叶反复摘心；营养蔓留 4～5 片叶反复摘心控制其生长势。“红地球”品种的结果蔓在第

1花穗以上4～5叶时第一次摘心打顶，当延长梢长到8叶时进行第二次摘心打顶，当延长梢再长6叶时进行第三次摘心打顶，然后反复打顶摘心不再让其延长，使结果蔓保持20叶左右；营养蔓在长出8叶时第一次摘心打顶，营养枝的延长梢长到8叶时进行第二次摘心，然后反复打顶摘心不再让其延长，使营养蔓保持16～18叶。采用“Y”形架的葡萄枝蔓经第二次打顶后可以把长势旺的枝梢往下挂，控制新梢旺长，有利于果穗生长。

（三）副梢处理

结果蔓花序以下的副梢要全部抹除，花序以上的副梢可全部抹除，也可在主梢留足叶片后在主梢的顶端留1～2条副梢，但需对所留的副梢不断摘心，每个副梢只留2～3片叶。

六、休眠期的整形修剪

葡萄休眠期的修剪宜在其伤流出现前完成，减少树体营养液从断口流失，冬季休眠期修剪宜在“大寒”节气前后进行。运用疏剪、短截、回缩、绑蔓等方法对葡萄进行修剪，疏剪细弱枝、病虫害枝、未老熟枝，中梢修剪或短梢修剪健壮的枝条，不同架式的葡萄整形有所差异，但修剪保留的芽体都要求芽体成熟、健壮，所留枝段使用绑线绑扎在架线上，使枝条和芽体均匀分布在架面。对植株总体应修剪量合理，整树忌修剪量过小，否则没有达到修剪效果；整树修剪量也不宜过重，否则影响次年生长结果。细弱的衰老枝条可回缩修剪，使剪口芽萌发，培养健壮新枝。

葡萄结果母蔓的更新修剪可选用下列两种方法。

1.双枝更新法

靠近的两个老熟健壮枝作一结果枝组，1个健壮枝作结果母枝进行中梢修剪，其冬芽萌发长出新梢后选留1～2个健壮枝作结果枝，枝组的另一枝条进行短梢修剪留做预备枝，预备枝冬芽萌发长出的新枝选留1个健壮枝培养作营养枝，不留花果（图8-11）。冬剪时当年结果枝进行短梢修剪作换作预备枝，当年营养枝进行中梢修剪作结果母枝，两根基枝隔年轮换结果，每年均照此法修剪。

2.单枝更新法

冬剪时选留最健壮枝条作下一造的结果母枝，并对枝条作中梢修剪，其所留的冬芽萌发后长梢，选留健壮新梢作结果枝或营养枝（图8-12）。

图 8-11　双枝更新修剪示意图

图 8-12　单枝更新修剪示意图

七、土肥水管理

（一）基肥

南方葡萄园基肥在 10—12 月施肥，使用发酵后的鸡粪或猪粪或粗制商品有机肥 1 000～1 500 kg/667 m^2 或麸饼肥 100～120 kg/667 m^2，钙镁磷肥 50 kg/667 m^2，硫酸镁 5～6 kg/667 m^2、硼砂 2～3 kg/667 m^2，距离主干约 50 cm 处开深度和宽度各 40～50 cm 的条沟施肥。

（二）追肥

1. 幼树追肥

当年春季新植的幼树，新梢长到约 30 cm 时第一次追肥，追肥使用液肥，每株淋施 5～10 kg 0.3%尿素、0.2%硫酸钾和 5%腐熟麸肥混合肥液，4—10 月每间隔

15 d 淋肥 1 次，也可每 30～40 d 干施复合肥 100 g/株。

2.结果树追肥

定植第 2 年的葡萄可以开花结果，一年生产一造果葡萄的土壤追肥每年按壮果肥、采果肥两次施肥，壮果肥在谢花后尽快施肥，施三元复合肥 50 kg/667 m^2，硫酸钾 20～30 kg/667 m^2；采果肥在采果后施用，施三元复合肥 20～25 kg/667 m^2。不同葡萄园因为园土、品种、肥类种类不同，生产使用的施肥量也存在差异，如浙江海盐纯元牌无公害葡萄每年的施肥量(品种：无核白鸡心、藤稔，引杨治元资料)如下：猪厩肥 3 200 kg/667 m^2(或鸡粪 1 500 kg/667 m^2)、氮磷钾复合肥 108 kg/667 m^2、尿素 29 kg/667 m^2、过磷酸钙 50 kg/667 m^2、硫酸钾 8 kg/667 m^2。

葡萄园如果建设滴灌系统实行水肥一体化管理则施肥将更高效和省力、省肥、环保。根据张承林、郭彦彪的资料，每生产 1 000 kg 葡萄果实，树体需从土壤吸收氮 C.3～0.6 kg、磷 0.05～0.14 kg、钾 0.25～0.54 kg，如果干施肥料，一般 1 hm^2 每年施氮 180～270 kg、磷 60～100 kg、钾 180～270 kg，如果采取滴灌施肥可使用前述施肥量的 60%～70%即可，其中 40%作基肥，其余 60%作追肥，在萌芽后至落叶时每 7～10 d 滴灌施肥 1 次，每次滴肥水量约 15 L/株，滴灌施肥须选用如磷酸二氢钾、硫酸钾、尿素等全溶性肥料。

葡萄喷药防病虫时，在药液中加 0.2%的磷酸二氢钾一起喷施，如果树势偏弱可在药液中加 0.3%尿素，开花前喷 0.2%硼砂和 0.2%磷酸二氢钾混合液，利于提高坐果率，着色期每隔 7～10 d 喷 1 次 0.5%～1.0%钙类微肥，连续喷 2～3 次，增加果实硬度。葡萄生长结果也易发生硼、锌、铁、镁、锰等微量元素缺乏症状，如果出现微量元素缺乏症状可通过叶面追肥弥补。

(三)水分管理

根据葡萄生长发育不同时期的需水特点进行灌溉。葡萄萌芽前灌透水；开花前 7～10 d 和花谢时各灌水 1 次，在浆果生长期至着色时，要保持根际土壤湿润；着色后，除特别干旱天气外，一般不灌水；果实采收后，结合施肥灌水，促进枝叶生长。地面覆盖地膜的葡萄园，滴灌需用的滴管铺在地膜下面。

(四)土壤耕作

每年结合施基肥对畦面中耕松土 1 次，中耕深度 20～25 cm，酸性园土施基肥时混入石灰粉 50 kg/(667 m^2·年)。提倡对葡萄园种植行覆盖反光地膜(图 8-13)，利于防草、保水、保温、防止畦面土壤板结，也能改善葡萄园光照条件。葡萄种植密度大，为减少虫害和杂草争夺肥水，不提倡地面生草栽培。

图 8-13　覆盖反光地膜的葡萄园畦面

八、花果管理

（一）疏花疏果

葡萄的结果枝径粗在 0.8 cm 以上的留花穗 1 个，如美人指品种按每 667 m^2 留花穗 2 500～2 600 穗的标准进行疏穗，成熟时产量一般为 1 000～1 200 kg/667 m^2。开花前 7 d，根据花穗的大小，疏去花穗基部 1～4 侧穗，剪去穗尖(约占穗长 1/4)。果粒长大如大豆粒大小时开始疏果，疏去小果、病果，使果粒四周间隙均匀，保证果实成熟时紧凑，既不稀疏也不过密。巨峰葡萄每 1 穗果留 40～45 个果粒(图 8-14)，红地球品种每 1 果穗留 50～60 个果粒。

（二）保花保果

葡萄要减少落花落果除了要合理施肥和平衡施肥及做好病虫防治外，可用赤霉素保果，在单个花穗 60% 小花开放时和小果呈大豆粒大小时使用，溶液浓度为 5～15 mg/L，用配制好的溶液完全浸泡花穗或果穗，减少落果，使花序伸长，拉长果穗，扩大果粒之间的空间，利于果实生长均匀饱满。

图 8-14　疏果后的巨峰葡萄果穗青果期（左、中图）和成熟期（右图）

（三）果穗套袋

疏果结束后喷 1 次广谱性的杀菌剂和广谱性的杀虫剂混合液，药液干后随即采用白色纸质或无纺布水果专用袋套袋护果。果袋长度 40～45 cm、宽度 30 cm，袋底有漏水口，上袋口用细铁丝扎紧，绑在果穗的果梗上，等到果实成熟采收前 7～10 d 拆摘袋子，也可采收时才拆袋。

（四）果实采收和包装

葡萄果实应在颜色和果实固有风味时采收，手托住果穗，用果剪从果梗基部剪断，果穗要轻放。果穗放在包装箱内，每箱装 5～10 kg 果实，防止重量过重压伤果粒，也可进行单果穗包装后再装入大的包装箱。同一果园的葡萄通常成熟期不同，需分批采收。

九、葡萄产期调节

华南地区在年周期中自然的光热量资源丰富，如以高于 10℃活动积温指标为例，福建福州市为 6 505℃/年、广西柳州市为 7 200～7 650℃/年，广西南宁市每年下半年高于 10℃活动积温约 4 300℃，许多地区全年日照时数多、时间长，如云南元谋、蒙自和四川攀枝花年日照时数均在 2 800 h 左右，为当地葡萄生产的产期调节提供良好的自然环境条件。因为全年光热资源丰富，这些中亚热带地区和南亚热带地区于 20 世纪 90 年代末期开始引进、研究和推广葡萄产期调节的生产技术，使巨峰、夏黑、美人指等一些葡萄品种的成熟期在每年 11—12 月至翌年 1 月上旬或

4—5月成熟采收上市，且形成了基地化、规模化生产，显著提高了葡萄生产经济效益。葡萄产期调节主要有一年夏冬双季果不重叠栽培模式、一年两造重叠“二世同堂”栽培模式和一年一造促早栽培生产模式等3种方法，其中一年夏冬双季果不重叠栽培要求栽培地区高于10℃活动积温在6 500℃/年、有效积温大于3 500℃/年。葡萄一年两造果的栽培模式要获得优质果品和保持稳产，第一造果产量需控制在1 000～1 200 kg，第二造果产量控制在400～600 kg，否则二造果质量差，翌年春季萌芽推迟，成花率下降。

（一）一年夏冬双季果不重叠栽培模式

此种种植模式只能在春季气温回升快、冬季温度高的北回归线以南的南亚热带地区开展，品种以巨峰系为主，在6下旬至7月上旬采收夏造果、12月下旬至翌年1月上旬采收冬造果，此种生产模式葡萄物候期如图8-15所示。每年1月下旬至2月上旬进行休眠期修剪，留作结果母枝的枝条中梢修剪，留芽6～8个，剪口粗度0.8～1.0 cm为佳，然后使用催芽剂“荣芽”牌50%单氰胺水剂20倍稀释液涂抹芽体，施足肥料灌足水分，使芽体能在3月上旬整齐萌发长梢，按常规进行树体管理、肥水管理及病虫防治，使植株生长健壮、花果正常生长，夏造果实可在6月下旬陆续成熟采收，7月上旬采收结束。夏造果采果后7 d以内即施足采后肥，畦面淋透水分，促进肥料分解吸收，恢复树势，并加强病虫害防治，保证枝叶正常生长。8月上中旬按冬季休眠期修剪的技术要求，对当年葡萄的结果蔓和营养蔓进行中梢

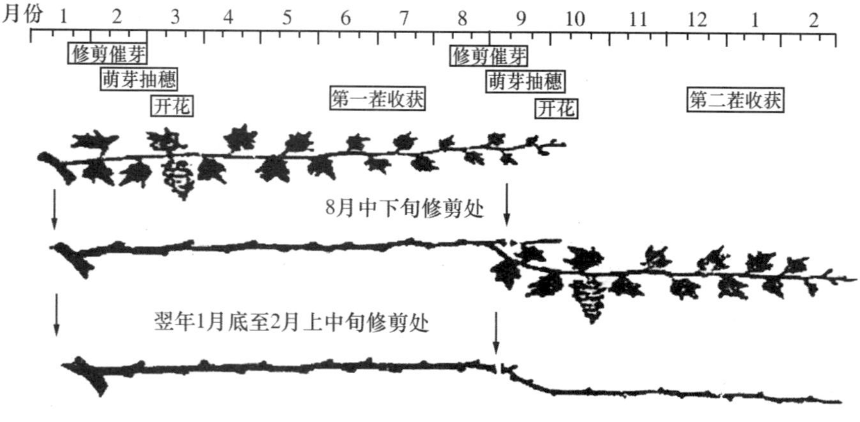

图 8-15　巨峰系葡萄一年夏冬双季果不重叠栽培模式示意图

（引自修德仁、商佳胤的资料）

修剪，摘除全部叶片，用石硫合剂等杀菌剂喷布全园进行清园2次，中间间隔5～7 d，于8月中旬前使用催芽剂涂抹剪口以下1～2个芽体催芽促梢，其他芽体留至翌年春季使用，8月中旬催芽处理后8月下旬芽体即萌发长梢，9月上中旬开花坐果，按常规方法进行肥水管理、枝叶和花果管理，并做好病虫防治，11月下旬冬造果的果实开始着色，12月下旬至翌年1月上中旬果实成熟采收，于1月下旬修剪和清园。此种模式生产的冬造果比夏造果着色更好、可溶性固形物含量更高，但单果略小。

（二）一年两造"二世同堂"栽培模式

此种种植模式可选择美人指、温克、红地球、维多利亚及巨峰系等品种，适宜发展的地区如广西桂林市，年周期年平均气温约19℃，1月平均气温约8℃，7月平均气温约27℃，10月平均气温约20℃，且日最低气温在17℃以上。此种模式选择在1月中下旬修剪，2月下旬至3月中旬催芽，4月下旬至5月上旬开花，夏果坐稳后加强肥水管理促进新梢生长，同时人工摘心或喷生长抑制剂促进叶片老熟和花芽分化，在6—7月进行绿枝修剪，逼迫冬芽萌发、开花结果。7月上旬至8月上中旬夏果成熟采收，10月下旬至11月上旬秋果采收。此模式关键技术环节之一是培养健壮结果蔓的副梢作为二造果的结果蔓，例如在广西桂林市的4月下旬一造花开花前1周，对结果蔓的花序以上留5片叶打顶摘心，待其长出副梢时只留最顶端一个一级副梢，其余抹除，所留的顶端一级副梢留4～5片叶打顶摘心，待一级副梢再长出二级副梢后也只留最顶端一个二级副梢，并保留2～3片叶打顶摘心（图8-16）。所留的一级副梢的基部冬芽充实饱满但未木质化时保留2～3片叶短截，促使其第二个或第三个冬芽萌发长出结果蔓开花结果生产二造果。如果副梢冬芽萌发新梢后无花芽，可对其长出的新梢留3～5片叶摘心，使其再萌发夏梢，再次长出的夏梢往往会长有花芽。二造果开花时间晚熟品种不宜迟于6月中下旬，早、中熟品种不宜迟于7月中旬，保证二造果能在11月中旬前成熟。美人指等较难形成二次花芽的品种，在5月中旬起喷2～3次浓度为1 500 mg/L的矮壮素，两次之间间隔5～7 d，喷药时只喷果穗以上部分的叶片，不要让药液喷洒到幼果上。

（三）一年一造促早栽培生产模式

每年11月下旬至12月上旬对葡萄进行休眠期修剪，12月上中旬用浓度为15%～20%的石灰氮澄清液或50%单氰胺水剂20倍稀释液涂抹芽体，12月下旬

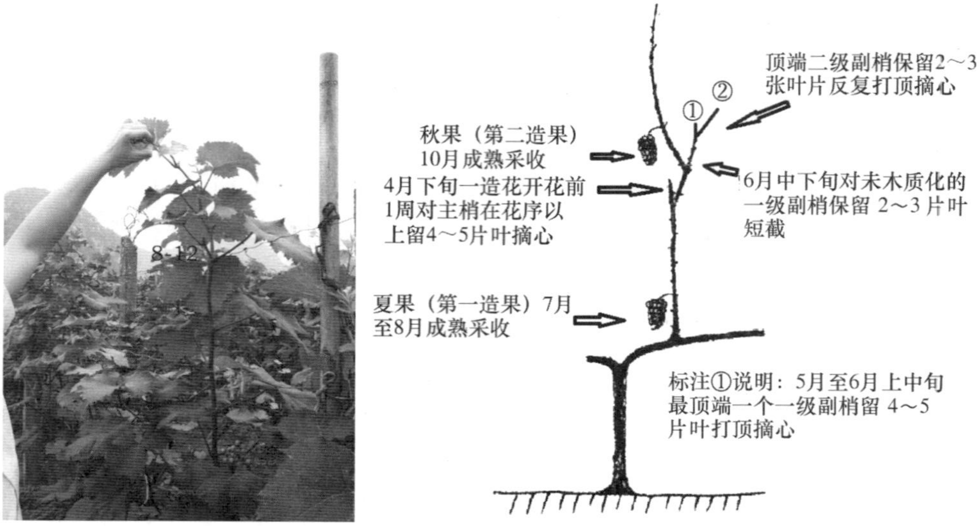

图 8-16　葡萄一年两造“二世同堂”栽培模式示意图

（改自白先进的资料）

至翌年 1 月上旬芽体即可萌发长梢，催芽处理后立即给畦上的拱棚或大棚盖塑料膜升温保温，2 月下旬揭膜不再覆盖。催芽前 1 个月左右施足基肥，以后在萌芽前、谢花期、果实膨大期各追肥 1 次，加强肥水管理、树体和花果管理，4 月上旬起即可陆续成熟采收。采收后施足采果肥，补充养分，恢复树势，为翌年下造果生产做营养准备。

十、病虫害防治

我国南方地区空气湿度大、气温高，葡萄病虫害种类多，葡萄园管理不当通常发生严重的病虫害，导致果品低产和质劣，甚至绝收。葡萄生产要获得丰产优质果品，除了注重栽培管理外须加强病虫害防治。葡萄主要病害如霜霉病、白粉病、黑痘病、灰霉病、白腐病、炭疽病在南方地区各葡萄产区都有发生；常见为害严重的害虫有透翅蛾、叶蝉、绿盲蝽、斜纹夜蛾、蓟马。葡萄园的 1—6 月病虫害防治可参照表 8-1 的方法实行，如果是一年二造生产葡萄，8—12 月病虫害防治也可参考表 8-1 的 2—6 月规程实行。

表 8-1　葡萄绿色果品生产化学防治病虫害规程(1—6 月)

物候期	用药时期	防治的主要病虫害	防治方法
休眠期	1—2 月	介壳虫、螨类、白粉病	清扫、修剪整形果园后，喷石硫合剂 45%结晶粉 150 倍液，全园地面和架面枝蔓喷湿喷透，间隔 10 d 共喷 2 次
萌芽至展叶 2～3 片	2 月下旬至 3 月上旬	霜霉病、蛾类害虫、蚜虫、蓟马、叶蝉	78%波尔·锰锌可湿性粉剂700 倍液＋ 50%辛硫磷乳油 2 000 倍混合液叶面喷雾，安全间隔期为 25 d
开花期	3 月中旬	霜霉病、穗轴褐枯病、蛾类害虫、蚜虫、蓟马	37.5%氢氧化铜悬浮剂 800 倍液＋2.8%溴氰菊酯乳剂 2 000 倍混合液叶面喷雾，安全间隔期为 21 d
	3 月下旬至 4 月上旬		69%烯酰吗啉可湿性粉剂 2 000 倍液＋10%吡虫啉可湿性粉剂 2 000 倍混合液叶面喷雾，安全间隔期为 25 d
幼果期	4 月中下旬	霜霉病、黑痘病、白粉病、蛾类害虫、蚜虫、蓟马	40%氟硅唑乳油 8 000 倍液＋3%啶虫脒乳油 2 000 倍混合液叶面喷雾，安全间隔期为 21 d
	5 月上旬	霜霉病、炭疽病、蚜虫等	25%咪鲜胺乳油 1 000 倍液＋5%氟啶脲乳油 2 000 倍混合液叶面喷雾，安全间隔期为 21 d
果实转色期	5 月中旬	霜霉病、黑痘病、白粉病、炭疽病	40%腈菌唑可湿性粉剂 4 000 倍液叶面喷雾，安全间隔期为 21 d
	5 月下旬	霜霉病、黑痘病、白粉病、炭疽病、蛾类害虫	75%百菌清可湿性粉剂 1 500 倍液＋20%氰戊菊酯乳油 2 000 倍混合液叶面喷雾，安全间隔期为 7 d
果实成熟前 20～30 d	6 月上旬	霜霉病、酸腐病、白粉病、炭疽病	70%丙森锌可湿性粉剂 700 倍液＋25%三唑酮可湿性粉剂 2 000 倍混合液叶面喷雾，安全间隔期为 7 d

第二节 草莓设施栽培技术

一、草莓设施栽培常用设施

华南地区种植草莓要丰产优质必须搭建塑料棚避雨栽培，常用的设施是固定安装的单栋或连栋塑料大棚，近年来部分草莓种植者也使用可拆式简易塑料棚（图8-17），草莓生产季结束后拆除，清空田地用于种植水稻或作他用，待到下一个草莓生产季整地植苗后再重新安装大棚。

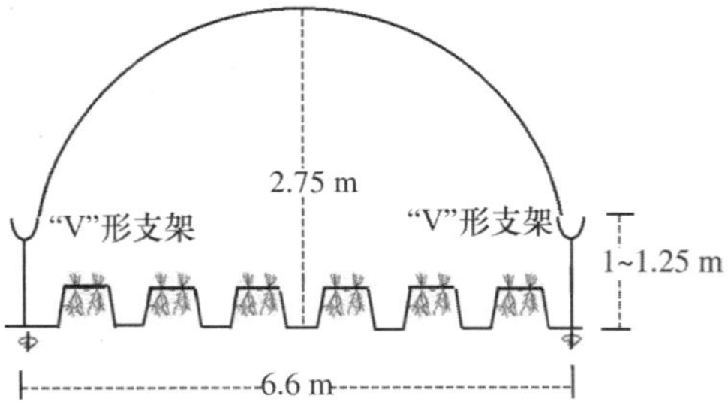

图 8-17 草莓生产可拆式简易塑料棚棚架截面示意图（左）和未盖膜现场实物图（右）

二、主栽品种

目前，适宜华南地区丰产优质栽培的草莓品种相对我国北方地区的草莓品种少，华南地区商品化生产可选择甜查理、越心、醉侠、妙香、京藏香、圣诞红、章姬、红颜等品种。

三、栽培技术

（一）整地起畦，施足基肥

植苗前15～20 d起好种植畦，施基肥。9月上旬犁耙园地，耕翻深度超过30 cm，土地松碎后起畦，畦上方宽50 cm、下方宽60 cm、畦高30 cm，畦沟底宽度30 cm，起畦时园土不宜干燥，否则种植畦易散塌。施用腐熟的羊粪约2 000 kg/667 m^2、优质硫酸钾型三元复合肥(15%∶15%∶15%)40 kg/667 m^2、钙、镁、磷肥 50 kg/667 m^2 作基肥。基肥也可选用商品精制有机肥 500 kg/667 m^2、堆沤腐熟的花生麸饼肥 100 kg/667 m^2、硫酸钾型复合肥 30 kg/667 m^2、钙镁磷肥 50 kg/667 m^2。有机肥、复合肥、钙镁磷肥三种肥料分别均匀撒在畦面上，肥土混匀，打碎土块，整平畦面，畦面土块粗度要求小于 1.5 cm 为好。每畦中间铺一条滴灌管道，用若干长度约 25 cm 的10 号铁丝弯成“∩”形固定钗，在畦面上每间隔 1.2～1.5 m 用 1 个“∩”形固定钗扎入土中固定滴灌管，防止滴灌时滴管移动。

(二)理化结合，消毒土壤

固定安装的设施塑料大棚如果是连年轮种西红柿、甜瓜等旱地作物，土壤中害虫尤其是线虫较多，当年拟用于种植草莓的大棚需在 7 月下旬清理干净，耕翻松土作畦，施用氰胺化钙结合覆膜加日晒消毒种植畦的土壤。起畦后在畦面撒施基肥时，用 50%颗粒氰胺化钙 60 kg/667 m^2 撒施于畦面，氰胺化钙、基肥、土壤三者混匀，每一畦面中间铺一条滴灌管道，再用旧棚膜等塑料膜全覆盖畦面(图 8-18)，密封性越强越好，用滴灌把种植畦灌透水，充分湿润土壤，利用 9 月阳光曝晒，使膜下土壤环境尽可能闷热，杀灭病菌和线虫等地下害虫。植苗前 2 d 揭开塑料膜，通风散气。在植苗前整地作畦时按 2.0～2.5 kg/667 m^2 的用量在畦面上均匀撒施“淡紫拟青霉”或“厚孢轮枝菌”等低毒杀线虫剂，药、肥、土混匀，防治线虫效果更佳。

图 8-18 园地施用氰胺化钙结合覆膜加日晒消毒土壤

（三）搭建拱棚，“三避”栽培

草莓园搭建塑料拱棚，可以避寒、避雨、避尘，减少雨水传播病害，给草莓生长结果创造良好环境。如果草莓不是在固定安装的塑料大棚栽培，则要在整地起畦后搭建简易塑料拱棚的棚架（图 8-17），单棚跨度 6.6 m，棚顶高 2.75 m，肩高 1.25 m，棚长度 30～35 m，3 栋连栋搭建，大棚“V”形支架的“V”形叉用 Φ 25×2 mm 热镀锌管制作，方便用 Φ 32×1.6 mm 热镀锌管制作的拱杆套入，顶拉杆为 Φ 3 mm 不锈钢丝绳，拱管安装间距 2.5 m，大棚两侧面用专用压膜绳斜拉，增强棚的抗风防倒能力。大棚覆盖薄膜厚度 0.1 mm。棚侧面安装卡槽，用卡簧夹住棚膜。每个拱棚覆盖 6 畦，侧面棚膜能自由揭开，每个棚中间悬挂 1 个温湿度计，当白天棚内温度高于 30℃时揭开侧膜降温降湿，气温低于 20℃时放下侧膜封闭保温。也可以用竹木作草莓大棚的棚架，节约生产成本。目前用于草莓生产的简易塑料大棚棚膜不必采购价高优质可久用的大棚膜，只需采购相对廉价、能用 2 年的棚膜即可。

（四）种植壮苗，合理栽种

1. 选用壮苗

草莓幼苗根叶健壮、根系发达且新鲜才易成活长壮，如“甜查理”优质的幼苗要求根茎粗 1.0～1.2 cm，小根数量在 15～20 根及以上，有部分根系长度 10 cm 以上，已长 4～5 片正常新叶。目前我国华南地区种植草莓最好选用京津地区或东北地区正规的草莓育苗公司苗圃生产的幼苗，也可自己在本地夏秋季昼夜温差大、高海拔的地方育苗，以保证草莓苗花芽分化良好。草莓生产一般苗量为 5 500～6 000 株/667 m^2，加上备用苗为 10%，供死株补种使用。北方到南方的草莓苗须装箱空运，尚未定植的苗须整箱在冷藏库约 5℃的温度下贮存。

2. 适期栽种

在南宁，草莓定植的最佳时间是 9 月下旬至 10 月上旬。每畦种植两行，行距为 30 cm，株距 18～20 cm，“品”字形定植，植苗前 4～5 d 用滴灌把畦面滴透水，使植苗当天畦面土壤疏松且湿度适宜，方便种苗。定植前用杀菌剂“嘧菌酯”25%悬浮剂 1 500 倍稀释液浸泡幼苗根系 25～30 min。植苗时用草莓苗专用定植钗或移植手铲种苗，苗心要露出土面，苗颈周边土壤用手压实（图 8-19）。植苗后淋足定根水，逐株检查是否有根系露出的情况，根系暴露的要加土覆盖。定植 5～6 d 后如草莓苗萎蔫干缩则表明苗死，应及时拔出，补种新苗。

图 8-19　草莓植苗(上图)和使用定植钗(下图)

(五)棚内环境条件的管理

1. 定植初期的管理

塑料大棚的顶膜如果灰尘等脏物太多则需在植苗前擦洗干净,确保棚膜有好的透光性。南亚热带地区 10 月上中旬,中午和下午气温超过 30℃的天数较多,阳光强烈,棚顶无遮阳网的设施大棚棚内气温通常会超过 35℃。因此,定植后 7～8 d 内大棚棚顶要张拉遮阳网降温减光。如棚顶无遮阳网的则在棚内约 2.0 m 的高度临时张拉遮光率为 60%～70%的遮阳网。大棚四侧的棚膜应卷起,通风降温,每天 17:00 左右给幼苗叶面喷雾清水 1 次,大棚如果设有微喷雾系统则全棚喷雾 8～10 min,无微喷雾装备的大棚则可用打药机械给草莓苗喷清水。

2. 定植成活后的管理

草莓苗定植后第 10 d 起逐渐收起遮阳网,避免光照不足导致植株徒长。草莓果实膨大期当环境温度≥25℃时,果实成熟快但果小;在 20℃左右单果较大,单株产量也较高。每个棚中间挂 1～2 个温湿度计,便于即时观察棚内气温和空气湿度。白天棚内温度≥30℃时要揭开侧膜透风降温降湿,夜间和气温低于 20℃的白天放下大棚侧膜保温。大棚种植的草莓苗成活后棚内空气相对湿度在50%～65%为宜,湿度高于65%时揭膜通风降湿,防止灰霉病和白粉病等病害的发生或加重。

（六）畦面覆盖地膜

大棚内地栽的草莓植苗后15～20 d时畦面用宽度为1.2 m双色地膜覆盖,防草、保温、垫果,减少烂果,地膜的银灰色一面朝上,地膜须绷紧拉平,在畦边上用园艺塑料地钉(也可用小竹片)压扣膜边,盖膜后即时破膜提苗,出苗洞口要尽量小,大小以能拿出草莓苗叶片即可。覆盖银灰色地膜对驱避蚜虫也有一定的效果。有的草莓园为使畦面整洁,防止草莓果实直接压在地膜上易烂果,在畦面两侧还加铺专用于草莓垫果的白色网垫(图8-20)。

图8-20 搭建简易塑料大棚草莓园畦面盖地膜(左图)和铺白色垫果网(右图)

（七）水肥一体化管理，供足肥水

草莓园最好采用滴灌系统进行水肥一体化管理,滴管的滴头间距20 cm,定植后25 d起每隔7～8 d滴灌水肥1次,选用优质的全水溶性化肥和富含氨基酸或腐殖酸水溶肥配制混合肥液进行滴灌。滴灌的混合肥液浓度约0.3%,每667 m^2大棚每次滴灌肥水量约2.5m^3。防治病虫害喷农药时在药液中加入磷酸二氢钾和氨基酸类叶面肥进行叶面追肥。花果期叶面喷雾硼砂、硫酸锌、硫酸镁、芸苔素内酯混合液2～3次。叶面追肥肥液浓度为0.2%,其中芸苔素内酯0.01%乳油或0.007 5%水剂在叶面肥液的浓度为0.05%。

(八)花果叶管理

草莓园的病叶、黄叶、匍匐茎应即时摘除,每间隔约 20 d 集中摘除各植株的老叶 1 次,保留大的新叶 6～7 片/株,同一批幼果只选留体积大、果形正的果实 3～5 果/株、每个花序留果 3～4 果,摘掉其余的果实,集中养分,供应给选留的果实,培育大果。11 月上旬起的草莓花果期每 667 ～900 m^2 设施大棚宜放养 1 箱熊蜂或蜜蜂传粉,提高授粉受精的质量,减少畸形果。

四、病虫害防治

草莓病害主要有芽枯病、白粉病、灰霉病、黄萎病、炭疽病,少量植株感染红中柱根腐病、烂果病、青枯病,主要害虫有蓟马、斜纹夜蛾、红蜘蛛、黄蜘蛛、蚜虫。定植幼苗成活后至初花时,每间隔 10 d 喷 1 次杀虫剂和杀菌剂混合液防治害虫和病害。草莓果实生长期短,进入花果期后,使用安全间隔期少于 10 d 的低毒无公害农药,每批果成熟采收结束后当天或次日须给园地喷农药,预防病虫害,间隔 15～16 d 喷药 1 次,喷药后的草莓园严禁在使用的农药安全间隔期内开园采摘销售,必须确保草莓安全卫生才能销售给顾客。草莓生产可选用的农药有阿维菌素(1.8%乳油)、苦参•印楝素(1%乳油)、吡虫啉(10%可湿性粉剂)、苜蓿银纹夜蛾核型多角体病毒(10 亿 PIB/mL 悬浮剂)、吡丙醚(100 g/L 乳油)、除虫脲(20%悬浮剂)、啶虫脒(5%可湿性粉剂)、高效氯氰菊酯(4.5%乳油,仅在开花结果前使用)、丁硫克百威(20%乳油)、浏阳霉素(10%乳油)、乙螨唑 (120 g/L 悬浮剂)等低毒广谱杀虫杀螨剂和苯甲＋嘧菌酯 (12%＋18%悬浮剂)、腈菌唑(40%可湿性粉剂)、达科宁百菌清(75%可湿性粉剂)、苯醚甲环唑(10%水分散粒剂)、多抗霉素(3%水剂)、四氟醚唑(4%水乳剂)、嘧霉胺(400 g/L 悬浮剂)等高效低毒广谱杀菌剂,每次喷药混用上述 2 种杀虫剂和 2 种杀菌剂,同种农药不连续使用、生产期使用次数不超过 3 次,防止病虫产生抗药性。按此方案喷药防治病虫害,加上植苗前搞好土壤消毒、种植根系发达的健壮种苗,草莓病虫害都能得到有效的控制,病株和死株少。

五、基质栽培

在大棚内的高架容器内装入基质栽培草莓已经被少数草莓种植者采用,栽培的基质必须疏松、透气、保湿,但不渍水,否则草莓易生长不良甚至死苗。贵州农科院王文华经过试验后推荐两种低成本的草莓栽培基质：基质Ⅰ配方为杉树皮50%、腐殖土35%、砾石15%；基质Ⅱ配方为杉树皮50%、有机堆肥35%、砾石15%。也可采购专用于草莓基质栽培的商品基质，不同的商品基质所含的材料有差别，使用效果也不同，需少量试种以验证这些商品生产的基质是否适宜栽培草莓。

思考题

1. 目前华南地区以避雨栽培模式进行商品化生产的葡萄有哪些品种？
2. 如何建设葡萄园的双十字"Y"形架？
3. 葡萄生长期整形修剪包括哪些项目？各项目具体如何操作？
4. 葡萄培养主蔓水平的树形，如何进行整形和修剪？
5. 简述葡萄双十字"Y"形树形的整形和修剪技术要点。
6. 南方地区葡萄一年两造果重叠的"二世同堂"栽培模式技术要点有哪些？
7. 南方地区葡萄一年两造果不重叠的栽培模式技术要点有哪些？
8. 葡萄常见的病害和害虫有哪些？
9. 葡萄如何施肥才有利其生长良好、丰产优质？
10. 草莓园土壤准备需注意哪些环节？
11. 华南地区草莓苗植苗或植苗后管理应注意哪些事项才利于草莓苗成活？
12. 草莓的花果叶管理有哪些要求？为什么？
13. 草莓园进入开花结果期后为什么提倡放养熊蜂或蜜蜂？
14. 草莓园的病虫害防治必须强调哪些事项，才能确保生产的草莓果品安全？

实训项目

实训项目 8-1　葡萄冬季整形修剪

目的要求　掌握葡萄冬季休眠期整形修剪技术，运用短截、疏剪、回缩等各种修剪方法合理、有效地进行整形修剪。

材料用具　葡萄的结果园，枝剪、手锯、手套、扫把等。

实训内容　修剪时期在1月大寒前后3～5 d；综合运用疏剪、短截、回缩、绑蔓等方法对葡萄结果树进行修剪，疏剪细弱枝、病虫害枝、未老熟枝，中梢修剪或短梢修剪健壮的枝条，剪口下保留的芽体都要求芽体成熟、健壮，所留枝段使用绑线绑扎在架线上，使枝条和芽体均匀分布在架面上。细弱的衰老枝条可回缩修剪，使剪口芽萌发，培养健壮新枝。清扫剪下的枝条和地面落叶集中烧毁。

实训考核　实训成绩以100分计，其中，实训态度与表现占20分，操作技能占80分。指导教师给各个学生整形修剪的质量、实训态度和表现评定成绩。

第九章

华南地区主要农作物设施栽培技术

第一节　马铃薯设施栽培技术

大棚栽培马铃薯效益好，与露地栽培相比，可提前上市 20～30 d，增产 1.5～3.5 t/hm^2。因马铃薯生长周期短，上市早，可实现大棚马铃薯—水稻—秋蔬菜种植模式。该种植模式极大提高了复种指数及经济效益，具有很好的推广价值。

一、播前准备

（一）土地选择

马铃薯最适宜于表土深厚、结构疏松、排水透气良好且富含有机质的水稻土（壤土）和沙壤土。土壤黏重影响根系发育和块茎膨大，使块茎畸形，芽眼凸出，薯皮粗糙。马铃薯适于在微酸性土壤中生长，在碱性土壤中马铃薯易得疮痂病。切忌在低洼、易涝地块种植。不要与番茄、烟草、茄子、辣椒等茄科作物和甘薯、胡萝卜等块根作物连作。

（二）整地施基肥

晚稻收割后，将选好的地块深翻 1 次，待播种前结合施基肥再细碎翻耙 1 次，每 1 hm^2 施腐熟的猪牛粪 37.5 t、复合肥 300～450 kg 作基肥。大田经多次深耕细整后，开好围沟、腰沟和棚间沟，以便操作和排灌。

（三）搭棚作畦

若利用原棚种植的地块，每 1 hm^2 需要生石灰 1 500 kg，杀菌消毒后再播种。

搭棚材料以南竹为主(有条件的可采用钢架结构),棚底宽 4.3～4.5 m,棚弧长 6.3 m,棚高 1.7～1.8 m。棚内作两畦,每畦宽 2 m ,棚内中沟 35 cm,棚与棚之间操作沟 70 cm,棚长依田块大小而定,一般每 1 hm^2 可搭大棚 30～45 个。

(四)品种选择

马铃薯是无性繁殖作物,由于病毒在体内积累容易引起种薯退化,因此,要根据当地生产条件和市场的需求,选择生育期适中、适销对路的高产、优质、抗病品种。尽量选用脱毒种薯。目前,种植表现较好的有以下主要品种:

1. 菜用鲜食品种

薯形美观,表皮光滑,芽眼浅,薯块较大而整齐,产量高,食味优良,炒、煮、蒸口感风味好,耐贮藏,耐长途运输。如费乌瑞它,东农 303,中薯 2、3、4、5、6 号,会-2,米拉,黄麻子,克新 13 等品种。

2. 食品加工型品种

炸薯片品种要求薯块圆球形,大小中等、均匀,炸薯片颜色浅,薯片食味好,块茎不空心,干物质含量高,淀粉分布均匀,较耐低温贮藏;炸薯条品种要求薯块长圆形,薯块大而整齐,薯条色泽浅,薯条食味好,干物质含量高,淀粉粒结晶状,分布均匀,较耐低温贮藏,如大西洋、夏坡蒂、克新 1 号等品种。

3. 高淀粉品种

要求大小中等,芽眼浅,最好是白皮白肉,薯块淀粉含量高于 18%,还原糖含量较低,块茎无空心,耐贮藏运输。如合作 88、克新 12、晋薯 2 号、春薯 3 号、陇薯 3 号等品种。

(五)种薯处理

1. 赤霉素处理打破休眠

在南方地区一般不提倡用赤霉素(九二〇)处理来打破马铃薯种薯的休眠。种薯切块对打破休眠有一定的作用。早熟品种或休眠接近完成的种薯,可采用室温催芽、堆放催芽或沙床催芽来打破休眠。休眠性强或未接近休眠结束(收获不足 2 个月)的种薯可慎重考虑用赤霉素处理来打破休眠。赤霉素的浓度及处理时间因品种不同和种薯所处的状态不同应有所区别。休眠期短的或已休眠一段时间的浓度要低些。薯块裂痕或表皮擦伤未完全愈合,或者已经切块的薯块,使用浓度要低些，处理时间要短些，建议采用 0.5 mg/kg 左右的赤霉素溶液浸种 15～30 min 或均匀喷湿种薯。整薯催芽使用浓度稍大一些，处理时间可稍长一些，一般用 0.5～1 mg/kg 的赤霉素溶液浸种 20～30 min。赤霉素处理不当会出现弱苗。

2. 晒薯选种

种薯运回后，因秋季温度仍较高，不要集中堆放。应分散存放于避风、防雨、干燥、通风条件较好、无阳光直接照射的地方。种薯经过长途运输，会造成坏薯、烂薯现象。催芽前开包晒种约 3 h，边晒边剔除坏薯、烂薯。可以起到打破休眠期和消毒的作用，防止烂薯进一步蔓延，不可长时间暴晒和在水泥地板上晒种。

3. 整薯消毒

用克露 100 g 兑水 50 kg 浸泡 15～20 min。或用 75%百菌清的 400 倍液或 600 倍的瑞毒霉锰锌溶液喷洒，并用薄膜覆盖闷种 2 h 后通风晾干，或用网袋放在消毒液中浸泡 2～5 min，捞起晾干。

4. 切块

20～30 g 小种薯整薯播种效果较好。大种薯应切块种植。每个切块不小于 25 g，至少要有 1 个以上健壮的芽。尽可能联结有顶端部位。切块形状以四面体(方形)为好，避免切成薄片。50 g 左右小薯，纵切 1 刀，分 2 块；100 g 左右的中薯，纵切 2 刀，分 3～4 块；125 g 以上的大薯，先从脐部顺着芽眼切下 2～3 块，然后顶端部分纵切为 2～4 块。

准备种薯切刀 2～3 把(专用切刀为好)，置于 75%酒精或 5%高锰酸钾溶液中浸泡消毒，在操作过程中，每隔一段时间轮换一把。特别是遇到病、烂薯种时，应将其全部剔除，立即更换切刀，防止病菌传递感染。

5. 消毒

薯块消毒用链霉素 150～200 单位或克露、多菌灵 600～800 倍液喷雾消毒，喷湿即可。也可自配消毒剂拌种薯消毒(每 100 kg 种薯拌双飞粉 1 000 g、甲基托布津 20 g、多菌灵 20 g 和 1 g 新植霉素混合粉剂)。不主张传统的草木灰和熟石灰涂切口。种薯消毒后放置于通风见光处晾晒 0.5 d，使切口尽快干燥并形成新的愈伤组织，然后进行催芽。

6. 催芽

(1)沙床催芽

沙床催芽要在室内干燥、通风处进行。首先将消毒好的种薯(切块)密集平铺于经过消毒的地面，用清洁无污染的湿河沙覆盖，河沙覆盖厚度 3 cm，然后在河沙上密集铺放第二层小块茎，再在其上铺盖河沙，如此一层薯块一层湿河沙铺放 2～3 层，最后用麻袋或稻草盖好。6～8 d 后，当大部分薯块萌发出芽（芽长出花生仁大小）时，适当晾种炼芽（以芽变紫色为度）。催芽过程中，注意经常检查河沙湿润度，太干要及时喷水，不宜淋水过多，切忌底部积水。催芽后，根据薯芽的长短、粗壮程度进行分级播种。

（2）稻草覆盖催芽

种植面积大、种薯量大的基地，可以在稻田内将消毒好的种薯（切块）用稻草和黑膜覆盖，避雨催芽，分级播种。

7. 炼芽

将催芽处理的种薯分批捡出，置于散射光下炼芽数天，待芽变绿变粗到花生仁大小时，根据芽的长短、粗细程度进行分级播种。

二、适时下种，合理密植

（一）适时下种

确定马铃薯播种适期的重要条件是生育期的温度。原则上要使马铃薯结薯盛期处在日平均温度 15～25℃条件下。而适于块茎持续生长的这段时期愈长，产量也愈高，冬、春两季无霜或基本无霜的华南地区，可冬播马铃薯，播期为 12 月上旬至 12 月下旬，次年 4 月下旬至 5 月上旬收获。

（二）合理密植

华南地区种植马铃薯，二季作区种植密度较大，一季作区种植密度较小。早熟种与结薯集中的品种宜密，晚熟种与结薯分散的品种宜稀。一季作的低山或半高山地区，气候良好，种植密度（6～7.5）$\times 10^4$ 株/hm^2。高山地区气候寒冷，种植密度可增大至 9×10^4 株/hm^2 左右。二季作区植株生育期较短，种植密度以（9～12）$\times 10^4$/hm^2 为宜。秋薯生长量比春薯小，播期越晚，差别越大，较春薯增加 3×10^4 株/hm^2。繁殖无毒种薯应通过增茎以控制种薯大小，茎数在 30×10^4 茎/hm^2（每株 2～3 茎）以上。

（三）科学摆种

1. 大畦种植

按沟宽 30 cm，沟深 15 cm，畦面宽 150 cm 左右的规格种植。每畦播 4 行，宽窄行种植，中间为宽行，大行距 40 cm，两边为窄行，小行距 30 cm，株距 25 cm，畦边各留 25 cm。按“品”字形摆种，每亩种植 6 000 株左右。将种薯摆放在土面上，芽眼向下或侧向贴近土面。

2. 小畦种植

按沟宽 30 cm，沟深 20 cm，畦面宽 70 cm 的规格种植。每畦播 2 行，行距 30 cm，株距 25 cm 左右，畦边各留 20 cm。按“品”字形摆种，每亩种植 5 000～5 500 株。将种薯摆放在土面上，芽眼向下或侧向贴近土面。

（四）科学施肥

按氮磷钾 2∶1∶4的比例配方施肥。根据田块力和产量要求在盖稻草前一次性施足肥料。按亩产 2 000 kg 的目标要求，一般每亩施优质农家肥 1 000～1 500 kg，三元硫酸钾复合肥 70～100 kg，硫酸钾 20～30 kg。腐熟的厩肥作基肥，可适当兑土在播种时直接分放在种薯上。化肥放在两个种薯之间，也可放在种薯附近，与种薯保持 5 cm 以上的距离，不能与种薯直接接触，以防烂种。播种施肥后用细泥盖种盖肥。生长后期脱肥的可用 0.2%磷酸二氢钾或 0.5%的尿素液进行 1～2 次根外追肥。后期徒长的用多效唑控苗（3～5 包/亩）。

（五）覆盖稻草

摆种施肥盖土后均匀地盖上稻草。大畦种植方式稻草厚度为 8～10 cm，小畦种植方式覆盖稻草厚度为 5 cm。此厚度不是将稻草压实后的厚度，而是“轻轻拍实，压而不实”的厚度。每亩种薯需稻草 1 000～1 500 kg。覆盖稻草应整齐铺满整个畦面，不留空，保证种薯容易出苗，提高产品质量。否则会降低保温保湿作用，薯块易现青泛绿，使绿薯率高，产品质量下降。稻草交错缠绕，有时会出现“卡苗”现象，需要人工引苗。

（六）科学管水

播种时一定要足墒下种。苗齐后，要适当浇水，可以促苗早发，增强抗寒能力；

发棵期加大水肥管理，及时浇水，浇水后及时中耕，增强透气能力；开花后，马铃薯进入薯块膨大期，需要较多的水分，一般需浇水 2～3 次；后期水分不宜过多，否则会造成烂薯。注意马铃薯收获前 1 周内，不要再浇水。在全生育期间，土壤湿度保持在田间最大持水量的 60%～80%，后期注意适当降低田间湿度。

（七）病虫害防治

从多年的水稻田露地种植＋冬种大棚马铃薯模式的实践来看，除苗床及播种时喷用药剂防治地下害虫外，一般很少发生病害。事实证明，只需用 1∶1∶100 的波尔多液喷 1～2 次，不必使用其他农药，仍然可以获得较好经济效益。

（八）适时收获

马铃薯一般生长期为 3 个多月。当地上部大部分枯黄，达到生理成熟即可收获。马铃薯成熟时，地上茎叶尚未枯萎，地下块茎的皮相当嫩，稍不注意就会破皮。块茎破皮后，极易感染病菌，同时破皮处变褐，影响商品性。所以，收获时先掀开稻草，稍微晾晒，使表皮木栓化，然后再把薯块捡起，装筐装袋运走。

第二节　紫薯设施栽培技术

紫薯又叫黑薯，薯肉呈紫色至深紫色。蕴含较普通甘薯更多的硒元素和花青素，具有防癌和抗氧化作用。紫薯是一种极具保健功能的食物。另外紫薯还有丰富的蛋白质、淀粉、果胶、纤维素、维生素、氨基酸和多种矿物质，再加上味道甜糯还带有沙质口感，所以深受人们喜爱。食用紫薯及其加工产品，已经成为风行全球的一种养生保健方式。紫薯在国际、国内市场上十分走俏，发展前景非常广阔。紫薯设施栽培技术具有保温抗低温、保湿抗干旱、避雨防徒长，以及多熟种植的技术优势，具有一定的推广应用价值。

一、播前准备

（一）土地选择

紫薯栽培对土壤没有严格要求，对土壤适应性广，最好是土质疏松、土壤层深厚，并且透气性佳、有机质含量高，灌溉方便的土地，易获高产。

（二）建棚

选择交通方便、浇灌条件好的地方建立塑料薄膜拱棚，使用竹木、钢材、木头或水泥柱等任意一种材料制成支架或拱架，在支架或拱架上覆盖塑料薄膜等保温透光材料，从而形成一种棚式结构的保护设施。塑料薄膜拱棚类型主要有：

①塑料小棚。一般高为 1.5 m，宽 3 m，长度 10～30 m，单棚面积 30～90 m^2。主要用于育苗。

②塑料中棚。一般高为 2 m，宽 6 m，长度 10～30 m，单棚面积 60～180 m^2。主要用于大田生产。

③塑料大棚。一般棚高 2.5 m，宽 15 m，长 30～60 m，单棚面积 667 m^2 左右。主要用于大田生产。

（三）品种选择

紫薯选种十分重要，应选择健康、高产、抗病和适宜当地环境的品种。紫薯种类按用途可以分为鲜食型和加工型，选种时根据栽培目的具体选择。鲜食型品种应选择口感好、色素含量适中、抗病性好、薯形美观的品种，如东兴“红姑娘”、桂紫薯 1 号、广薯 135、美国黑薯、德国黑薯等；加工型品种应选择色素高、抗病性好、出干率高的品种，如京薯 6 号，紫薯新引二号等。

（四）种薯处理

1. 种薯精选

选择薯形端正，薯皮鲜亮光滑，薯块大小适中，单薯重 100～200 g，生命力强，无受伤、无受冻、无病害的具有原品种特征的薯块作为种薯。

2. 种薯消毒

(1)温水浸种

将经过精选的种薯装入箩筐，置于 58～60℃温水中，上下轻缓运动 2～3 min，使薯块受热均匀，水温降至 50～54℃，浸种 10 min，取出降温。

(2)药剂浸种

25%多菌灵可湿性粉剂兑水 200 倍，或 50%甲基托布津 200 倍液，浸种 10 min，防治黑斑病。

（五）整地施基肥

1. 整地

（1）土壤处理

紫薯块根伸长性强，块根膨大需要深厚疏松的土地，要获得高产，须在深耕保墒、移栽前拣净根茬和碎土，结合施肥防虫（土壤处理）、起垄。每 667 m^2 用 47%的乐斯本 0.25～0.5 kg 配成 1 000 倍液喷洒于地面后深翻，以防止地下害虫。

（2）深耕作垄

紫薯生长过程中需要深、松、碎、净的土壤，在种植之前提前深挖起垄，深度最好在 25～35 cm，做到深耕、土细，然后将紫薯种植在垄上。紫薯有平栽和垄栽两种方式，以垄栽为佳。垄栽能增厚土层，扩大根系活动范围，疏松土壤，扩大表土与空气、阳光接触面积，利于气体交换和提高土温，增大昼夜温差，方便排灌。作垄宜在晴天土壤干湿适度时进行，深沟大垄为好，达到深耕、土细、垄要直，方便排灌，垄面要平整平滑，以利于开植沟栽苗，确定垄的大小根据田类、土质、种植季节、种植方式、生长期及品种等因素。保水力强的黏土，垄宜高宜窄；保水力差的沙土，垄宜宽稍矮。作垄的方式有单垄单行（垄距 60～70 cm 含沟，株距 20～25 cm）、单垄双行（垄距 120 cm 含沟，株距 25～30 cm）等。

2. 施足基肥

为了紫薯高产，保证一定的施肥量，同时紫薯种植时需要起垄，追肥不便，必须施足基肥。按照“有机肥为主、化肥为辅；基肥为主，追肥为辅助”的原则。紫薯生长期长，吸肥力强，需肥量大。需求以钾肥最多，氮肥次之，磷肥最少。每生产鲜薯 500 kg 的施肥量，大约需施氮 2.5 kg，磷 2.5 kg，钾 3.1 kg，N∶P∶K 比例为1∶1∶2。施肥以基肥为主，基肥一般占总施肥量的 70%左右。亩产 1 500～2 000 kg，要求亩施 750～1 250 kg 有机肥加优质硫酸钾复合肥 30～40 kg，或亩施 750～1 250 kg 有机肥加 5～8 kg 尿素、10 kg 硫酸钾、15 kg 过磷酸钙。基肥采用破垄条施，并且用地下害虫农药拌沙、拌肥均匀撒施。

二、育苗

早育、育足壮苗，形成既早又粗壮的不定根，使幼苗成活快、结薯早而多，保证高产的基础。为了防止紫薯黑斑病等病害的发生，育苗前要严格把关，选择无伤痕、无病斑的薯块作中种薯，可以用温度 50～54℃的 70%甲基托布津 1 000 倍液或用 25%的多菌灵 500 倍液浸种 10 min 左右。

1. 准备苗床

在 2 月中旬至 3 月中旬，选择背风向阳，地势高燥，土壤通透性好，富含有机质，管理方便的沙质土或沙壤土做苗床。苗床宽 1.2 m，深 20～30 cm，长度视园地而定。亩施腐熟粪尿 500～1 000 kg，经土壤吸透吸干后进行排薯。

2. 排好种薯

温度达到 15℃左右时，将紫薯种薯排放在苗床上，一般每公顷用种量 750 kg 左右，需苗床 450～525 m^2，背朝上，头部略高，尾部着泥，头尾方向一致，亩用腐熟栏肥 500～800 kg，均匀盖在种薯上面，上覆 1.5～2 cm 细土，然后覆盖地膜，四周用细土压实。

3. 苗床管理

苗床管理主要抓好保温、保湿、通风等措施，以温度调控为主。

（一）出苗前管理

保持 32℃的床温，约 4 d 后，种薯开始萌芽，再使床土温度上升到 35～36℃，最高不宜超过 38℃，保持 3～4 d，目的是使种薯产生抗病物质（甘薯酮），抑制黑斑病病菌的侵染。然后，把床温降到 30℃左右，直至出苗。

一般在幼芽拱土前不要浇水，如床土干旱，可少量浇水。若种薯出苗前气温较低，要封严薄膜。刚拱土的幼芽易受烈日灼伤，可利用早晨和傍晚的弱光晒床，当叶片发绿时，才可全日晒苗。

（二）出苗后的管理

种薯出苗后，把床温降到 28℃左右。当苗高约 10 cm 时，根系比较发达，叶片开始增大，秧苗生长加快，把床温降到 25℃左右，促使秧苗生长粗壮。出苗以后，膜内气温可能超过 35℃，要注意通风降温，防止烈日烤苗。若此时夜间气温较低，应盖膜保温。随着秧苗生长，叶片增多，蒸发量提高，一般每天要浇 1 次水，以保持床土湿润。

种薯萌发以后就要施肥。第一次“红芽”期，一般以稀薄粪尿为好；当苗高 10～13 cm 时，可进行第二次追肥，用尿素追施。每次施肥后，都要用清水泼浇洗苗，防止肥料黏附幼苗而引起烧苗现象。培土可分 2～3 次进行，苗高 10 cm 左右，即可进行第一次培土，隔一周进行第二次培土，共培土高 3～5 cm。培土最好用肥沃疏松细土拌腐熟堆肥，均匀撒入苗床中。培土可与施液态肥料结合进行，做到先培土后施肥，使土壤和幼苗基部密切结合，以利于早发、多发新根。

（三）采苗前管理

采苗前 2～3 d 要进行炼苗，把床温降到 20℃左右，停止浇水，进行蹲苗，并注意逐渐揭膜炼苗，防止引起嫩叶枯干。

（四）采苗和采苗后的管理

当苗高达 20 cm 以上时，要及时采苗，以免影响下一茬的采苗数量。采苗当天不要浇水，以利于种薯伤口愈合，为了防止小苗萎蔫，采苗后可少量喷水。在采苗后一天浇水时结合施尿素 50 g/m^2 催苗。再盖上薄膜，把床温升到 32～35℃，促使秧苗生长，经过 3～4 d 后，又转入低温炼苗阶段。

三、田间管理

（一）前期管理

前期管理的重点是查苗补苗，防止缺株断垄，及时用大苗、大蔓补栽，保证密度。扦插后 10～15 d 进行第一次中耕，结合追肥。在肥水条件较好，长势旺的地块将薯苗摘顶，以促进茎基部分枝，以利于多结薯、结大薯。在扦插后 30 d 左右，对于地力较瘠薄的地块，结合破垄晒白，每亩追施复合肥 5～7 kg。注意浇水，土地干旱时及时浇水，发现渍水时及时排除。栽后立即用每亩 150 倍的乙草胺进行化学除草，用量 100 g/667 m^2，兑水 45 kg。

（二）中期管理

1. 除草

在中后期一般小草生长受到抑制，主要危害是高秆杂草，要及时拔除。杂草与紫薯争养分，遮挡影响紫薯光合作用，藤蔓间通风透气差，呼吸加剧，养分积累少，产量严重降低，同时杂草多还会影响机械化收获。

2. 适当控制生长

(1) 提蔓与翻蔓

提蔓是为控制紫薯的主茎长度以及成长势头，进而促进侧枝的生长。提蔓时需要小心，不要弄断藤蔓。当氮肥出现过量时，可能会造成茎叶的疯长，最终影响块根的膨大程度，减少紫薯的产量。

一般不要翻蔓，翻蔓会严重打乱紫薯生长秩序，在翻动过程中容易折断藤蔓，容易造成减产。同时翻蔓需要增加人工，提高种植成本。个别藤蔓接地生根不会影响产量。

(2)使用生长调节剂

中后期藤蔓生长已经成形，如果生长过旺会影响养分向地下部转移，进而影响块根产量，此时很难控制。为了能够科学地协调紫薯地上和地下的生长，需进行科学合理的化学调控，建议每亩使用多效唑 80 g 兑水 60 kg 均匀喷洒在叶面上，可相隔 10～15 d 重复 1 次，从而有效地控制藤蔓疯长，促进薯块早生而达到高产作用，但不会起到根本性作用。理想的藤蔓结构是大部分分枝直立或半直立，尽量减少接地藤蔓比例，提高冠层高度，保证有良好透气，从上部观察能看到 5%的地面。

3. 合理追肥

藤蔓生长缓慢，能看到 10%以上地面，藤蔓短，叶片小，在收获前 40～60 d 可用复合肥稀释浇根部，肥料用量每亩折合磷酸二铵 3～5 kg，硫酸钾 2 kg，注意稀释倍数要高，防止烧根。

巧施裂缝肥，促进薯块膨大。一般是在垄面开裂时施裂缝肥，以氮肥和钾肥为主，每亩用量为尿素 5 kg、硫酸钾 10 kg。在不同时期施用追肥，其施用量要根据土壤、基肥用量及茎叶长势，分别在苗期、茎叶旺长期、薯块膨大期用尿素加钾肥施用。紫薯生长期间最适宜的土壤水分是田间最大持水量的 60%～80%。

4. 拔除病株

近年来紫薯病害传播很快，造成严重减产，在中期要注意拔除具有明显症状的植株，如茎基部开裂、植株发黄、叶片表现异样颜色、藤蔓皱缩等，减少病害传播风险。

（三）后期管理

后期管理的重点是看苗补施根外追根，防止早衰。紫薯中后期，地上部茎叶旺长，应采用提蔓方法。折断茎节上发生的不定根，控制地上部生长，以利于块根膨大。提藤时不能打乱紫薯藤本身生长的方向，一定要放回原处。植后 70～90 d 范围内，是薯块迅速膨大期，切忌用翻蔓的方法，以免不定根结小薯，人为造成不必要的减产。若条件允许，可以适当延迟收获。

四、病虫害防治

紫薯的病虫害比较少，主要应该预防的是地下的一些病虫害，如地老虎、红蚂蚁，田间害虫主要有蚜虫、大螟、卷叶虫和小象甲，主要病害有紫薯黑斑病、软腐病、根腐病。坚持预防为主，综合防治为原则。以农业防治措施为主，加强田间管理、药剂防治为辅的综合防治理念，及时使用生物农药防治，尽量减少农药残留和环境污染，达到无公害产品标准。

五、精心收获

收获高质量的紫薯是贮藏成功的关键。薯块生长在地下，而且鲜薯体积大、含水多、组织幼嫩、皮薄、容易受伤和发生冷害，收获时须格外小心。选干燥晴朗的早晨割去薯秧，在光照充足的条件起薯，先从垄两侧去掉表土再从两株之间下镐，起出薯块，起薯时一手把着拐子，一手抖掉泥土，然后轻轻放在身后的净地上，薯块表层的土晒干后即可精心挑选无伤、无病、直条、表面光滑鲜艳的薯块轻装轻卸运回。

六、安全贮藏与管理

（一）安全贮藏条件

1. 温度

温度过低，甘薯会发生冻害。超过 15℃，甘薯易发芽，并且呼吸作用加强，更有利于病菌的繁殖与感染。温度在 10～15℃是甘薯安全贮藏的基本条件之一。

2. 湿度

甘薯安全贮藏的湿度，一般以相对湿度 85%～90%为宜。过高，易导致湿害；过低，会发生干害，造成烂薯。

3. 空气

正常条件下，甘薯的安全贮藏以氧气含量不低于 18%为宜。通风条件差，氧气不足，常造成缺氧呼吸、酒精中毒而产生烂薯。

（二）贮藏技术要点

1. 因地制宜建贮房

要选择避风向阳、排水良好和运输方便的地方。入贮房前，贮房内要打扫清洁，可用50%多菌灵可湿性粉剂兑水100倍喷洒杀菌，要严格精选健全的薯块贮藏。贮藏量约占贮房容积的70%。

2. 甘薯贮藏期间的管理

(1)贮藏初期

甘薯入贮房约25 d内，贮房温度可能达到18℃以上，薯块容易发芽，应通气降温。如遇寒流要注意保温防寒。

(2)贮藏中期

甘薯入贮房约25 d后到翌年2月上旬的气温较低，应注意保温防寒，温度控制在12～14℃，以减少紫薯呼吸热的散失。

(3)贮藏后期

2月上旬以后，气温回升，如果窖内温度偏高时，要通气降温，但遇寒流时，要注意保温。

思考题

1. 根据马铃薯块茎芽眼分布的特点，说明选用种薯和切块的方法。
2. 简述马铃薯种薯处理的方法。
3. 简述设施马铃薯栽培种植规格。
4. 简述设施马铃薯栽培水肥管理技术。
5. 讨论马铃薯设施栽培与传统栽培相比，在管理技术上有什么不同。
6. 讨论紫薯设施栽培中期的主要管理措施。
7. 讨论紫薯设施栽培施肥技术。
8. 简述甘薯安全贮藏条件和贮藏技术要点。
9. 讨论紫薯设施栽培与传统栽培相比，在管理技术上有什么不同。

实训项目

实训项目 9-1　马铃薯块茎打破休眠处理及催芽

目的要求　掌握马铃薯块茎打破休眠处理和催芽的技术和方法。

材料用具

材料：马铃薯块茎若干千克。

用具：薄口利刀、砧板、塑料盘、100 mg/kg 的赤霉素液、生石灰粉、潮沙、塑料薄膜、10 mL 量筒、天平、台称。

原理

马铃薯块茎打破休眠的原因，一是块茎内部有抑制芽眼萌发的激素，如脱落酸等。二是块茎外部有致密的栓皮影响块茎与外部的气体交换，使呼吸减弱，因而使块茎的生理代谢也微弱，影响发芽，因此必须通过切削和药物处理才能打破其休眠状态。

实训内容和实训操作

1. 打破休眠处理

把已消毒的种薯分为 4 个处理以检查打破的效果：

处理一　用刀将块茎纵切为两半。

处理二　用刀将块茎纵切为两半，浸于 1 mg/kg 赤霉素液中 10 min。

处理三　用刀将块茎纵切为两半，浸于 1%生石灰水中 2 h。

处理四(对照)　整个块茎不经处理。

①配制 1%石灰水：用台秤称若干清水于塑料盆中，然后按 1%的浓度用天平称生石灰溶于水中。

②配制 1 mg/kg 赤霉素液：用台秤称若干清水于塑料盆中，然后按 1 mg/kg 的浓度用 10 mL 量筒量取 100 mg/kg 赤霉素液倒入清水中搅拌均匀即可。

③把块茎按处理要求进行处理。

④把经处理的块茎捞出，晾干表面水分，使其伤口愈合。

2. 催芽

把经打破休眠处理的块茎进行催芽。

①沙床准备：选一个干燥温暖的地方，把潮沙铺于地面上形成宽约 1 m、厚度约 5 cm、长度适当的沙床。

②把不同处理的块茎分开放在沙床上排成约 5 cm 厚一层，然后盖一层潮沙至不见块茎为度，依次分层排放 2～3 层块茎，最后用潮沙覆盖约 2 cm 厚，并用塑料膜覆盖保湿、保温。

③催芽 4～5 d 后进行根、芽生长情况调查。

a. 芽眼的芽发芽率：各处理清点全部块上的芽眼部数及已萌发的芽眼数，求出芽眼的芽萌发率，以百分数表示。

b. 芽的壮弱评定：目测各处理测定的壮弱，以壮、中、差表示。

c. 芽长测量：用厘米尺测定各芽的长度，求出平均数，以 cm 表示。

d. 不定根（芽眼根）数调查：各处理清点长出的芽眼根条数，求出平均长出芽眼根数。

实训考核

1. 根据实验结果，把数据填写于下表

马铃薯块茎打破休眠处理及催芽情况记录表

处理	项目							
	催芽日期	检查日期	芽眼			芽的壮弱	平均芽长/cm	平均每芽发根数
			总数	已萌发数	萌发率/%			
CK								
处理一								
处理二								
处理三								

2. 分析打破处理的效果。

实训项目 9-2　马铃薯稻草覆盖免耕播种技术

目的要求　掌握马铃薯稻草覆盖免耕播种技术的操作方法。

材料用具

材料：已催芽马铃薯块茎、稻草、复合肥、有机肥等若干千克。

用具：铲、锄头、石灰、皮尺等。

原理

马铃薯稻草覆盖免耕播种技术是根据马铃薯是由地下块茎膨大形成的生长发育规律，在温湿度合适条件下，只要将植株基部遮光就可以结薯的原理，研究改进而成的一种省工节本、增产增收的轻型栽培技术。

实训内容和方法

1. 选田

马铃薯喜肥耐旱怕渍，应选择地下水位低、土壤肥沃、排灌方便的田块种植。

尤以沙土或沙壤土为佳。

2. 深沟开厢，规范整田

畦宽 120～160 cm、沟宽 30 cm、沟深 20 cm 左右，田周围开环沟，沟深 30 cm 左右，便于排灌和留作人行道。

3. 选用良种，适期播种

最好选用脱毒良种，且以 30 g 重左右的小整薯作种为佳，剔除病虫薯和烂薯。适播期在 10 月中旬至 11 月中旬。次年 3 月收获。

4. 催芽处理，带芽播种

带芽播种是促进马铃薯早出苗、出壮苗的关键技术。根据不同情况进行种薯处理，对未打破休眠的种薯要用“九二〇”溶液浸种催芽。对已打破休眠并开始萌动的种薯，可在播种前 10～15 d 用湿润稻草覆盖催芽。

5. 合理密植，施足底肥，均匀覆盖

每亩种植马铃薯 4 500～5 000 株为宜，一般每畦播 3～5 行，行距 30～40 cm，株距 25～30 cm，畦边留 20 cm 不播种，按“品”字形摆种。农家肥可撒施在畦面上，也可作盖种肥，而复合肥则应施在离种薯 7～8 cm 的行间，不能与种薯直接接触。将种薯按规定的株行距横放在畦面表土上，轻压使种薯与土壤紧密接触。

6. 覆盖稻草

摆种施肥盖土后均匀地盖上稻草。大畦种植方式稻草厚度为 8～10 cm，小畦种植方式覆盖稻草厚度为 5 cm。

实训考核

1. 根据实训体会写一份实习报告。

2. 简述马铃薯免耕播种技术的操作过程。

3. 总结马铃薯稻草覆盖免耕播种技术的关键环节。

第十章

设施农业新技术

第一节　无土栽培技术

一、无土栽培概念及特点

（一）无土栽培概念

狭义概念：根据国际无土栽培学会的规定，凡是不用天然土壤而用基质或仅育苗时用基质，在定植以后不用基质而用营养液进行灌溉的栽培方法，统称为“无土栽培”。

广义概念：凡是不用天然土壤进行的作物栽培方法，都可称为“无土栽培”。

（二）无土栽培的优缺点

1. 无土栽培的优点

①产量高、效益高、品质高、价格高。

②节肥、节水、省地、省力、省工。

③病虫害少，生产过程可实现无公害化。

④避免土地连作障碍。

⑤极大地拓展农业生产空间。

⑥有利于实现农业现代化。

2. 无土栽培的缺点

①一次性投资较大，运行成本高。

②技术要求较高。

③管理不当，易发生某些病害迅速传播。

（三）无土栽培分类

无土栽培根据作物所需营养来源及消耗能源来分，可分为两大类：一类是无机耗能型无土栽培；另一类是有机生态型无土栽培。无机耗能型无土栽培又可分为两类：一类是不需要用基质固定根系的无基质栽培，包括水培和气雾培；另一类是需要用基质固定根系的基质栽培。详细分类见图 10-1。

- 无土栽培
  - 无机耗能型无土栽培
    - 无基质栽培
      - 水培
        - 营养液膜式水培(NFT)
        - 深液流式水培(DFT)
      - 气雾培
        - 喷雾培
        - 半喷雾培
    - 基质栽培
      - 有机基质培
        - 泥炭、锯木屑、炭化谷壳、椰糠、菇渣、棉籽壳、树皮
      - 无机基质培
        - 颗粒基质
          - 沙
          - 膨胀陶粒
          - 石粒
        - 泡沫基质
          - 聚乙烯泡沫
        - 纤维基质
          - 岩棉
        - 其他基质
          - 蛭石、珍珠岩
  - 有机生态型无土栽培

图 10-1　无土栽培分类

二、无土栽培历史

（一）国外无土栽培历史

公认的第一个用“水培”的方法来培养植物的人是英格兰的医生 Woodward (1859)，他把植物分别栽种于泉水、雨水、河水和湖水中，结果发现栽种于清水中的植物长势不如栽种于含有溶解物质的水中的植物。

1860—1865 年，德国科学家 Juliusvon Sachs 和 W. Knop 总结出了营养液的配方，无土栽培便成了一项标准的植物研究技术，用以证明某种元素对植物是否是必需的。

1929 年，美国加利福尼亚大学植物生理学家 Gericke 采用无土栽培来生产作物。他当时培育出一株高达 7.5 m 的巨大番茄“树”，收获的果实重达 14 kg，这项技术被称为“水耕法”(hydroponics)，这被认为是无土栽培技术由试验转向实用化的开端。但他没有公布无土栽培营养液配方。

1938 年，美国科学家 Hoagland 和 Arnon 进行无土栽培研究并公布了无土栽培试验和研究所用的营养液配方。现代无土栽培配方都是在 Hoagland(霍格兰)配方基础上发展而来的。

（二）我国无土栽培历史

中国在 20 世纪 30 年代已出现现代无土栽培的商品蔬菜农场——上海市的四维农场(Safeway Farm)，于 1935 年创办。它是中国最早的无土栽培蔬菜农场。创办人张四维是一位建筑师，曾留学英国。农场无土栽培温室为砖木结构玻璃温室，面积约 2 000 m^2。无土栽培的设施及技术从国外引进，采用基质栽培方式，栽培床为 10 条水泥槽，以煤渣为栽培基质，营养液循环供液。主要生产番茄及少量的黄瓜和西瓜，产品主要供应西餐馆，深受欢迎。无土栽培的技术人员绝大部分是外国人。浙江农业大学土化系的陈子元院士，当时也曾任该场的青年技师，故陈子元院士是中国第一位从事无土栽培的技术人员。

20 世纪 80 年代，中国又开始从国外引进成套无土栽培设施。1985 年深圳农垦果菜有限公司从美国引进无土栽培(包括基质袋培、营养液膜栽培)设施，首批引进设施和栽培面积为 1 000 m^2。主要生产番茄和黄瓜，产品出售到香港。

1985 年北京长青开发有限公司从日本引进立体式蔬菜营养液膜栽培设施，上下四层的栽培面积共计 400 m^2，生产玻璃生菜等。

1986 年中日合作设施园艺场从日本引进小型营养液膜栽培设施，在上海、北京等地生产番茄等。

但从国外引进的无土栽培设施生产成本高，且引进的营养液膜栽培等设施并不适合我国国情。从 20 世纪 80 年代末到 90 年代初期，中国蔬菜无土栽培研究的重点是研制适于国情的设施及提出适用的栽培技术。

1990 年以来中国已研制出一些适于国情的无土栽培设施，应用于生产，从而使无土栽培得以较大面积地发展。例如，应用消毒鸡粪的基质栽培、鲁—SC 型无土栽培系统、深液层水培(DFT)系统、营养液膜水培(NFT)系统、动态浮根水培系统、浮板毛管水培系统(FCH)等。

三、无土栽培原理

在传统农业中，土壤是作物生长的基础，土壤给农作物的根系提供了固定支持，根系从土壤当中吸收生长发育所必需的无机养分和水分，土壤还提供根系生长所需的氧气和温度，即土壤肥力的四大要素：肥、水、气、热。根据不同的作物生长发育所必需的外界环境条件，尤其是作物根系生长所必需的肥、水、气、热及土壤酸碱度，通过人为的方法满足作物的需要，这就是“无土栽培”最基本的原理。这个基本原理的依据就是德国著名学者李比希 1840 年提出的“植物矿物质营养学说”——一切绿色植物都可以通过吸收土壤中的矿物质进行生长发育。

但是天然土壤对于作物所必需的水、肥、气、热，特别是水、肥、气三大要素常常处于相互矛盾状态。或缺水，或缺肥，或缺氧气，甚至三项都缺，不能很好地满足作物生长发育的要求，作物的产量与品质受到很大的影响。采用无土栽培的方法，可以较好地协调水、肥、气之间的关系，使作物生长在一个比土壤更为有利的环境中，作物生长发育更为良好，产量和品质更高。

1. 水

水分是植物生长发育的重要条件之一，没有水就没有生命。无土栽培的实质就是用水来栽培作物，无土栽培的水盛于容器中，不会渗漏、流失，表面蒸发少。充足的水分，使作物满足了生长发育的需要。

2. 气

作物的根系需要吸收氧气进行呼吸作用。在传统的土壤栽培中，作物的根系是呼吸土壤孔隙中的氧气，这就要求土壤有较好的团粒结构，即有良好的透气性。但是土壤的水分与空气的比例是相互矛盾的，不易协调，土壤板结或大雨后，土壤孔隙中的气体减少，影响了作物根系的呼吸。而无土栽培，作物根系生长在水中或基质中，在水中的根系可以吸收溶解于水中的氧气，或通过浮在水面的一部分根系吸收空气中的氧气，还可通过加强营养液流动，增设空气混入器，增加营养液中的溶氧量，满足根系对氧气的需求；在基质栽培中，由于基质极为疏松，通气性好，极易满足根系对氧气的要求。

3. 肥

作物生长发育必需的营养元素有 16 种，可分为两大类，第一类为大量元素，包括碳、氢、氧、氮、磷、钾、钙、镁、硫；第二类为微量元素，包括硼、锰、铜、锌、钼、氯。

除了碳、氢、氧是通过吸收水和空气中的二氧化碳以外，其他的13种都必须通过根系从基质中以矿物质的形式吸收，而且必须是以水溶状态吸收。

氮(N)：以铵离子(NH_4^+)、硝酸根离子(NO_3^-)、亚硝酸根离子(NO_2^-)三种形式被作物根系吸收，并以前两种为主。

磷(P)：以磷酸二氢根离子($H_2PO_4^-$)和磷酸一氢根离子(HPO_4^{2-})两种形式被根系吸收。

钾(K)：以钾离子(K^+)形式被根系吸收。

钙(Ca)：以钙离子(Ca^{2+})形式被根系吸收。

镁(Mg)：以镁离子(Mg^{2+})形式被根系吸收。

硫(S)：以硫酸根离子(SO_4^{2-})和亚硫酸根离子(SO_3^{2-})形式被根系吸收，并以前一种形式为主。

铁(Fe)：以铁离子(Fe^{3+})和亚铁离子(Fe^{2+})形式被根系吸收，并以亚铁离子(Fe^{2+})为主。

硼(B)：以硼酸根离子(BO_3^{3-})形式被根系吸收。

锰(Mn)：以锰离子(Mn^{2+})形式被根系吸收。

铜(Cu)：以铜离子(Cu^{2+}、Cu^+)形式被根系吸收。

锌(Zn)：以锌防子(Zn^{2+})的形式被根系吸收。

钼(Mo)：以钼酸根离子(MoO_4^{2-})形式被根系吸收。

氯(Cl)：以氯离子(Cl^-)形式被根系吸收。

所有的无机盐类，只要在水中能溶解出上述离子的，都可作为该元素的营养来源，而且可以根据不同的作物对各种营养元素需求的不同数量和比值，配制出比土壤所提供的更全面、更有效、更平衡的营养液，以满足作物最佳的生长需求，达到高产、优质的目的。

四、无土栽培营养液

(一)无土栽培对营养液的基本要求

①营养液必须含有作物生长发育所必需的全部营养元素，包括大量元素和微量元素。

②营养液中的各种矿质营养元素应根据不同作物生长发育要求，按适当的比例配合成平衡的营养液，其总盐分浓度和酸碱度适合该作物的生长发育要求。

③营养液中所含有的各种无机盐类必须在水中的溶解度较高，以根系易吸收的离子状态存在。

④营养液中所含的各种化合物性质稳定。

⑤各种无机盐类取材容易，成本低。

（二）无土栽培对水质的基本要求

无土栽培是作物直接种植在营养液中或以营养液进行灌溉，营养液中含量最多的是水，各种作为作物营养的无机盐类都是以水为溶剂，溶解于水中，形成各种营养液，然后才灌溉到作物的根系，因此，水是无土栽培最重要的物质，水质的好坏，对无土栽培具有重大的影响，甚至决定无土栽培的成败。不同的水质，含有不同浓度的各种无机盐类或其他的物质，直接影响到营养液的配制，进而影响到作物正常的生长发育。

水质主要决定于水中所含的有毒离子和酸碱度(pH)。

水中的氯化钠浓度超过 50 mg/L，则对作物有不良的影响，不宜用作无土栽培用水。

硬水中含有大量的钙和镁，一般都以碳酸盐或硫酸盐的形式存在。硫酸根是作物必需的养分，而碳酸根则不是。若水中的碳酸根含量过高，则会影响到营养液的酸碱度，导致一部分元素（如铁、锰、锌等）与碳酸根结合产生沉淀，造成这些元素缺乏，影响作物正常生长。因此含碳酸根多的硬水不宜作为无土栽培用水。

有毒的重金属离子，如镉、铬、钴、镍、钒的含量超过无土栽培用水标准的，也不宜使用。见表 10-1。

表 10-1　水中重金属及有害元素的允许含量　mg/L

元素名称	允许含量	元素名称	允许含量
汞(Hg)	0.005	铬(Cr)	0.05
镉(Cd)	0.01	铜(Cu)	0.10
砷(As)	0.01	锌(Zn)	0.20
硒(Se)	0.01	铁(Fe)	0.50
铅(Pb)	0.05	氟(F)	1.00

无土栽培用水，在使用前必须测定水中钙、铁、铜、锌、锰、碳酸根、硫酸根和氯离子的含量，在配制营养液时要把水中的这些元素含量计算进去。

在无土栽培生产中,井水、河水、泉水、自来水和雨水都可用于无土栽培营养液配制,只是需进行检测,控制有害重金属不超标。井水、河水、泉水含有较多的铁、锰、镁、锌、硫酸根离子等,在配制营养液时要进行调整,把它们计算在营养液配方内。自来水含有较多的氯离子和碳酸根离子,应在处理后使用。雨水的含盐量较少,但由于工业排出的废气中硫化物含量较高,造成雨水的酸碱度(pH)偏低,在配制营养液时应调整好酸碱度,雨水是无土栽培较为理想的水源,特别是水资源缺乏的地区。

未经淡化的海水、工业污水、生活污水、医院污水都不能用作无土栽培用水。

(三)无土栽培肥料

(1)氮肥

硝酸钙、硝酸钾、硝酸铵、磷酸二氢铵、磷酸氢二铵、尿素、硫酸铵。

(2)磷肥

磷酸二氢钾、磷酸二氢铵、磷酸氢二铵、过磷酸钙、重过磷酸钙。

(3)钾肥

磷酸二氢钾、硝酸钾、硫酸钾、氯化钾。

(4)镁肥

硫酸镁。

(5)钙肥

硝酸钙、重过磷酸钙。

(6)微量元素肥料

硼肥:硼酸、硼砂。

铜肥:硫酸铜,氯化铜。

锰肥:硫酸锰、氯化锰。

锌肥:硫酸锌,氯化锌。

钼肥:钼酸铵。

铁肥:螯合铁,硫酸亚铁、氯化铁、柠檬酸铁。

对具有一定规模的无土栽培生产企业,在以上无土栽培肥料的使用中,为了降低成本,大量元素(如氮、磷、钾、钙、镁、硫)使用农用级或纯度较高的工业原料级或饲料级的肥料即可,但微量元素(如硼、锰、铜、锌、钼、铁)因所用不多,而且要求在营养液中含量准确,应使用试剂级的肥料(如化学纯即可,不必用分析纯)。无土栽培各种肥料的具体性质见表 10-2。

表 10-2　无土栽培各种肥料的具体性持

分类	肥料名称	分子式	色泽	形式	溶解度①	酸碱性	纯度要求/%②
大量元素肥料	四水硝酸钙	$Ca(NO_3)_2 \cdot 4H_2O$	白色	小晶	129.3	碱性	农用 90
	硝酸钾	KNO_3	白色	小晶	31.6	弱碱性	农用 98
	硝酸铵	NH_4NO_3	白色	小晶	192.0	酸性	农用 98.5
	硫酸铵	$(NH_4)_2SO_4$	白色	小晶	75.4	酸性	农用 98
	尿素	$CO(NH_2)_2$	白色	小晶	37.2	酸性	农用 98.5
	磷酸二氢钾	KH_2PO_4	白色	小晶	22.6	不明显	农用 96
	磷酸一氢钾	K_2HPO_4	白色	小晶	167.0	不明显	工业用 98
	磷酸二氢铵	$NH_4H_2PO_4$	白色	小晶	85.2	不明显	工业用 98
	硫酸钾	K_2SO_4	白色	小晶	11.1	酸性	农用 95
	硫酸钙	$CaSO_4 \cdot 2H_2O$	白色	粉末	0.204	酸性	工业用 98
	硫酸镁	$MgSO_4 \cdot 7H_2O$	白色	小晶	35.5	酸性	工业用 98
微量元素肥料	硫酸亚铁	$FeSO_4 \cdot 7H_2O$	浅绿色	小晶	26.5	酸性	工业用 98
	EDTA-Na_2	$Na_2C_{10}H_{14}O_8N_2 \cdot 7H_2O$	白色	小晶	11.1(22℃)	微碱	化学纯 99
	EDTA-Na_2Fe	$Na_2FeC_{10}H_{12}O_8N_2$	黄色	小晶	易溶	微碱	化学纯 99
	硼酸	H_3BO_3	白色	小晶	5.0	微酸	化学纯 99
	硫酸锰	$MnSO_4 \cdot 4H_2O$	粉红色	小晶	62.9	酸性	化学纯 99
	硫酸锌	$ZnSO_4 \cdot 7H_2O$	白色	小晶	54.4	酸性	化学纯 99
	硫酸铜	$CuSO_4 \cdot 5H_2O$	蓝色	小晶	20.7	酸性	化学纯 99
	钼酸铵	$(NH_4)_6Mo_7O_{24} \cdot 4H_2O$	浅黄色	晶块	易溶	弱碱	化学纯 99

注：①在 20℃时，100 g 水中最多溶解的质量(单位:g,以无水化合物计)，即为溶解度。

②每 100 g 固体物质中含有该物质的质量(g)，即为纯度。

（四）无土栽培营养液浓度

1. 无土栽培营养液浓度表示

无土栽培营养液的浓度是指在一定容积的营养液中所含有各种营养元素的量。常用的有：百万分比浓度表示法，符号为 mg/L 或 g/m^3；物质的量浓度表示法，符号为 mmol/L 或 mol/m^3；溶液电导率表示法，符号为 Ec。

（1）百万分比浓度表示法

单位为 mg/L 或 g/m^3，指营养液中某一种元素的量占该营养液总量的百万分之几。

（2）物质的量浓度表示法

单位为 mmol/L 或 mol/m^3，指每立方米的营养液中所含某一物质的物质的量(mol)或 1 L 营养液中所含某一物质的物质的量(mmol)。

（3）溶液的电导率表示法

以营养液的电气传导度来表示溶液的浓度，单位为 S/cm。由于营养液的浓度较低，一般用 mS/cm 表示。营养液电导率表示法，只能说明营养液中总盐量浓度，不能表示某一物质在营养液中的浓度。电导率法往往用于测定在栽培过程中营养液的总盐浓度的下降，以及时进行补充。

营养液中的总盐量用电导度仪加以测定，但不能测出每一种元素的浓度。大量元素如氮、磷、钾、镁、钙、硫，一般都不会出现造成中毒的高浓度，某一元素浓度略高，由于作物吸收量大，不至于中毒。但是对于微量元素，如锰、硼、锌、铜、钠、氯等浓度偏高则会使作物中毒。

2. 无土栽培营养液浓度要求

无土栽培作物的养分供应，主要是由营养液提供的，作物对营养液的各种营养元素都有一个范围要求。见表 10-3，表 10-4。

表 10-3　营养液中可接受的元素浓度范围　　mg/L

元素名称	符号	营养液中的浓度范围	平均浓度
氮	N	150～1 000	300
磷	P	10～100	80
钾	K	100～400	250
钙	Ca	300～500	400
镁	Mg	50～100	75
硫	S	200～1 000	400

续表 10-3

元素名称	符号	营养液中的浓度范围	平均浓度
铁	Fe	2～10	5
硼	B	0.5～5.0	1
锰	Mn	0.5～5.0	2
铜	Cu	0.1～0.5	0.25
锌	Zn	0.5～1.0	0.75
钼	Mo	0.001～0.002	0.001 5

表 10-4　营养液总浓度及所含成分的浓度范围

成分	单位	最低	适中	最高
营养液	mg/L	1 000	2 000	3 000
	%	0.1	0.2	0.3
	mmol/L	20	35	60
	mS	1.38	2.22	4.16
硝态氮（NO_3^--N）	mmol/L	4	16	25
	mg/L	56	224	350
铵态氮（NH_4^+-N）	mmol/L	—	—	4
	mg/L	—	—	56
磷（P）	mmol/L	0.7	1.4	4
	mg/L	20	40	120
钾（K）	mmol/L	2	8	15
	mg/L	78	312	585
钙（Ca）	mmol/L	1.5	4	18
	mg/L	60	160	720
镁（Mg）	mmol/L	0.5	2	45
	mg/L	16	64	1 440
钠（Na）	mmol/L	—	—	10
	mg/L	—	—	230
氯（Cl）	mmol/L	—	—	10
	mg/L	—	—	350

（五）无土栽培营养液配方

将大量元素和微量元素按照一定的比例溶解于水中，配制成适合于农作物正常生长发育的平衡营养液，这些大量元素和微量元素的使用比例就是无土栽培营养液配方。

全世界有许许多多的无土栽培营养液配方，而且都在不同地区的无土栽培中获得了较为理想的结果，但是由于各地的气候环境条件、栽培的作物品种、水质不尽相同，我们难以寻找到一种最佳的通用型配方，在不同的地区栽培所有的作物，因此营养液配方的选择、配制的好坏，直接影响到无土栽培作物的正常生长发育、作物的产量和品质，乃至整个无土栽培的成败。因而无土栽培营养液配方的选用是无土栽培的关键技术。选择营养液配方时必须要考虑到两方面的问题：首先是要看该配方对于该作物在实际栽培中的应用效果，其次还要考虑该配方取材的难易和成本的高低，应选用一些易采购，成本低，又能达到栽培效果的肥料。无土栽培生产者还可以根据作物的具体生长情况对配方进行修改，自己来配制营养液。

有些无土栽培配方非常经典，其他许多配方都是在这些经典的配方的基础上进行调整和完善。如霍格兰配方、日本园试配方等，直到现在还在使用。下面列出一些常用的营养液配方供大家参考。见表 10-5。

表 10-5　常用的无土栽培配方　mg/L

配方名称	成分					
	四水硝酸钙 $Ca(NO_3)_2 \cdot 4H_2O$	硝酸钾 KNO_3	磷酸二氢钾 KH_2PO_4	磷酸二氢铵 $NH_4H_2PO_4$	硫酸钾 K_2SO_4	硫酸镁 $MgSO_4 \cdot 7H_2O$
霍格兰和施奈德通用配方	1 180	506	136	—	—	693
霍格兰和阿农通用配方	945	607	—	115	—	493
克诺普通用配方	700	120	—	250	—	250
日本园试通用配方	945	809	—	153	—	493
荷兰斯泰纳通用配方	1 059	292	135	—	251	497
日本山崎甜瓜配方	826	606	—	152	—	369
日本山崎黄瓜配方	826	606	—	152	—	492
日本山崎番茄配方	354	404	—	76	—	246

续表 10-5

配方名称	成分					
	四水硝酸钙 $Ca(NO_3)_2 \cdot 4H_2O$	硝酸钾 KNO_3	磷酸二氢钾 KH_2PO_4	磷酸二氢铵 $NH_4H_2PO_4$	硫酸钾 K_2SO_4	硫酸镁 $MgSO_4 \cdot 7H_2O$
日本山崎甜椒配方	354	606	—	95	—	185
日本山崎莴苣配方	236	404	—	57	—	123
日本山崎草莓配方	236	303	—	57	—	123
日本山崎茼蒿配方	472	808	—	152	—	492
山东农业大学西瓜配方	100	300	250	—	120	250
华南农业大学果菜类配方	472	404	10	—	—	246

微量元素配方：在以上介绍的各种营养液配方中，都有微量元素的用量，但由于微量元素的用量极少，往往各种作物可使用同一个微量元素配方，见表 10-6。

表 10-6　微量元素配方　g/t

微量元素		用量
肥料名称	分子式	
硼酸	H_3BO_3	2.88
硫酸锰	$MnSO_4 \cdot 4H_2O$	1.54
硫酸锌	$ZnSO_4 \cdot 7H_2O$	0.22
硫酸铜	$CuSO_4 \cdot 5H_2O$	0.08
钼酸铵	$(NH_4)_6Mo_7O_{24} \cdot 4H_2O$	0.02
硫酸亚铁	$FeSO_4 \cdot 7H_2O$	13.9
EDTA-Na_2	$Na_2C_{10}H_{14}O_8N_2 \cdot 7H_2O$	18.9

（六）营养液的配制

1. 营养液配制前的准备

①营养元素无机盐的选用。在无土栽培生产上，必须降低肥料成本，常用农用级或工业原料级或食品级的无机盐类。在配制前应详细了解该产品的分子式中是

否带结晶水,该盐类的纯度,养分含量的百分率,以达到配制的准确。

②根据配方中营养元素浓度比例,分别算出各种肥料的用量,再换算成每吨水或每10 t水各种肥料的实际用量。

③营养液一般都配成浓缩100～1 000倍的母液,每个配方需准备2～3个容量为25～50 L的母液罐,罐为深色不透光,下方有龙头可放液。

2. 营养液的配制

营养液的配制原则:为避免各种盐类在溶解过程中相互反应而产生沉淀失效,要把钙离子与硫酸根离子、磷酸二氢根分开,即硝酸钙不能与除硝酸钾、硝酸铵以外的其他肥料在高浓度的条件下混合。

母液分为A、B、C三罐。

A罐先将EDTA-Na_2和硫酸亚铁分别溶入,然后再溶入硝酸钙。

B罐分别溶解硝酸钾、硫酸镁、磷酸二氢铵。

C罐分别溶解微量元素。

或者B罐分别把硝酸钾、硫酸镁和微量元素溶解混合,则只需A、B两罐。

(七)营养液的贮藏

1. 营养液的贮藏

配制后的营养液母液或稀释后的营养液都必须贮藏于黑暗不透光的环境中,地下营养液池应加盖防止阳光照射,以免藻类生长而消耗营养液中的氧气和营养成分,如发现营养液中生长有绿藻,则不能使用。

2. 营养液酸碱度的调整

作物一般都生长在中性或微酸性的环境中,pH 5.5～7.0为宜,因此在营养液配制好之后,首先要进行pH的调整,可用磷酸或氢氧化钾溶液调整,最后达到pH 6.0～6.8。在无土栽培作业过程中,作物根系选择性地吸收阴、阳离子,造成营养液pH的经常变动,一般每隔3 d要用精密pH试纸测定营养液的pH,pH低于5或高于7都应立即进行调整。如果pH大于7,则会导致锰、铜、锌等微量元素沉淀而造成作物缺乏;如果pH小于5,则会使这些微量元素溶解性增加,导致作物中毒。各种蔬菜类作物适宜的营养液pH见表10-7。

表 10-7　蔬菜作物无土栽培营养液适宜的 pH

作物名称	pH	作物名称	pH	作物名称	pH
黄瓜	6.5～7.0	番茄	5.8～7.0	豌豆	6.0～7.5
西瓜	5.0～7.0	茄子	5.0～6.8	西芹	5.5
甜瓜	6.4	辣椒	6.5～6.5	芥蓝	6.8
南瓜	5.0～7.5	小白菜	6.5～6.2	莴苣	6.0～6.3
苦瓜	5.5～6.5	芹菜	5.5	茼蒿	5.0～6.8
丝瓜	5.0～7.5	菠菜	6.2	苋菜	5.5～7.0
草莓	4.4～5.5	蕹菜	5.8～6.2	细香葱	6.5～6.8

（八）营养液的循环与补充

由于作物在生长过程中，根系不断地从营养液中吸收大量的营养元素和氧气，同时还分泌出 20 余种有机酸和二氧化碳等物质，从而使营养液的 pH、总盐量和氧气含量发生变化，这种变化在整个营养液中是不均匀的，在作物根系周围的环境变化最为剧烈，因此，为了保证作物根系的正常呼吸和营养正常供应，每天都要对营养液进行循环，使整个营养液的浓度趋于一致，而在营养液循环流动中，大大增加了氧气的溶入量。对于营养液中营养元素的浓度变化，则可通过 1～2 周 1～2 次测量营养液的电气传导率（即 Ec 值）来确定，营养液的电导率一般控制在 2～3 mS/cm，不应低于 2.0 mS/cm，当低于 2.0 mS/cm 时，应及时加入母液，使之提高到 3.0 mS/cm 的水平。

作物根系生长在营养液中，每天都吸收大量的水分，而营养液中的水分也大量蒸发，必须经常给营养液池补充水分，维持原有液面的稳定，以免造成营养液的浓度过高，影响作物正常生长。

（九）营养液的温度管理

在不同的生长季节，作物根系有不同的适宜温度。在冬季，营养液的温度不宜低于 15℃，若低于 15℃则应对营养液加温；在夏季，营养液温度不宜超过 30℃，可以将营养液贮藏在阴凉处，同时应增加营养液循环流动时间，否则高温导致营养液中的氧气溶入量大量减少，易造成作物根系缺氧，影响整个植株的正常生长，甚至导致植株因缺氧而死亡。

五、无土栽培基质

基质是无土栽培中重要的栽培材料，即使是使用营养液循环的栽培方式（如水培、气培），也要在育苗期间使用基质来固定作物的根系，而基质栽培就不能缺少基质。在基质栽培中，作物的根系完全生长在基质内，基质不但具有固定作物根系的作用，还提供根系吸收所需的营养物质，起到协调水分、养分和氧气平衡供应的作用。因此直接与作物根系接触的基质的选择就成为一个十分关键的因素，直接影响到作物生长的好坏。

（一）基质的选用原则

1. 适应性

特别是在基质栽培中，作物的根系生长在基质内，所选用的基质必须适合于作物的生长。

2. 经济性

无土栽培生产企业应根据基质材料来源的难易、价格高低等选择适合本地区需要的无土栽培基质，以发挥当地的资源优势，降低栽培成本，提高经济效益。

（二）基质的种类和特性

1. 沙

沙是无土栽培使用最早的一种基质材料。沙资源丰富，取材方便，价格便宜，易于排水和通气，栽培效果较好。但沙比较重，运输和更换基质不方便，花工量大；导热快，保水能力差，水气矛盾较大。沙粒不能是石灰岩质的，使用石灰质的沙粒，会影响营养液的酸碱度，即升高 pH，造成部分养分失效。生产中选用石英河沙为宜，颗粒大小应为直径 0.5～3 mm 较好。

2. 泥炭

泥炭又称草炭。泥炭质地细腻，一般通透性稍差，保水能力强，呈酸性，富含有机质，并含有丰富的营养物质。西欧许多国家一直认为泥炭是园艺作物最好的基质材料。泥炭可以单独作为无土基质，也常与其他基质混合使用，以发挥各自优势，弥补不足，栽培效果更好。

3. 珍珠岩

由硅质火山岩在高温下膨胀而形成的质轻膨松材料，易于排水、透气。一般为中性，化学性质比较稳定。无土栽培中珍珠岩可以单独作基质使用，但多与其他基质混合使用，效果较佳，如珍珠岩与等量泥炭混合使用。

4. 蛭石

蛭石是由云母类矿物加热膨胀而形成的多孔海绵状物质。具有良好的透气性、保水性，保肥能力较强。一般呈中性或微碱性，使用前需加入少量酸进行调整。因经过高温加热，使用蛭石不必消毒，不易发生病虫害，是无土栽培较理想的基质材料。

5. 岩棉

岩棉是由辉绿石、石灰石、焦炭在高温下熔化，然后喷成的细纤维，冷却后压制成板块状。透气性好，吸水能力强。栽培初期为微碱性，pH 7～8，经过一段时间，反应呈中性。在欧美的无土栽培中岩棉的使用面积最大，但岩棉价格较贵，生产成本较高，在国内尚难以推广。另外，岩棉在自然界中不能自行降解，极易造成环境污染。

6. 炭化稻壳

无土栽培用的炭化稻壳是将稻壳加热炭化而成的。由于炭化稻壳含大量的碳酸钾，使其 pH 达 9.0，应经过水洗或用酸调整才能使用。炭化稻壳通透性好，保水能力强，带菌少，其中含有作物生长需要的多种营养成分，特别是含钾丰富，是无土栽培的良好基质。

7. 锯木屑

锯木屑资源丰富，来源广泛，价格便宜，使用方便。保水能力强，通透性好，不带致病菌，栽培效果良好，若与其他基质混合更能提高栽培效果。使用锯木屑应注意树种：侧柏等木质中含有特殊成分，不适宜作基质；松树锯木屑含松节油，应经过 3 个月的发酵，待松节油减少后才能使用，其他杂木锯木屑可使用。

8. 甘蔗渣

甘蔗渣具有良好的保水能力和通透性，但碳氮比高，在使用时要额外增加氮，以供植物和微生物活动的需要。充分腐熟的甘蔗渣具有良好的理化特性，可作为无土栽培基质。

9. 炉渣

炉渣是煤燃烧后的残渣，含有效磷、碱解氮，以及多种微量元素，如铁、锰、锌、铜、钼等。但未经水洗的炉渣 pH 较高，用前须经过水洗。因炉渣大小不一，使用前一定要过筛，选择适合于无土栽培的颗粒。一般炉渣不宜单独作基质使用，应与其他基质混合，在混合基质中用量不宜超过总体积的 60%。

10. 棉籽壳(菇渣)

棉籽壳(菇渣)是食用菌生产后的残料,经过消毒杀菌后,可以做无土栽培基质。

(三)基质的混合

有些基质可以单独使用,但往往按照不同的比例混合使用。混合基质具有更优良的理化性状,增加孔隙度、增加水和空气的含量,利于提高作物栽培效果。比较好的基质,应适用于各种作物,而不只适用于某一作物。基质的混合,一般以2～3种混合为宜。例如:泥炭∶蛭石=1∶1、泥炭∶锯木屑=1∶1、泥炭∶蛭石∶锯木屑=1∶1∶1、炉渣∶泥炭=6∶4等,这些混合基质在我国无土栽培生产上都获得了较好的应用效果。

以下列举一些国内外常用的混合基质:①2份泥炭、2份珍珠岩、2份沙;②1份泥炭、1份珍珠岩;③1份泥炭、1份沙;④1份泥炭、3份沙;⑤3份泥炭、1份沙;⑥1份锯木屑、1份炉渣。

(四)基质的消毒

无土栽培基质在栽培作物后都会聚积病菌和虫卵,易使下一茬作物发生更严重的病虫害,因此在每一茬作物收获后,都要进行基质消毒,然后再利用。但在栽培过程中,没有或基本没有病虫害发生的基质,为了降低生产成本,也可以再种一茬作物。基质消毒最常用的方法有太阳能消毒、化学药剂消毒和蒸汽消毒。

1. 太阳能消毒

太阳能消毒是近年来温室栽培中应用较普遍、便宜、安全、简单实用的基质消毒法。在夏季高温季节,在温室或塑料大棚中,把基质堆成30 cm厚的条形,用水淋湿基质,使其含水量超过80%,然后盖上塑料薄膜,密闭温室或大棚,暴晒10～15 d,消毒效果良好。

2. 化学药剂消毒

常用的药剂为40%甲醛。甲醛,又称福尔马林,是良好的消毒剂,杀菌效果良好,但对害虫效果稍差。一般是将40%甲醛用水稀释50倍,用喷水壶将基质均匀淋湿,每平方米用量20～40 L,然后覆盖塑料薄膜24 h以上,使用前揭开薄膜风干2周后再使用。

3. 蒸汽消毒

凡是用蒸汽给温室加温,配有蒸汽锅炉的,都可以采用这种方法。若基质数量少,可将基质装入消毒箱内进行蒸汽消毒;若是生产面积大,可将基质堆成 20～30 cm 高的条形,盖上防水高温布,然后通入蒸汽,在 70～90℃条件下,消毒 1 h 即可杀死致病菌。

六、无土栽培设施系统

(一)水培

水培即是不用基质材料作栽培床填充,将营养液注入栽培床中,把栽培作物的根系浸泡在营养液中的无土栽培方式。水培主要有两种不同的栽培形式:①深液流式栽培;②营养液膜式栽培。而深液流栽培又有两种改进形式:①浮板毛管法栽培;②动态浮根法栽培。

1. 深液流式水培

该技术是在栽培槽中盛放深度为 5～20 cm 的营养液,将作物的根系浸泡于营养液中,采用营养液流动循环供液。由于水层较深,不怕中途停电停水,能在一定的时间内(24 h 内)保证植株的水分供应,根际的缓冲作用较大,外界环境对根际影响小,稳定性好,利于作物的生长和栽培管理。但是深液流栽培对设备要求高,投资大。另外,水培还易感染发生土传根系病害,蔓延快,危害大。

(1)深液流式水培装置

深液流栽培的装置包括三大系统:营养液栽培槽系统、营养液贮液池系统和营养液循环管道系统。见图 10-2。

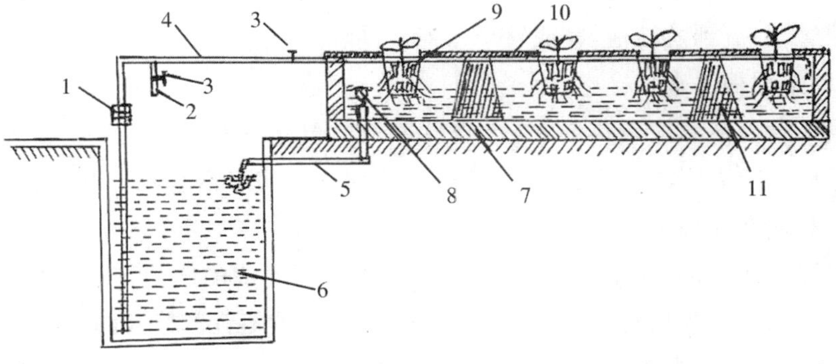

图 10-2　深液流栽培系统平面示意图

1. 水泵　2. 充氧支管　3. 流量控制阀　4. 供液管　5. 回液管　6. 贮液池　7. 栽培槽　8. 液面深度调节管　9. 定植筐　10. 栽培槽盖板　11. 支撑墩

(2)深液流式水培装置的特点及建造要求

①营养液贮液池：一般由红砖、水泥制成，施工中必须加入防渗材料，并于四周内壁涂上防漏材料。一般建于地下，因在地下无论是夏季或冬季，池内液温变化不大，比较稳定，有利于营养液管理和作物生长。贮液池上应加盖，以防光线进入生长藻类。一般池容量为温室内栽培槽实际用水量的50%～120%为宜，容量过大浪费材料，过小则不够循环之用。原则上每个温室由一个营养液池负责，如果负责面积过大，则一旦感染根系土传病害，影响面积大，损失严重。

②栽培槽：槽体是用来装盛营养液、栽培作物的装置。可以是用聚苯乙烯泡沫塑料压制而成，也可用水泥、红砖砌成。槽床长度一般为10～20 m；宽度为75～90 cm，果菜类栽培槽也有60 cm的；深度因作物种类不同而异，一般为5～15 cm。槽体的水平误差不得超过1 cm，这是栽培槽制作或安装的技术关键。装盛营养液的深度为5～12 cm。

③栽培槽盖板：栽培槽盖板放置在营养液栽培槽体上，用以支持固定作物根部、防止光线照射营养池，防止藻类生长，保持槽内液温稳定。栽培板一般采用聚苯乙烯泡沫塑料制成，厚度2～3 cm，宽度与槽体宽度相等，长度1～2 m。板上打有与育苗筐大小相同的定植孔，定植孔的距离依据作物的栽培要求而定。

④定植筐：深液流式水培育苗和定植，多用塑料定植筐，筐底和周围都开有孔，以便作物根系长出。筐中的基质材料可用岩棉、粗沙粒等。

⑤营养液循环管道系统：由水泵、定时器、供液管、回液管、水位调节管等组成。全系统受定时器控制，按预设循环时间，控制水泵将营养液从贮液池抽入供液管，注入各栽培槽中；当水位超过水位调节管的控制水位时，营养液则通过水位调节管流入回液管，回流到贮液池，完成整个营养液循环。

(3)动态浮根法水培

在夏季营养液温度较高时，易出现营养液氧气溶入量减少，造成根系供氧不足。为了有效地克服深液流法的这个缺陷，在深液流式水培基础上改进，形成了浮板毛管法和动态浮根法。

动态浮根法栽培实际上就是在深液流式水培营养液的水位控制上稍加改进，整个系统与深液流法相同。改进之处在于作物的根系随着营养液的液面高度变化而上、下波动。如果栽培槽的水深为8 cm，在排水口处安装的水位调节管为4～8 cm高度水位自动调节器，当灌满8 cm的营养液后，液面在水位自动调节器的控制下，将营养液排回到贮液池中，液面降到4 cm高度，此时上部根系暴露在空气中，可吸收空气中的氧气，下部根系仍然浸在营养液中吸收水分和营养。每隔 2～3 h 循环 1 次，每次 15 min。这种改进使动态浮根法的供氧状况比深液流法有所改善，尤其在夏季高温季节，不怕因营养液温度上升而影响溶氧量。

(4)浮板毛管法水培

浮板毛管法也是深液流式水培的改进型，该法能够较好地克服深液流法根系供氧不足的缺点，使吸氧与供液的矛盾得到较好的协调，不怕停电停水(24 h 以上)。浮板毛管法整个系统与深液流式水培系统一致，改进之处在于在营养液面上漂浮一块厚度为 1.25 cm 的聚苯乙烯泡沫塑料浮板，浮板的宽度不超过栽培槽盖板上两行定植孔，在浮板上铺一层规格为 50 g/m^2 的无纺布，无纺布的两端延伸浸入营养液中，通过毛细管作用，无纺布吸水，始终保持湿润状态。在栽培槽盖板定植筐中栽培的作物，一部分根系长到浮板的无纺布上，产生气生根毛吸收氧气，另一部分生长在营养液中的根系吸收水分和营养。

2.营养液膜式水培

营养液膜式水培是另一种水培的方式，营养液很浅，只有 0.5～1 cm。

与深水流栽培法相比营养液膜式水培具有如下优点：

①设施装置简单，只需要适当的薄膜和供液装置。

②投资小，成本低，除贮液池外，无须建立固定设施。

③营养液在栽培槽中呈薄膜状，厚度只有 0.5～1 cm，流动循环供液，较好地解决了根系的供氧问题，水分、营养和氧气供应协调较好。

④营养液供液量少，易更换。

⑤设备消毒方便。

存在的主要缺点如下：

①栽培床的坡度要求严格，床底面要十分平坦，如果床底不平，则营养液乱流，不形成薄膜状，供液不匀，植株生长差异大。

②营养液流量小，营养成分浓度、pH 易发生变化。

③根际环境缓冲能力小，根际温度变化大，尤其是夏天高温季节。

④要连续不间断循环供液，每日供液次数多，耗电量大，如遇停电、停水，影响较大。

⑤因循环供液，一旦染上土传病害，传播快，危害大。

(1)营养液膜式水培的装置

营养液膜式水培的装置也包括三大系统：营养液贮液池系统、栽培床系统、营养液循环管道系统。见图 10-3、图 10-4。

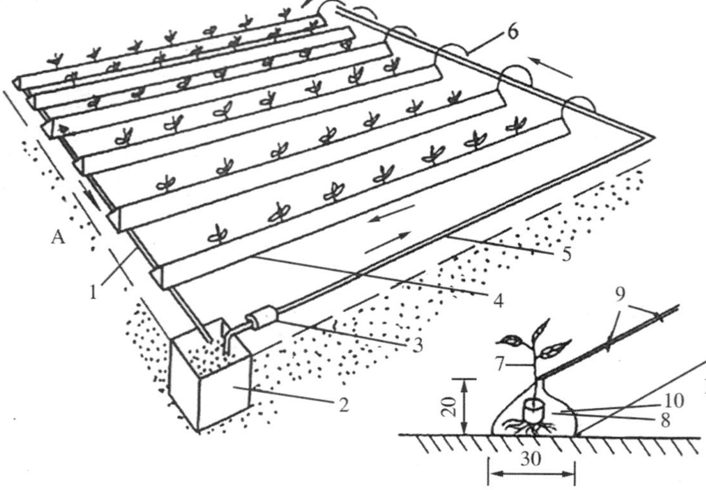

图 10-3　营养液膜式水培系统示意图

1. 回液管　2. 贮液池　3. 水泵　4. 栽培床　5. 供液管　6. 注液毛管　7. 幼苗　8. 育苗钵　9. 夹子　10. 黑色塑料薄膜

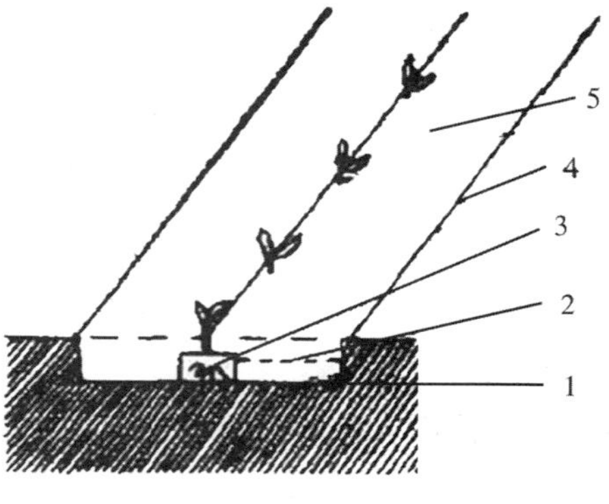

图 10-4　营养液膜式水培简易栽培床截面示意图

1. 栽培床底　2. 营养液薄层　3. 岩棉块或育苗筐　4. 隔板　5. 黑色塑料薄膜

(2)营养液膜式水培各系统的要求及特点

①栽培床：栽培床坡度要求在 1/100～1/150，床宽为 20～30 cm，高 3～5 cm，长 10～20 m。简易的床体可以直接将地面整平，压实或铺上红砖，形成一定坡度，底面

一定要平，以防营养液在床内呈蛇形流动。按宽度规格装好隔板，在上面铺上黑色塑料薄膜(厚度 1.5～0.2 mm)，薄膜宽 70～80 cm。将育好苗的岩棉块或育苗筐按株距摆在床体中间成一行，然后将薄膜两边拉起呈三角形，植株露在三角膜外边，用夹子夹住薄膜固定。现代营养液膜式水培多用聚丙烯塑料制成固定床体，见图 10-5。

图 10-5　现代营养液膜式水培固定床体

②营养液池：营养液池的要求与深液流式相同，一般每 300 m^2 栽培面积，贮液池容量为 1～2 m^3。

③循环系统：每个栽培床设 1～2 条直径 0.5 cm 的注液管，每分钟液量为 2～4 L，在栽培床另一端接通回液管。

3. 气雾栽培

气雾栽培实际上是水培的另外一种栽培方式，是无土栽培的最高形式。气雾栽培是把作物的根系完全暴露在空气当中，营养液以喷雾的方法喷射到作物的根系，彻底地解决了作物根系对氧气的需求，作物根系生长极快，养分吸收好，生长好，产量最高。

气雾栽培以“A ”字形塔式栽培模式最为常见，是应用范围最广的一种气雾栽培方式。一般选用泡沫板以“A”字形搭建栽培床，在“A”字形栽培床内部铺设营养液喷雾管道和回流管道，植物定植在两侧栽培床上，根系完全暴露在空气中，营养液通过雾化喷头直接喷雾根系，多余的营养液可以通过回流管道重新流回贮液池，以进行循环利用。“A ”字形塔式气雾栽培模式(图 10-6)建造简单,光照、空间的利用率高,适用于叶菜类植物的生长。

图 10-6　“A ”字形塔式气雾栽培

(二)基质栽培

基质栽培是在一定的容器中,填充一定量的基质来固定作物的根系,并定时定量供应营养液进行作物栽培的无土栽培方式。水培与天然土壤栽培有很大的区别,而基质栽培则与天然土壤栽培十分接近,所用的基质是人工配制的人工基质,不是天然的,是一种仿天然土壤的无土栽培方式。因此基质栽培既具有天然土壤的优点,又克服了天然土壤的缺陷,人为地创造出一个优于天然土壤的作物根系生长环境,使作物生长发育更良好,产量更高。

由于基质栽培采用的是固体基质,因此基质栽培系统与水培系统相比,除了营养液贮液池以外,还有两方面不同点:

①基质栽培床可以是用红砖、水泥砌成或用木板、竹片、塑料板等材料制成的定型栽培槽,也可以是具有一定容积的包装容器,如塑料袋、硬质塑料管或其他能盛装基质的容器,如盆、钵等。栽培床就地取材,形式多样,可繁可简。可以是开放式的(即可漏水的),也可以是封闭式的(即不漏水的)。

②供液系统可采用滴灌系统供液,也可采用循环供液。如果采用开放式基质,一般都用滴灌供液,营养液不循环不易传播土传根系病害。如果采用封闭式基质,

营养液可以循环，但由于封闭式设施投资大，营养液管理复杂，易传播根系土传病害。在我国目前的条件下，基质栽培一般多采用开放式基质，以滴灌供液为最佳。

1. 基质槽培

基质槽培是在栽培槽中放入基质进行作物栽培(图 10-7)。栽培槽可以是用红砖、水泥建成的永久性设施，也可是用木板做成的半永久性设施。以往国内最普遍的做法是在温室大棚内，用红砖砌成栽培槽，造价低，拆装容易。栽培槽长度 10～20 m，槽宽 40～80 cm，槽高 20～30 cm。槽底坡度一般为 1/150～1/100。为了防止渗漏并使基质与土壤隔开，沿床底铺设一层塑料薄膜，在最低的一端，将薄膜开一小孔排水口。在塑料薄膜上铺设一层 5 cm 厚的粗沙作为渗液层。为了防止上面的基质进入渗液层，造成排水不畅，在渗液层上再铺设一层旧编织袋。然后填入基质，基质厚度为 15～25 cm，基质可选前面所述的基质材料。最后在槽的中心线，基质表面布设滴灌管或滴灌软带。营养液可以由水泵供液，也可以利用重力供液。在利用重力供液时，贮液罐应离地面高 1～2 m，以保持足够的水压。要及时、均匀地供应营养液，一般每天供液 1～2 次，每株每日 1～2 L，夏季高温或作物生长旺盛期每天供液 2 次以上，每株每日供液量 3～4 L。

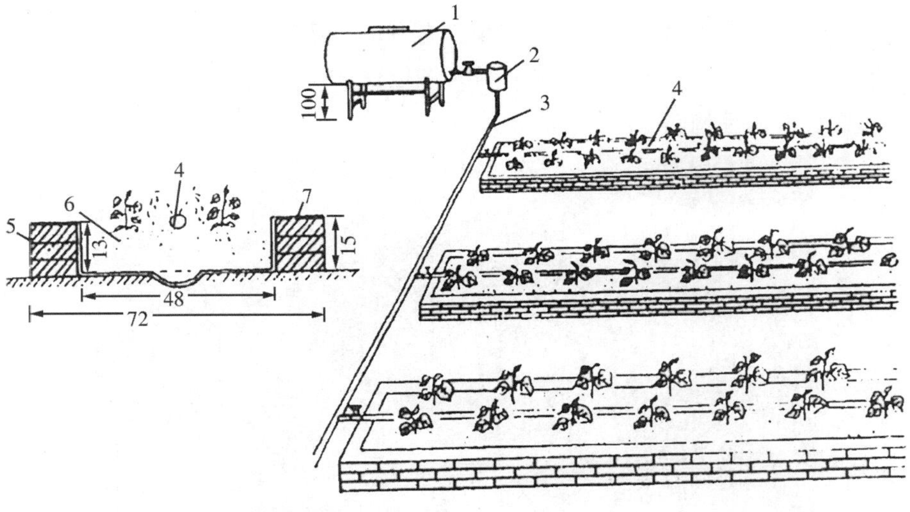

图 10-7　基质槽培示意图(单位:cm)

1. 贮液罐　2. 过滤器　3. 供液主管　4. 滴灌管　5. 红砖　6. 基质　7. 塑料薄膜

目前，国内基质槽培的种植槽基本上都采用塑料或泡沫塑料压制加工制成，重量轻，使用方便。如图 10-8 所示。

图 10-8　基质槽培(塑料种植槽)

2. 基质袋培

基质袋培即将基质装入塑料袋中。袋培有两种方式:开口筒式袋培和枕头式袋培。

(1)开口筒式袋培

将直径 30～40 cm 的塑料筒膜剪成长 30～40 cm 的一段,用塑料薄膜封口机或电熨斗对一端封口,呈袋状,往袋中填充基质,每袋装基质 10 L 左右,再在袋底部开 2～4 个直径为 0.5～1 cm 的排水孔,将袋直立放置。每袋可种植辣椒或番茄 1 株,每株设置滴灌滴头 1 个(图 10-9)。

图 10-9　开口筒式袋培

(2)枕头式袋培

将直径 30～40 cm 的塑料膜筒剪成 60～100 cm 长，用塑料封口机封口袋子的一端，装入 15～25 L 基质，再封严另一端，在袋上开 2～3 个直径 8～10 cm 的定植孔，在袋底部开 2～4 个排水孔，孔径 0.5～1 cm。每袋可种 2～3 株番茄或黄瓜，每株设滴头 1 个，每袋每天供液数次，每次 1～2 L(图 10-10)。或直接购买市场上现成的塑料编织袋即可。

图 10-10　枕头式袋培

3. 岩棉栽培

岩棉栽培是以岩棉为基质进行作物栽培的新型无土栽培方式。岩棉栽培是目前国际上，特别是欧美等国家应用面积最大的无土栽培形式。岩棉具有非常优良的理化性状，作为栽培基质有独特的优势。

①吸水、保水能力强；②无毒、无菌；③吸水后三相比例为固相 2.8%、液相 45.2%、气相 52.0%，这种比例很适合作物生长，使根系处于最佳的生长环境中；④透水性强，多余的水可以从岩棉下面排出；⑤岩棉可以大规模工业化生产；⑥岩棉培装置简单，易安装，使用方便。因此，岩棉栽培在世界园艺栽培中发展极快。

岩棉栽培床是由岩棉垫连接而成的，每张岩棉垫长 100 cm，宽 15～30 cm，厚 7～10 cm。栽培床长度一般不应超过 15 m。坡度 1/80～1/40。床底较平，以便排液。先在床面上铺设一块宽 70 cm，长不超过 15 m，厚 0.05～0.10 mm 的黑色塑料薄膜，在薄膜上铺一层 30 g/m^2 的无纺布，以利于岩棉垫吸水和根际温度稳定，再把岩棉垫铺在无纺布上，相邻两张要连接好，不能留空间，然后把育苗岩棉块放在岩棉垫床体中央成一行，株距依作物设定，安装好滴灌软管，最后用夹子或钉书钉将黑色膜两边拉起封严。滴灌软管供液量为每孔每分钟 30 mL，除作物吸收外，回流贮液池。岩棉培结构示意图和岩棉袋培示意图见图 10-11、图 10-12。

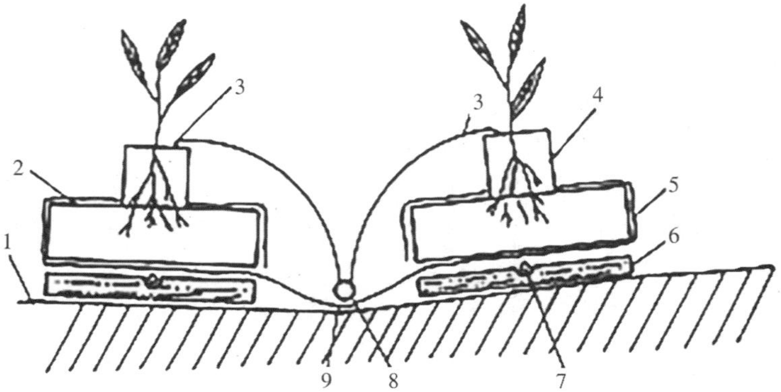

图 10-11　岩棉培结构示意图

1.畦面塑料薄膜　2.岩棉垫　3.滴灌主管　4.岩棉育苗块　5.黑色塑料薄膜
6.泡沫塑料垫　7.加温管　8.滴灌毛管　9.塑料薄膜沟

图 10-12　岩棉袋培示意图

（三）有机生态型无土栽培

我国无土栽培有了长足的发展，形成了北方以基质栽培为主，江浙东南沿海以营养液膜栽培为主，华南以深液流栽培为主的格局。但所有这些栽培方式都以营养液来灌溉作物，整个技术较为复杂，特别是营养液的计算、配制与管理，一般生产者难以掌握，而投资较大，成本高，也不完全符合绿色食品标准。

经过中国农业科学院蔬菜花卉研究所的科技工作者多年的探索，研究开发出一种不同于传统营养液灌溉作物的无土栽培技术，即在基质中施用有机固态肥并直接用清水灌溉的新型栽培技术，即有机生态型无土栽培。

有机生态型无土栽培除具有一般无土栽培（基质栽培）特点外，还具有以下特点：

①用有机固态肥代替传统营养液，在肥料使用和管理上更接近于传统土壤栽培。

②操作管理简单，不必进行复杂的营养液计算、配制和管理。

③大幅度降低无土栽培设施一次性投资，由于不使用营养液，只用清水灌溉，不需要贮液池、测试设备、定时器和循环管道系统等设施。

④肥料成本降低。

⑤对环境无污染。

⑥产品可达绿色食品标准。

1. 栽培基质

有机生态型无土栽培基质以有机基质为主，如锯木屑、玉米和向日葵秸秆、椰壳、甘蔗渣等，为了调整基质的物理性能，应加入适量的无机基质，如蛭石、珍珠岩、炉渣、沙等，有机基质与无机基质比例为（2∶8）～（8∶2）。混合基质的容量应在 300～650 kg/m^3，每立方米基质可供栽培面积 6～9 m^2（基质厚度 11～16 cm）。

2. 栽培设施

采用如同基质槽培的栽培槽和滴灌系统。

3. 栽培肥料

在往栽培槽内填充基质前，先在基质中均匀混入一定肥料，一般是每立方米基质混入 10 kg 消毒烘干鸡粪。果菜类在定植后 20 d 内不必追肥，只需浇清水，20 d 后每隔 10～15 d 追肥 1 次，均匀撒施在离根部 5 cm 以外的四周。每次每立方米基质，即 6～9 m^2 面积追肥量：全氮（N）80～150 g；全磷（P_2O_5）30～50 g；全钾（K_2O）50～80 g。

4.水分管理

可接通自来水系统或是建 1 m 以上水位的水池，利用重力进行滴灌，也可用水泵抽水灌溉。每天 2～3 次，每天每株供清水量 1～2 L。

第二节　节水灌溉技术

我国既是农业大国，同时也是干旱、缺水严重的国家。我国的淡水资源总量为 28 000 亿 m^3，占世界水资源总量的 6%。农业灌溉面积占耕地总面积的 40%以上。用水量更是占全国年总用水量的 67%左右，北方地区更是高达 80%左右。千百年来人们已经习惯使用古老的、粗放的农业漫灌灌溉方式，这样的农业漫灌灌溉方式耗水量最多，灌溉无效耗水的比率很大。大量的农业灌溉用水最终导致我国的水资源日渐紧缺。北方地区多省市现已出现严重缺水等现象。黄河断流、华北地区地下水位大幅度下降等，生态环境急剧恶化。农业灌溉用水量不断增长，大量地挤占了自然生态用水，水资源与经济社会发展的布局严重失衡。水资源短缺现已成为地区可持续发展的重要制约因素。

我国农业灌溉是用水大户，当然也有着巨大的节水潜力。农业灌溉的发展是农业发展的需要，节水灌溉的发展不仅是农业灌溉节水的需要，同时也是经济发展与生态环境等社会效益的需要。所以，为实现水资源的可持续利用，生态环境建设，促进经济社会的可持续发展，大力发展节水灌溉是一种必然选择。

节水灌溉是指使用保证农作物正常生长、正常收获所需水量的前提下，使用尽可能少的灌溉水量，以获得农业生产的最好效益。节水灌溉的最终目标是采取最有效的技术措施，提升灌溉水的最大利用率，使有限的灌溉水量创造出最佳的生产和经济效益，促进农业高效发展。

节水灌溉是一项系统工程，通过采取包括工程、农艺、肥料以及管理等综合节水措施来提高水资源的利用效率和生产效益。任何一种高效节水灌溉技术的应用，都必须通过与技术相配套的设备来实现的。

节水灌溉技术为解决我国农业水资源短缺问题提供了技术保障，提高了农业用水利用效率。在水资源的可持续利用、生态环境建设、促进经济社会的可持续发展、农民增产增收等方面发挥着重要作用。现在常使用的较为先进的节水灌溉技术有三种，分别为滴灌技术、微喷灌技术及水肥一体化技术。

一、滴灌技术

滴灌技术是将具有一定压力的水，过滤杂质后，经管网到滴灌带最后到滴头，以滴水的形式缓慢而均匀地滴入植物根系部分附近土壤的一种灌水方法。此技术由以色列人在20世纪60年代发明，是目前世界上最省水、节水的灌溉技术，滴灌技术使灌溉用水的有效利用率提高到90%。

滴灌技术可将作物生长所需的水分，适时适量地、直接均匀地滴入农作物根部附近的土壤。因此，滴灌技术所输送的水分能有效地被农作物的根部直接、均匀吸收，水分的损耗被极大地降低。相比其他灌溉方式，节水效果显著，对于提升作物产品品质、增产增收作用明显。

（一）滴灌技术的优势

1. 节水效果明显

滴灌技术是目前发展最快的节水灌溉技术之一。据统计，灌溉用水约占全球总用水量的40%。近年来，随着全球淡水资源的日趋短缺，推广滴灌技术成为各国解决农业生产与水资源短缺矛盾的重要方式之一。滴灌具有无输水损失，深层渗漏损失小，蒸发损失低的特点，因此，水分利用率非常高。使用传统的漫灌技术灌溉1亩土地的年需水量高达700～1 000 m^3，而采用滴灌技术，每亩年需水仅100多m^3。

2. 保持土壤结构

传统的漫灌技术需要短时间内将大量的水灌入土壤，使设施土壤受到较多的冲刷、压实和侵蚀，若不及时中耕松土，会导致土壤严重板结，通气性下降，土壤结构及理化性质遭到一定程度破坏。而滴灌属微量灌溉，水分缓慢均匀地渗入土壤，对土壤结构能起到保持作用，并形成适宜的土壤水、肥、热环境。

3. 节约劳动力，提高经济效益

滴灌直接将输水管道埋于地下或放置于植物根部，一次施工多年收益，不需要年年大量投入劳力，不需要开挖沟渠占用大量土地，在土地日益短缺和劳动力成本高涨的当前，滴灌在节约劳动力，减少土地占用方面的优势越来越明显。滴灌系统仅通过阀门或人工自动控制系统即可使用，在物联网技术发展的今天，只用通过手机App即可进行操作，无须耗费大量的人力、物力，可明显节省劳力投入，降低了生产成本。

（二）滴灌系统的组成

整个滴灌系统一般由水源、首部枢纽、输配水管网和带有灌水小孔的毛管或滴头 4 部分组成。

1. 水源

江河、湖泊、水库、井泉水、坑塘、沟渠等的水均可作为灌溉水源使用，但要求其水质清洁无污染，符合农业灌溉使用的要求。

2. 首部枢纽

首部枢纽系统主要包括水泵、动力机、过滤器、测量控制仪表、主控制系统等设备。首部枢纽是整个系统操作控制的中心。选择首部枢纽系统的水泵需要满足实际灌溉的需要功率，动力机与压力需水容器能够保证管网压力，但又不可使压力过大，导致输水管的爆裂。过滤器的有效过水断面积要大于 2.5 倍出水管的过水面积。

3. 输配水管网

输配水管网将首部枢纽处理过的水按照要求输送、分配到每个灌水单元和灌溉水器。输水管道多采用聚乙烯或聚氯乙烯塑料管。管径按流量要求选定，通常管道要完整无损、无孔洞，管道规格符合国家标准，质量合格。

4. 带有灌水小孔的毛管或滴头

这是滴灌系统的核心部件之一，水流入带有灌水小孔的毛管或由毛管流入滴头，再将灌溉水在一定的工作压力下通过毛管上的小孔或滴头注入土壤。灌溉水以一个恒定的低流量滴出或渗出以后，在土壤中向四周扩散。

（三）滴灌技术的使用方式

1. 地面滴灌

地面滴灌是将末级滴水的管道滴头设备，铺设并固定在地面或地面以上进行灌溉的一种方法，现在绝大多数采用这类系统。该系统多应用在果园、温室、大棚和少数大田作物的滴灌中，优点是安装、维护方便，也便于检查土壤湿润和测量滴头流量变化的情况，不易因倒吸泥土和植物根系而堵塞。缺点是毛管和灌水器易损坏和老化，对田间耕作也有影响。

2. 地下滴灌

地下滴灌，就是将末级滴水的管道滴头设备，埋入农作物根部附近土壤进行灌溉的一种方法。这是近年来滴灌技术不断改进和提高，灌水器堵塞减少后才出现的，但目前应用面积不大。与地面固定式系统相比，它的优点是免除了毛管在作物种植和收获前后安装和拆卸的工作，不影响田间耕作，延长了设备的使用寿命。缺点是不能检查土壤湿润和测量滴头流量变化的情况，发生问题时维修也很困难。

（四）滴灌技术存在的问题

1. 滴灌设备投资成本高

从成本和需求上考虑，与漫灌相比，滴灌设备使用较多，投资成本高，而农业生产效益比较低，一般农户由于生产种植的面积小，依然还是选择低成本但不一定节水的漫灌方式，影响了滴灌技术的推广使用。

2. 滴头或毛管容易堵塞

毛管、滴头上的孔较小，滴水产生的水垢容易将孔堵塞。当停止灌溉时，毛管或滴头段有时会发生“真空”现象，倒吸出水孔周围的泥土、有机质、微生物或化学沉淀物而引起堵塞。作物根系有向水性，会使根系向管内生长，引起堵塞。

3. 管理技术要求较高

滴灌技术需要对水网布局与水流计算较为精确，日常管理上也比较精细。从目前推广应用情况来看，滴灌技术现主要集中在国营或集体农场、农业集约经营公司及农村温室大棚种植户和果树种植户。一般农户不论从使用技术、管理要求来看，使用滴灌技术还有不少困难。

（五）滴灌技术在我国的应用发展前景

1. 滴灌技术适用于高品质、高效栽培

目前，在滴灌技术高成本的情况下，水稻、小麦、玉米等收益较低的大田作物推广应用滴灌技术显然并不适宜，因此该技术更适合高附加值的经济作物。滴灌技术首先可应用于经济收益较高的温室大棚、林果业和各类名优特基地及出口基地。通过滴灌技术的增产、减病优势，增加农产品产量，提高农产品品质，实现农业生产的高效益。随着技术的发展及人力成本的增加，滴灌技术将逐渐向较低收益的大田经济作物等逐步推广应用。

2. 以缺水干旱和山区、丘陵地区为重点

目前，我国山区、丘陵地区占国土面积的70%左右，山地地形复杂，有些地区山地坡度大，地表保水能力差，因此发展滴灌技术能较大程度地节约用水，减少因灌溉产生的大量劳动，节约成本。

二、微喷灌技术

微喷灌是灌溉水通过低压管道系统，利用安装在毛管上或与毛管连接的微喷头，将水以雾化或小颗粒的形式喷出，下降在地面或者作物表面。常见的微喷头有折射式和旋转式两种，前者喷射范围小，水滴小；后两者喷射范围较大，水滴也大；其他的还有微喷带或称多孔管、喷水带等。

微喷灌技术是设施农业蔬菜生产中，比较常用的灌溉技术之一。利用微喷灌系统可调控设施环境内的湿度和温度。

（一）微喷灌技术的优势

1. 节水用水

微喷灌技术可将作物生长所需的水分，通过微喷头适时适量地均匀喷到农作物根部附近的土壤以及作物叶面，水分的损耗被极大地降低，具有较好的节水效果。

2. 调整设施内微环境

采用微喷灌能够显著增加温室内湿度、降低温室内温度、调节温室田间气候，有利于高温干燥季节作物的连续生长，在高温季节进行微喷灌 20 min，可有效降温 6～8℃。

温室育苗，以及部分高价值的观赏植物，对空气湿度要求较高，用微喷灌不仅可直接实现对作物的灌溉，同时可显著增加温室内环境湿度，满足作物生长的需求。

3. 增湿的同时加施叶面肥

微喷灌技术在使用中可以对农作物进行叶面以及植株整体喷洒，操作过程中可以在灌溉水中加入水溶性肥料对农作物进行叶面施肥，既减轻了人工喷施叶面肥的劳动力，同时可均匀、及时地给作物追肥。

选用质量好的微喷灌设备，并配以良好的使用与管理技术，即能发挥其优势，不仅可节水 50％～70％，防止病虫害发生，保证土壤不板结；又能促使蔬菜提前上市，延长产品供应期，为绿色食品生产提供有力保障，同时还可减少农药用量，节约肥料，提高产量约 20％。

（二）微喷灌系统的组成

微喷灌系统与滴灌系统相似，由水源、首部枢纽系统、输配水管网组成。相同的设备参照滴灌系统，微喷灌系统与滴灌系统的区别在于灌溉的水源选择以及喷头的选择上。

1. 灌溉水源

由于微喷灌系统对压力要求较为严格，因此喷灌水源除必须满足水量、水质的要求以外，还必须满足喷头的工作压力。当喷灌水源高于灌区，并有足够的压力差时，可利用自然水头，进行自压喷灌。除此之外，都必须采用机械加压的方式。

2. 喷头类型

微喷头是将压力水流以细小水滴喷洒在土壤表面的灌水器，单个微喷头的喷水量一般不超过 250 L/h，射程一般小于 7 m。按照结构和工作原理，微喷头分为折射式、旋转式、微喷带 3 种。

(1)折射式微喷头

折射式微喷头的主要部件有喷嘴、折射锥和支架。水流由喷嘴垂直向上喷出，遇到折射锥即被击散成薄水膜沿四周射出，在空气阻力作用下形成细微水滴散落在四周地面上。折射式微喷头的优点是水滴小、雾化高，结构简单，没有运动部件，工作可靠，价格便宜。

(2)旋转式微喷头

水流从喷水嘴喷出后，集中成一束向上喷射到一个可以旋转的单向折射臂上，折射臂上的流道形状不仅可以使水流按一定喷射仰角喷出，而且还可以使喷射出的水舌反作用力对旋转轴形成一个力矩，从而使喷射出来的水舌随着折射臂做快速旋转。旋转式微喷头一般由 3 个零件构成，即折射臂、支架、喷嘴。旋转式微喷头有效湿润半径较大，喷水强度较低，由于有运动部件，加工精度要求较高，并且旋转部件容易磨损，因此使用寿命较短。

(3)微喷带

微喷带又称多孔管、喷水带，是在可压扁的塑料软管上采用机械或激光直接加工出水小孔，水流通过小孔喷出进行灌溉的设备，微喷带有 2 孔、3 孔以及多孔等规格供选择。

(三)微喷灌技术的使用方式

1. 固定式微喷灌系统

固定式微喷灌系统的水源、水泵及动力机械、各级管道和微喷头均固定不动，管道埋入地下。其特点是操作管理便捷,装备使用年限长。

2.移动式微喷灌系统

移动式微喷灌系统是指轻型机组配套而成的小型微喷灌系统,它的机组、管道均可移动,具备体积小、重量轻、使用机动、装备利用率高、投资省、便于综合利用等优点,但使用寿命较短、装备运行费用高。

三、水肥一体化技术

水肥一体化技术是将灌溉与施肥融为一体的农业新技术。水肥一体化是借助压力灌溉系统,将可溶性固体肥料或液体肥料配兑而成的肥液与灌溉水一起,均匀、准确地输送到作物根部土壤。采用水肥一体化施肥技术,可根据作物生长的需求,进行全生育期需求设计,把水分和养分定时、定量地按比例直接提供给作物。水肥一体化技术通常使用的灌溉方式有滴灌和微喷灌等形式。

滴灌水肥一体化技术是目前干旱缺水地区最有效的一种灌溉方式,其水的利用率可达95%。世界滴灌水肥一体化技术发展最有代表性的国家是以色列和荷兰。在以色列和荷兰,几乎所有的果园、温室大棚都用滴灌水肥一体化系统,对作物生长的全过程灌溉、施肥进行全自动化控制,利用率达95%。

目前,我国的水肥一体化技术应用还不广,主要集中在一些经济价值较高的作物上,如新疆的棉花膜下滴灌水肥一体化技术,已作为一项标准技术得到大面积推广应用。除在棉花上大面积应用外,目前番茄、辣椒、玉米、叶菜、瓜类、花卉、果树、烤烟等作物,也有逐步的推广使用。

(一)水肥一体化技术的优势

1.施肥简便,省时省力

传统的施肥方法有撒施、集中施(包括穴施、沟施、环状及放射施等)、分层施用、叶面施用等,大多以人工施肥为主,虽然这些施肥方法在不同程度上有利于提高肥料的利用效率,但结果都不太理想。

近年来,随着节水灌溉技术的发展,与其相结合的灌溉施肥技术的应用引起人们的关注。灌溉施肥是定量供给作物水分和养分及维持适宜水分和养分浓度的有效方法。我国滴灌技术的使用已由干旱地区向半干旱地区延伸,从单一的节水向施肥、调温、植保、改善作物生长环境的综合增产措施发展。

2. 计算机按规律精准供给肥水

目前,计算机自动化操作可以进行精准的施肥,由计算机系统完成实时控制,同时也可执行一系列的操作程序,完成监视工作,精密、可靠、节省人力。

(二)水肥一体化的缺点

1. 易引起堵塞

灌水器的堵塞是当前灌溉应用中最主要的问题,严重时会使整个系统无法正常工作,甚至报废。因此,灌溉时水质要求较严,一般均应经过过滤,必要时还需经过沉淀和化学处理。

2. 可能引起盐分积累

当在含盐量高的土壤上进行滴灌或是利用咸水灌溉时,盐分会积累在湿润区的边缘,如遇到小雨,这些盐分可能会被冲到作物根区而引起盐害。

3. 可能限制根系的发展

由于灌溉只湿润部分土壤,加之作物的根系有向水、向肥性,会引起作物根系集中向湿润区、肥料区生长。

(三)水肥一体化技术的肥料类型

水肥一体化系统对肥料的种类是有一定要求的,如要求肥料必须全部可溶于水,否则会堵住滴头;肥料各元素混合后不能产生沉淀等等。

1. 水质的要求

在选择肥料之前,首先应对灌溉水中的化学成分和水的 pH 有所了解。某些肥料可改变水的 pH,如硝酸铵、硫酸铵、磷酸一铵、磷酸二氢钾、磷酸等将降低水的 pH,而磷酸氢二钾则会使水的 pH 增加。当水源中同时含有碳酸根和钙镁离子时可能使滴灌水的 pH 增加,进而引起碳酸钙、碳酸镁的沉淀,从而使滴头堵塞。

2. 肥料溶解性的要求

由于滴灌管和滴头的水流道较小,因此利用滴灌系统进行施肥时,首先要考虑肥料的可溶性。

在使用滴灌水肥一体化技术时,化肥应符合下列基本要求:①高度可溶性;②溶液的酸碱度为中性至微酸性;③没有钙、镁、碳酸氢盐或其他可能形成不可溶盐的离子;④金属微量元素应当是螯合物形式;⑤含杂质少,不会对过滤系统造成很大负担。

目前,市售的复合肥等固态肥料在生产时都会在肥料颗粒外面包裹一层膜,以防止肥料吸收水分而受潮,常用的3种膜质材料是:黏土、硅藻土、含水硅土。为了避免这些包膜材料不溶解而产生管道的堵塞,在大量配制营养液前可先制备少量溶液,观察包膜材料是否可溶,若不可溶产生的不可溶物是否会沉淀,还是会形成泡沫或悬浮在溶液中。应选择可以迅速沉淀的包膜材料,若形成悬浊液或泡沫,则不应作为水肥一体化系统使用的肥料。

溶解肥料的时候会产生"降温效应",此时混合溶液温度相对较低,溶解度变小,可能会导致部分的肥料不能溶解。此时可以采用静置混合溶液,待混合溶液恢复到室温后再搅拌溶解,或对混合溶液进行加温促进溶解等方法。

3.肥料兼容性的要求

当进行肥料混合时需要考虑肥料之间的兼容性问题。将可溶性肥料制成液态肥料时,应考虑以下因素:①制备过程中的安全性;②当把不同肥料溶液加入同一贮液罐时,肥料溶液之间的相互作用;③液体肥料在灌溉系统中的反应,是否会有沉淀产生;④灌溉系统对堵塞和其他问题的敏感性。

为了防止不同肥料之间混合而产生沉淀,可在大批量混合之前进行小剂量测试,做法是将即将混合的肥料倒入一个装有灌溉水的小瓶内,观察在1～2 h内有无沉淀或絮状物产生。如果有沉淀或絮状物产生,应更换混合肥料溶液配方,以免因沉淀物进入管道造成管线或滴头的堵塞。

4.储存肥料容器类型的要求

肥料进入水肥一体化灌溉系统之前,最先接触的是贮存的容器,容器和肥料直接接触,肥料带有一定的腐蚀性,因此如果贮存材料选择不当,容易被腐蚀,生锈或溶解。最好的是选用塑料制品的贮存容器,其稳定性较好,耐腐蚀,不要选择金属类型的贮存容器。

5.肥料种类的选择

水肥一体化灌溉的肥料大多数选用无机肥作为液体肥,但若选择有机肥用于灌溉时需要注意以下问题:一是有机肥必须液体化,二是要经过多级过滤。

一般易沤腐、残渣少的有机肥都适合于微灌施肥;含纤维素、木质素多的有机肥不宜用于微灌系统,如秸秆类、花生麸等。有些有机物料本身就是液体的,如酒精厂、味精厂的废液。只要肥液不存在导致微灌系统堵塞的颗粒,均可直接使用。

应用有机肥作为液体肥还应注意藻类的产生，以免造成滴头堵塞。使用沤腐有机肥进行滴灌后，应保证 15 min 以上的清水冲洗，以防止滴头和过滤器堵塞及藻类、青苔等低等植物的产生。

（四）水肥一体化技术在我国的应用发展前景

滴灌水肥一体化技术自面世以来就备受关注，因为这项技术从传统的“浇土壤”改为“浇作物”，是一项集成的高效节水、节肥技术，不仅节约水资源，而且提高肥料利用率。

一方面，水肥一体化技术专用的肥料的生产进一步推进了技术的提高；另一方面，水肥一体化肥料技术与物联网技术结合，可远程、全自动化控制精准施肥，不仅可以降低人力成本，同时也可以大大地降低水资源的浪费及肥料的浪费，是我国农业产业优化升级的关键环节之一。

第三节　植物工厂

一、植物工厂的定义

植物工厂(plant factory)的概念最早是由日本人提出来的。植物工厂是在全封闭的农业栽培设施内，利用计算机对作物生长发育的温度、湿度、光照、CO_2 浓度以及营养液等环境条件进行自动调控，在生产管理过程中完全实现机械化和自动化，实现农作物周年、稳定、省力生产的高效农业系统。

植物工厂是设施农业发展的最高层次，是一种高投入、高技术、精装备的生产体系，集设施园艺、现代生物技术、计算机科学、环境控制、机械传动、材料科学、光电科学、人工智能等多学科和系统管理于一体，采用机器人、机械手等人工智能设施设备，实现了从播种到收获、采后处理、包装的全自动化流水线，完全摆脱了自然条件的束缚，是科学技术发展到一定阶段的必然产物，是农业产业化发展进程中吸收应用高新技术成果最具活力和潜力的领域之一，代表着未来农业的发展方向。

二、植物工厂的特点

①周年均衡、稳定生产。由于植物工厂生产环境封闭，内部环境完全按照植物生长发育要求进行人工调节，可进行周年的按计划生产。

②高度自动化。采用人工智能技术，在整个生产过程中使用机器人、机械手，实现了高度自动化流水线式生产，省工、省力，生产效率大幅度提高。

③作物生长在最适宜的环境下，生长速度快，周期短。

④由于环境控制的一致性，实现了无农药、无公害安全生产，产品质量完全一致。

⑤对栽培场地无特殊要求，在地下、极地等任何地方均有可能进行农作物生产。

三、植物工厂的类型

根据植物工厂内植物生长所需的光照来源不同，可分为太阳光能并用型和人工光源型。

(1)太阳光能并用型

这种类型的植物工厂一般多用温室等作为栽培场所。由于温室原来就是利用太阳光能进行作物生产，只有在太阳光照不足的情况下，才通过人工光源进行补光。

(2)人工光源型

这种类型的植物工厂一般多用大型建筑物、地下室等不透光的环境，植物的生长发育所需的光能全部由人工光源供应。以往主要光源有高压钠灯、荧光灯等，这些传统的光源耗电量大，光电转化率低，成本高，难以大规模推广。目前，随着半导体发光二极管(LED)技术的发展，开始采用 LED 光源。植物生长用的 LED 灯是一种尖端半导体光源，这一光源可根据光合作用及开花等生理反应，发出特定波长的光，来满足植物的光合作用及其他生理作用，以提高植物的产量和营养成分。LED 植物生长灯是一种冷光源，光电转化极高，发热量少，电能投入成本大为降低。

四、植物工厂的发展

1. 国外植物工厂的发展

1957 年世界上第一家植物工厂诞生在丹麦。

1964 年奥地利开始试验一种塔式植物工厂(高 30 m、面积 5 000 m^2)，工作人员仅 30 人，平均日产番茄 13.7 t，生产 1 kg 番茄耗电 9～10 kW·h，成本只有露地的 60%。该国鲁斯纳植物工厂公司的塔式植物工厂已在北欧、俄罗斯、中东国家采用。

1974 年，日本建成了一座由计算机调控的花卉蔬菜工厂，由 1 栋 2 层的楼房（830 m^2）和两栋栽培温室（每栋 800 m^2）构成，1 年内生产 2 茬郁金香、2 茬垄民花、1 茬番茄。

1998 年，日本已有用于研究展示、生产的植物工厂近 40 个，其中生产用植物工厂 17 个。2000 年以后，日本的现代植物生产加速发展，完全实现全自动、智能化生产。

2018 年，日本 7-11 株式会社投资约 60 亿日元（折合人民币约 3.67 亿元）设立大型植物工厂，使用发光二极管（LED）技术，每天可生产相当于 7 万份沙拉的生菜，面向东京和神奈川县店铺里销售的沙拉及三明治提供蔬菜，并考虑在日本全国的合作伙伴工厂里设置植物工厂。

目前，阿联酋航空餐饮公司（EKFC）与美国 Crop One Holdings 公司将共同打造一个占地 18.11 亩（约 12 073 m^2）的垂直农场，为全球最大。

2. 我国植物工厂的发展

2016 年，福建三安集团携手中国科学院植物研究所共同发起成立了“福建省中科生物股份有限公司”，建设中科三安植物工厂，采用光生物学的技术和理念，进行植物工厂的技术研发和产业化应用。中科生物的第一代植物工厂据称是当时世界上最大的垂直农场，占地在 10 000 m^2 左右。每天能够生产 16～20 t 蔬菜，但只需要 8 名员工来管理。

2018 年，“高光效低能耗 LED 智能植物工厂关键技术及系统集成”项目荣获国家科技进步二等奖。该项目突破的关键技术包括：先提出植物“光配方”概念并阐明其理论依据，创制出基于光配方的 LED 节能光源及其光环境调控技术。基于植物光合对不同光谱的响应特征，率先提出了植物“光配方”概念，构建了典型作物不同生育期的光配方优化参数。创制出基于光配方的红光（660 nm）与蓝光（450 nm）芯片组合式、蓝光芯片与荧光粉激发式多光谱组合（R/G/B/FR）LED 节能光源；研发出基于植株发育特征的移动式 LED 光源及其光环境调控技术，显著降低光源能耗。与荧光灯相比，节能率达 62%以上。

2018 年，重庆市首个植物工厂——旭田植物工厂全面建成并投产。旭田植物工厂由陕西旭田公司与重庆潼南国家科技农业园区合作建设，总占地面积约为 6 600 m^2，总投资约 800 万元，建筑面积 1 000 m^2，见图 10-13。

图 10-13 旭田植物工厂

2018 年 12 月 6 日，京东植物工厂落成仪式在北京通州举行，由京东集团联合日本三菱化学共同建设，植物工厂总覆盖面积达 11 040 m^2，采用了日本三菱化学的技术标准和营养液膜技术（NFT），蔬菜年产量达 300 t，是国内最大的采用日本技术的太阳光和人工光结合型植物工厂，可实现量产和商业用途。

思考题

1. 无土栽培如何分类？
2. 如何配制营养液母液？
3. 营养液如何管理？
4. 深液流式水培有哪几个系统？
5. 什么是滴灌技术？滴灌有什么优点？
6. 滴灌系统由哪些部分组成？
7. 什么是微喷灌技术？微喷灌有什么优点？
8. 微喷灌系统由哪些部分组成？
9. 什么是水肥一体化技术？
10. 什么是植物工厂？植物工厂有哪些类型？

实训项目

实训项目 10-1　无土栽培系统考察

目的要求　了解当地无土栽培的主要类型，掌握其结构特点，完成对深液流式水培的主要系统参数的测量，为独立设计建造深液流式水培设施设备的建设打下良好基础。

材料用具　当地各类型无土栽培系统、钢卷尺、计算器、绘图用纸等。

方法步骤

①学生以小组为单位进行操作，每小组 2 人。

②考察不同类型的无土栽培的主要类型，了解其性能和生产应用情况。

③选定深液流式水培，测量以下主要结构参数：栽培槽长度、宽度、水深、储液池体积等。

实训报告

①完成调查深液流式水培主要技术参数列表。

②绘制深液流式水培的纵截面结构图。

实训项目 10-2　营养液的配制

目的要求　学会无土栽培中的最关键技术——营养液的配制方法。

材料用具　材料：以日本园试通用配方为配制目标，准备以下化合物。

①大量元素：$Ca(NO_3)_2 \cdot 4H_2O$、KNO_3、$NH_4H_2PO_4$、$MgSO_4 \cdot 7H_2O$。

②微量元素：$Na_2C_{10}H_{14}O_8N_2 \cdot 7H_2O$、$FeSO_4 \cdot 7H_2O$、$H_3BO_3$、$MnSO_4 \cdot 4H_2O$、$ZnSO_4 \cdot 7H_2O$、$CuSO_4 \cdot 5H_2O$、$(NH_4)_6Mo_7O_{24} \cdot 4H_2O$。

用具：千分之一电子天平、电导率仪、pH 计、烧杯（100 mL/200 mL 各 1 个）、容量瓶、玻璃棒、贮液瓶（3 个 1 000 mL 棕色瓶），记号笔、标签纸、贮液桶等。

方法步骤

①学生以小组为单位进行操作，每小组 4 人。

②根据日本园试通用配方及配制营养液的总量，计算 A、B、C 三种不同母液所需的各种化合物的质量。

③精确称取 A 母液所需的各种化合物的质量，根据营养液配制方法配制 A 母液。然后再配制 B 母液和 C 母液。

④根据所要配制的栽培营养液的数量，计算出 A、B、C 三种不同母液的用量，按比例量取 A、B、C 三种母液的体积，并按操作顺序进行混合配制。

实训考核

营养液的配制操作考核评分表

考核点	内容和标准		
	操作要点	分值	得分
计算各种肥料用量	根据日本园试通用配方及配制营养液的总量，计算 A、B、C 三种不同母液所需的各种化合物的质量	40	
营养液的配制	根据各种肥料的分类，采用正确的溶解方法配制各种营养液	30	
营养液的调整	正确检测营养液的电导率、pH，并进行调整	30	
合计		100	

参考文献

[1] 陈杏禹,李立申. 园艺设施. 北京:化学工业出版社,2011.

[2] 李志强,等. 设施园艺. 北京:高等教育出版社,2006.

[3] 张彦萍. 设施园艺. 北京:中国农业出版社,2009.

[4] 陈青云,等. 农业设施学. 北京:中国农业大学出版社,2001.

[5] 中国农业科学院蔬菜研究所. 中国蔬菜栽培学. 北京:农业出版社,1987.

[6] 黄海生. "温塔娜"草莓在广西南宁引种初报. 广西农学报,2014,29(5):11-13.

[7] 张豫超,杨肖芳. 优质抗病草莓新品种——"越心"的选育. 果树学报,2015,32(6):1294-1296.

[8] 徐汉虹. 生产无公害农产品使用农药手册. 北京:中国农业出版社,2008.

[9] 陈爱军,白先进. 温克葡萄在广西灵川一年两收栽培技术. 中国果树,2012(5):60-62.

[10] 张晔,何兵存,黄海生. 果树园艺工(高级)国家题库技能实训指导手册. 北京:中国农业出版社,2014.

[11] 修德仁、商佳胤. 葡萄产期调节技术. 北京:中国农业出版社,2012.

[12] 杨治元. 葡萄避雨＋套袋栽培. 北京:中国农业出版社,2004.

[13] 李振陆. 作物栽培. 北京:中国农业出版社,2008.

[14] 吴琼峰. 作物生产技术. 北京:化学工业出版社,2011.

[15] 张明沛. 广西冬季农业. 南宁:广西人民出版社,2012.

[16] 王田利. 现代马铃薯高效生产实用技术. 北京:化学工业出版社,2017.

[17] 徐文华. 庞顺空,白爱红. 脱毒马铃薯规模生产与经营. 北京:中国农业科学技术出版社,2017.

[18] 李济宸,李群,唐玉华. 主粮主食马铃薯. 北京:中国农业科学技术出版社,2015.
[19] 杨新笋,杨园园. 甘薯栽培基础知识与技术. 武汉:湖北科学技术出版社,2017.
[20] 莫日晶. 紫薯优质高产栽培技术. 农家科技旬刊,2017(8).